U0319901

当代中国建筑集成 II

教育、医疗、体育、交通建筑

王绍森 主编

图书在版编目（CIP）数据

当代中国建筑集成. 第2辑. 教育、医疗、体育、交通建筑 / 王绍森主编.
—天津 : 天津大学出版社, 2013.11
ISBN 978-7-5618-4849-4

Ⅰ. ①当… Ⅱ. ①王… Ⅲ. ①教育建筑—建筑设计—作品集—中国—现代②医院—建筑设计—作品集—中国—现代③体育建筑—建筑设计—作品集—中国—现代④交通运输建筑—建筑设计—作品集—中国—现代 Ⅳ. ①TU206

中国版本图书馆CIP数据核字(2013)第263855号

总 编 辑：上海颂春文化传播有限公司
美术编辑：王丹凤
责任编辑：郝永丽

出版发行 天津大学出版社
出 版 人 杨欢
地　　址 天津市卫津路92号天津大学内（邮编：300072）
电　　话 发行部 022-27403647
网　　址 publish.tju.edu.cn
印　　刷 深圳市精典印务有限公司
经　　销 全国各地新华书店
开　　本 230 mm×300 mm
印　　张 19
字　　数 218千
版　　次 2014年1月第1版
印　　次 2014年1月第1次
定　　价 298.00元

凡购本书，如有质量问题，请向我社发行部门联系调换

序

“当代中国建筑集成Ⅱ”收录了文化建筑、住宅建筑、酒店建筑、办公建筑、商业建筑以及教育、医疗、体育、交通建筑，内容较为丰富，涉及的地域广泛，仅就建筑设计有以下几方面的特点。

建筑思维的多样呈现

在建筑创作中，思维决定创作方向和成果，社会的发展和技术的进步等带来思维的多样性。不论是传统意义上的理性分析、感性处理，还是技术时代下的数字化设计；不论是传统技术，还是当代新技术，只要应用得当，都会给建筑创作提供思维的多样支持。多样的思维也体现于优秀作品之中，例如：宁波城庄中学的“相遇”空间，新江湾城上海音乐学院实验楼，孝泉民族小学，鄂尔多斯博物馆的时光洞窟，河北省图书馆的改扩空间等。概而言之：“有创无类，适宜为贵。”

建筑时空的多元关照

建筑设计须对建筑所依存的时空做出审慎的关照，这其中有对建筑地域性、文化性、现代性的思考，也有建筑师的整体性综合判断。对建筑时空的关联思维，或与空间要素共存，或以时间延续关联。时空在建筑设计中不再是单一的存在，而是关联的共同体。建筑师的创作对时空的关照积极主动，单个建筑师有时空的把握，整个建筑界也有时空区间，创作结果确实多元，如：蓬莱香格里拉酒庄的独特风景，恩格贝沙漠科学馆与环境的融合，秦二世陵遗址公园的新旧时空转换，云阳市民活动中心传统要素与现代行为的关联，中国书院博物馆新旧场所、材质的呼应，上海当代艺术博物馆功能中“器—意”的内涵等等。建筑创作呈现“时空关照，多元关联”。

建筑逻辑的多向把握

当代建筑美学中逻辑倾向在于多向的把握和评判，在本书的建筑作品中，对建筑本体逻辑的把握或表现在形式上，或表现在空间形态上，或表现在建筑综合关系上……这些建筑都呈现出对建筑内在逻辑性的把握，如：泰国曼谷中国文化中心对中国木构的“转译”，四川美术学院虎溪校区图书馆对新乡土内涵的抽象，间舍及葫芦岛海滨展示中心的环境关系逻辑，等等。建筑的逻辑依旧是建筑创作及评判的依据。建筑设计传达“把握逻辑，多向延展”。

建筑设计有许多影响因素，例如地域、文化、气候、技术、社会等，但就建筑创作本身而言都离不开广义、理性的“分析、综合、评价和判断”。对环境和建筑本身作广义、理性的分析是创作的基础；综合则需要建筑师的主观能动性；全面的评价和判断是根本。当今社会的发展、技术的进步为建筑设计提供了多种可能，也提出了挑战——建筑思维更需多样：“有创无类，适宜为贵”；建筑时空更需多元关照：“时空关照，多元关联”；建筑的逻辑更需多向把握：“把握逻辑，多向延展”。

王绍森
教授 博 士
厦门大学建筑与土木工学院 院 长

目录

教育建筑

医疗建筑

体育建筑

交通建筑

教育建筑

城庄学校

设计单位：DC国际建筑设计事务所
业　　主：江北公建中心
项目地点：中国浙江省宁波市
用地面积：55 000平方米
建筑面积：42 000平方米

当代教育不再是传统意义上的单项知识教授与传输，而是教与学从两方面向多元化方向的发展，体现在教育行为主体的多元化、教育方式的多元化和教育学科的多元化。学校的本质并非是一个被人临时使用的设施，而是心智教育的场所，是社会的简单模型。学校在提供有效的专业教育的同时，还应用建筑空间来创造一种“力”，将学生从虚拟世界中不断拉回到现实空间，将他们推向自然和人群，让他们在现实世界中与彼此、与自然“相遇”，在自觉与不自觉中完成信息的交换和相互学习。设计注重建筑物形体和立面的处理，使建筑物既展现现代建筑的简洁大气，又体现传统建筑空间的意境，同时注重整体比例和材料组合以及主要细部的刻画，使建筑展现出一种精致与典雅的美感。

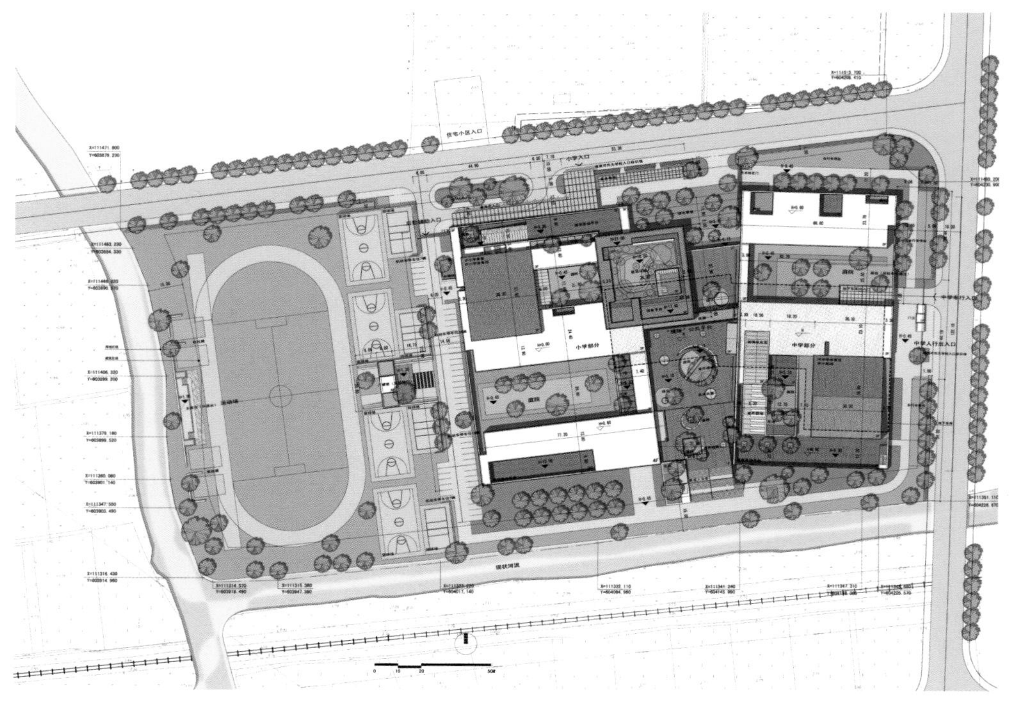

总平面图

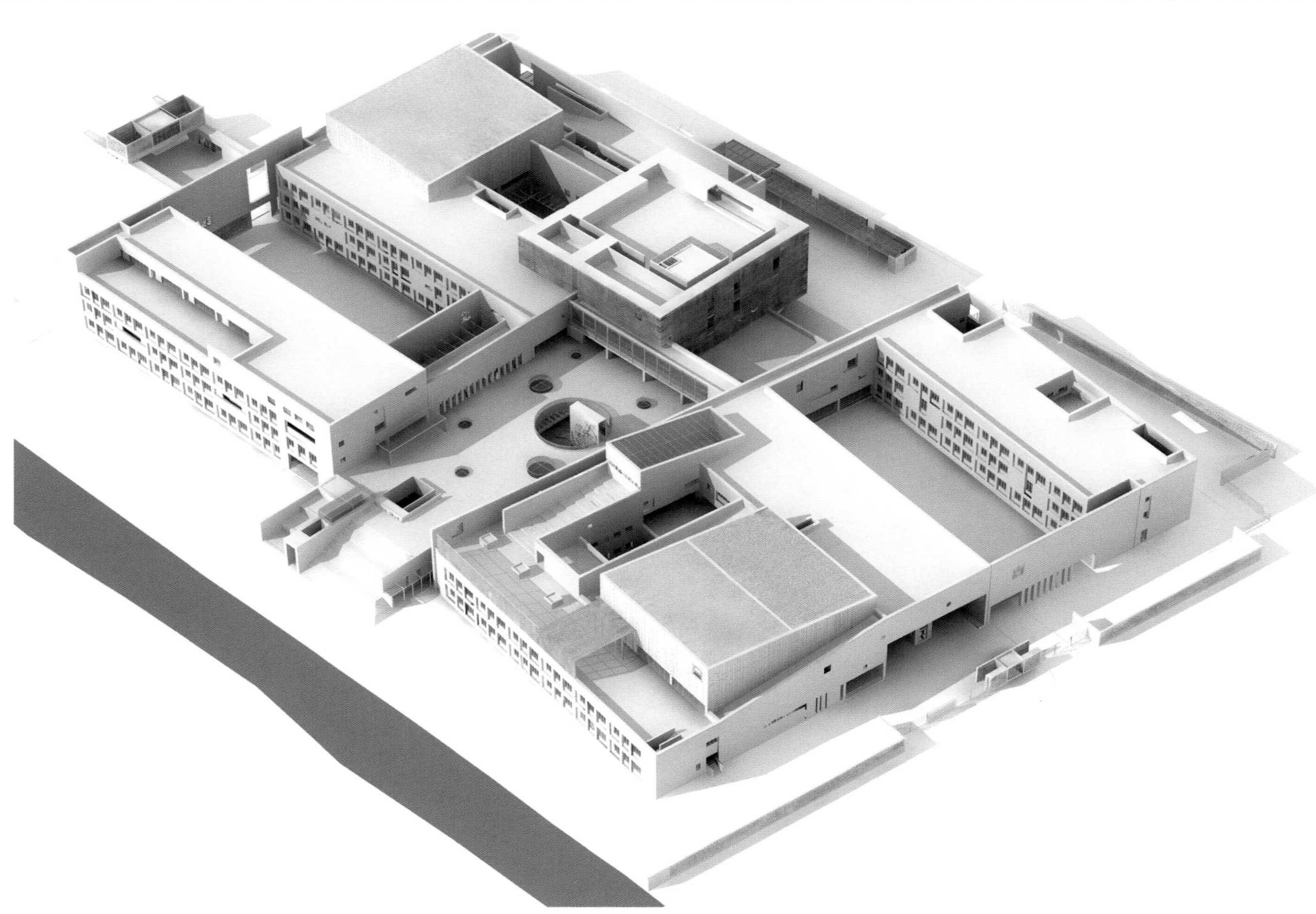

模型图

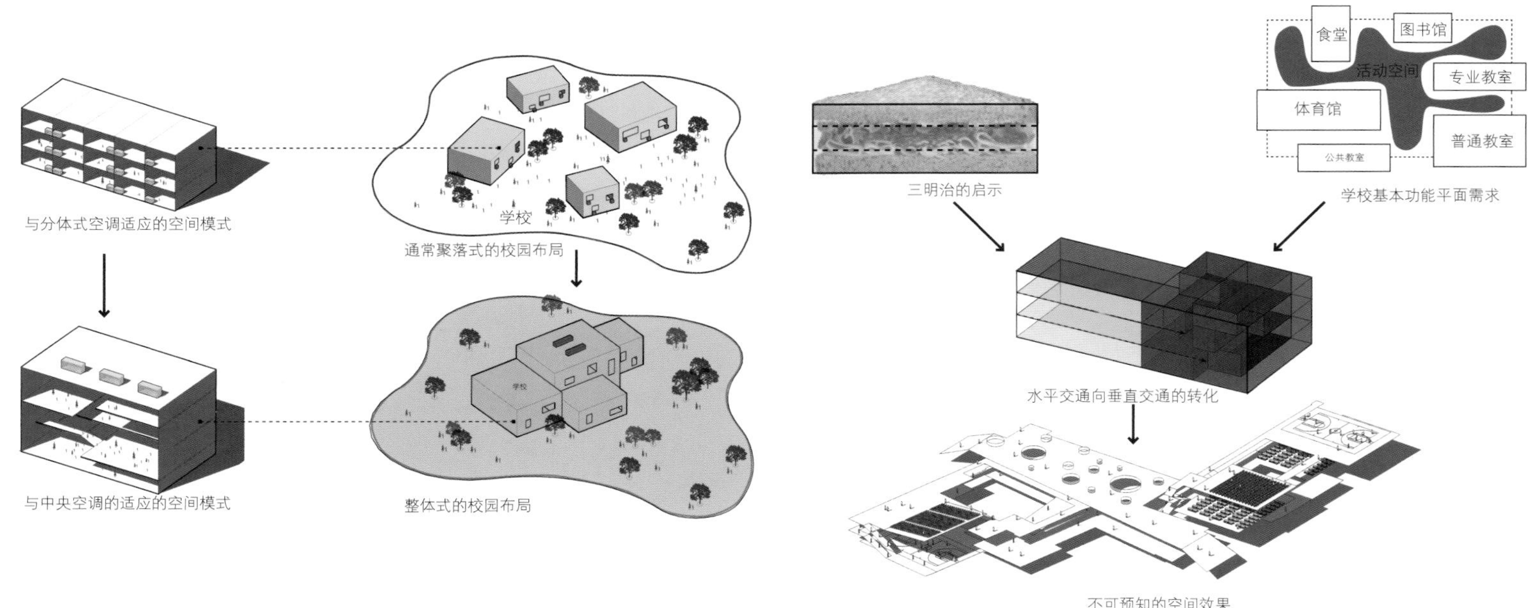
与分体式空调适应的空间模式
学校
通常聚落式的校园布局
与中央空调的适应的空间模式
学校
整体式的校园布局
三明治的启示
食堂
图书馆
活动空间
专业教室
体育馆
普通教室
公共教室
学校基本功能平面需求
水平交通向垂直交通的转化
不可预知的空间效果

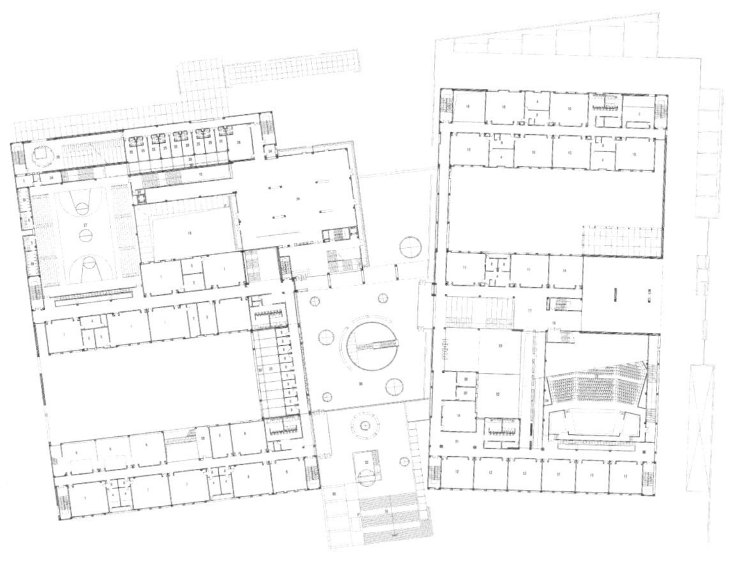

一层平面图

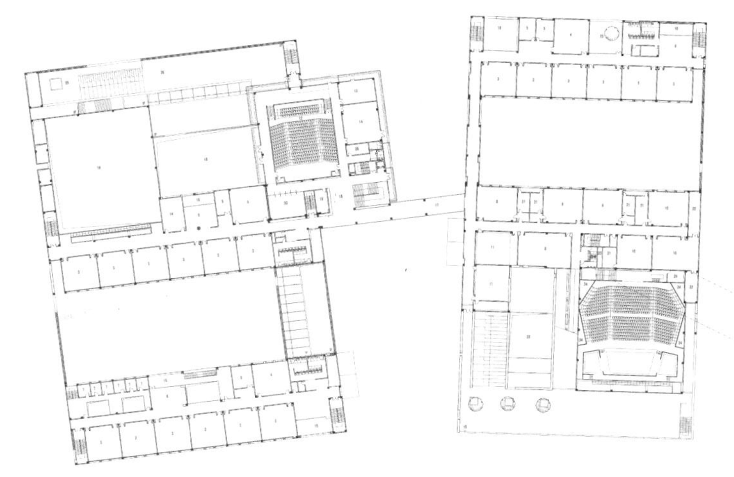

三层平面图

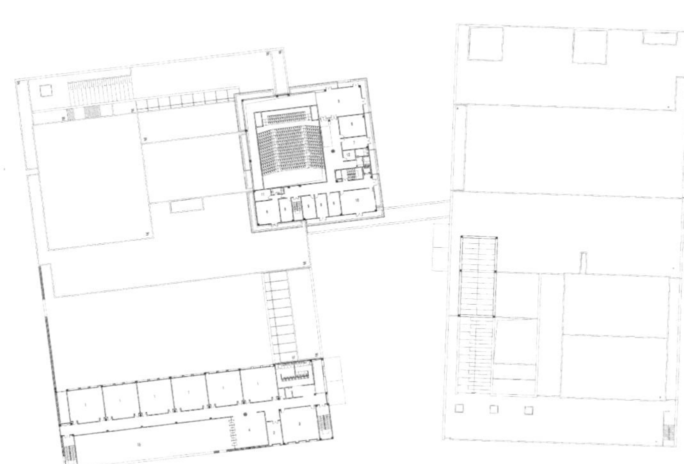

四层平面图

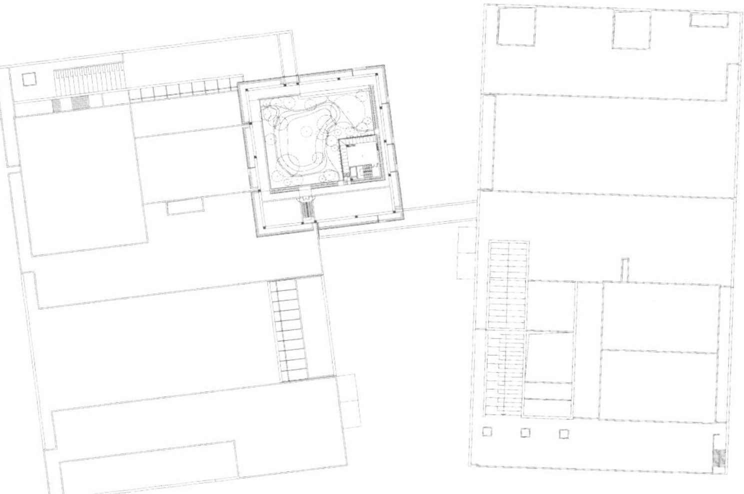

屋顶层平面图

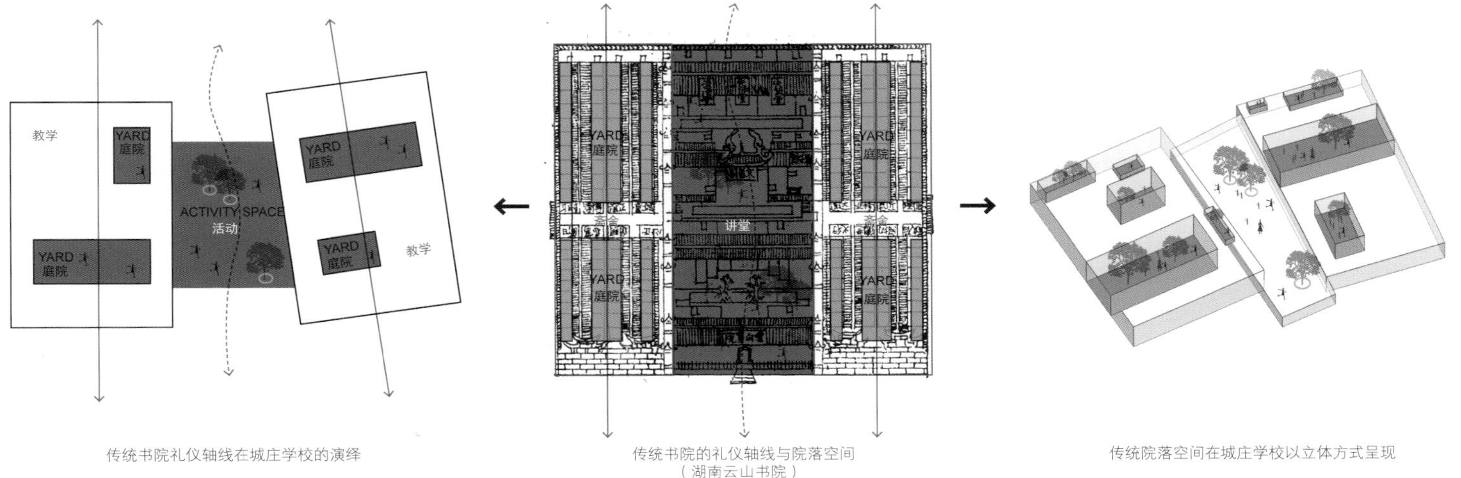

传统书院礼仪轴线在城庄学校的演绎

传统书院的礼仪轴线与院落空间
（湖南云山书院）

传统院落空间在城庄学校以立体方式呈现

孝泉民族小学

设计单位：TAO迹·建筑事务所
设计团队：华黎、朱志远、姜楠、李国发、孔德生
施工单位：四川华西鲁艺建筑工程公司
业　　主：孝泉民族小学
项目地点：中国四川省德阳市
用地面积：16 967平方米
建筑面积：8 900平方米

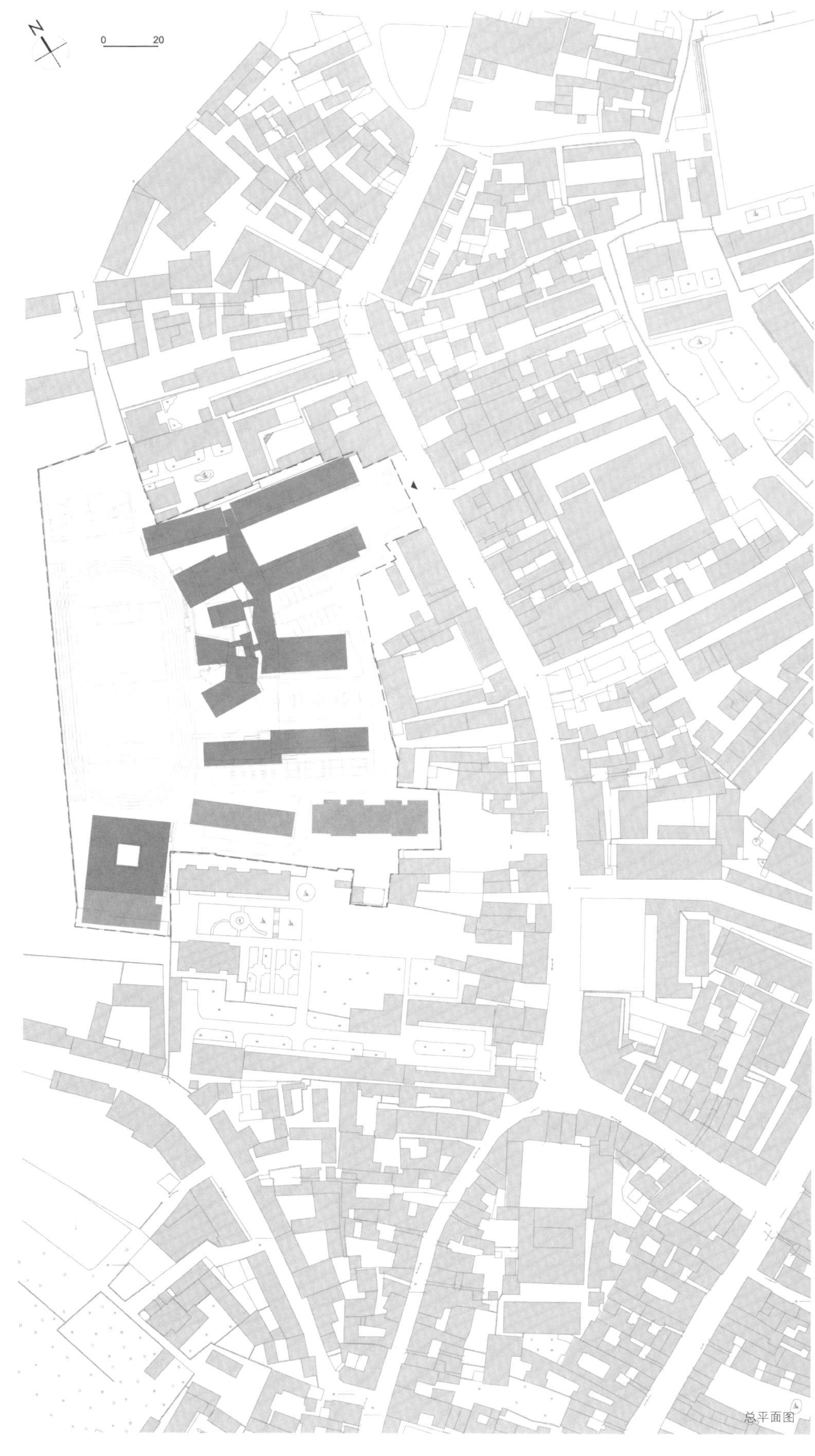

总平面图

空间

传统的学校由于老师少、学生多，往往是以管理的便利为核心来考虑建筑格局（这个小学存在类似的问题），往往形成集体性、监狱式的空间。设计在考虑空间时，更多从儿童个性的视角出发，尝试通过创造多样的、分散的和有趣的建筑空间去鼓励小学生进行交流和形成多元的行为模式，因为小学生才是学校的主体。设计将校园按照秩序、兴趣、释放三种行为特征分为三个区域，分别是普通分班教室区、音乐美术等多功能教室群和室外运动场。给课内课外的多种活动提供不同的场所。

设计考虑的另一空间特征是校园作为一种社会空间的复杂性及其与历史的延续性。设计师对新纪念物式建筑造型的宏大叙事毫无兴趣，他们没有把学校仅仅视为一个建筑，而是将校园理解为一个微型城市，它微缩了一个由学生和老师组成的小社会。设计因此营造出许多类似于城市空间的场所——街巷、广场、庭院、台阶等，这些多样化的场所一方面给小学生们提供了不同尺度的游戏角落和有趣的空间体验，试图激发小孩的好奇心和想象力，使他们在游戏中释放个性；另一方面，这些类型空间在尺度上和形态上都与孝泉镇地震前的城市空间相呼应，将有效地延续对城市空间的历史记忆，设计师希望基于自然生长形成的孝泉镇所特有的自下而上式的空间复杂性在建筑中得以呈现，并给予个体更多的环境选择，而不是大刀阔斧地借重建之机将原来的城市肌理粗暴地抹去。那种简单覆盖重写式的建设对人的记忆和心理有时无异于另一场灾难。

建造

与大量援建项目直接由外地输入工人、材料、技术不同，这个项目致力于实现一个高度本地化的建筑过程。呼应本地气候，对本地材料、工艺充分利用，采用本地适宜的建造手段等，构成了建造的核心内容。

具体而言，设计主要利用的当地材料包括页岩青砖、木材、竹子等。地震后，砖作为基本建材在灾区非常紧缺，本项目所用的砖来自于德阳附近的数个砖窑，每一批的质地都略有不同。恰好由于建筑体量分散，用在不同体量上还是比较自然的，且可分期施工。木材加工在孝泉镇很有历史传统，有很多资源可用，门窗采用实木门窗，固定扇为玻璃，开启扇为木头，立面效果整齐干净。竹子也来自当地，主要用在外墙面及吊顶，起到隔热和丰富视觉作用。此外地震后回收的旧砖也用于景观工程中的地面和座椅等，使其象征性地参与到重建中以获得再生。

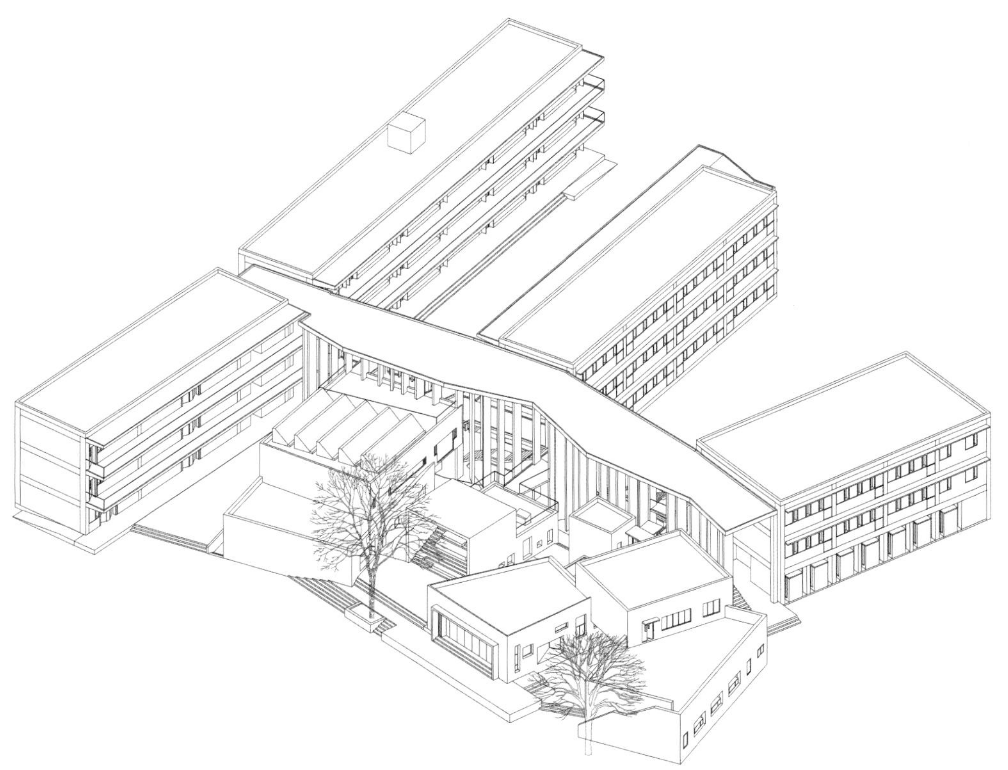

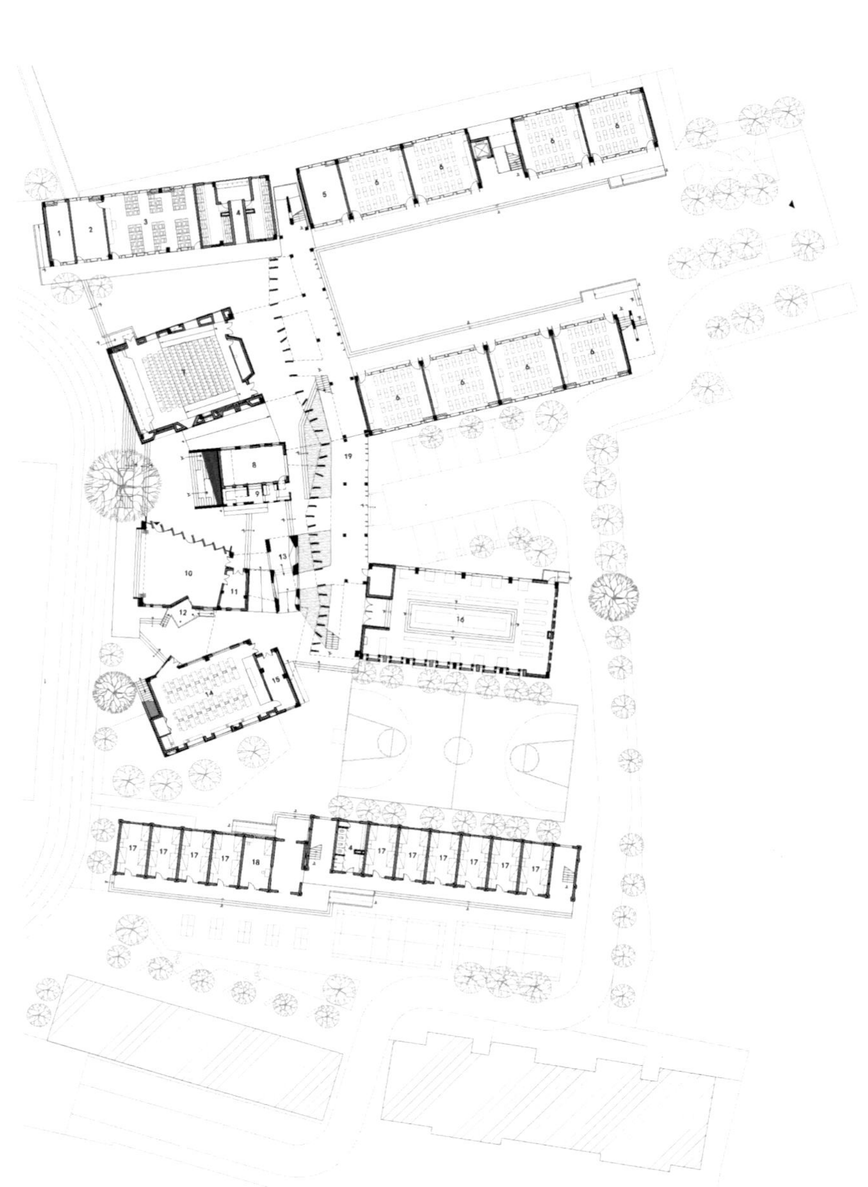

一层平面图

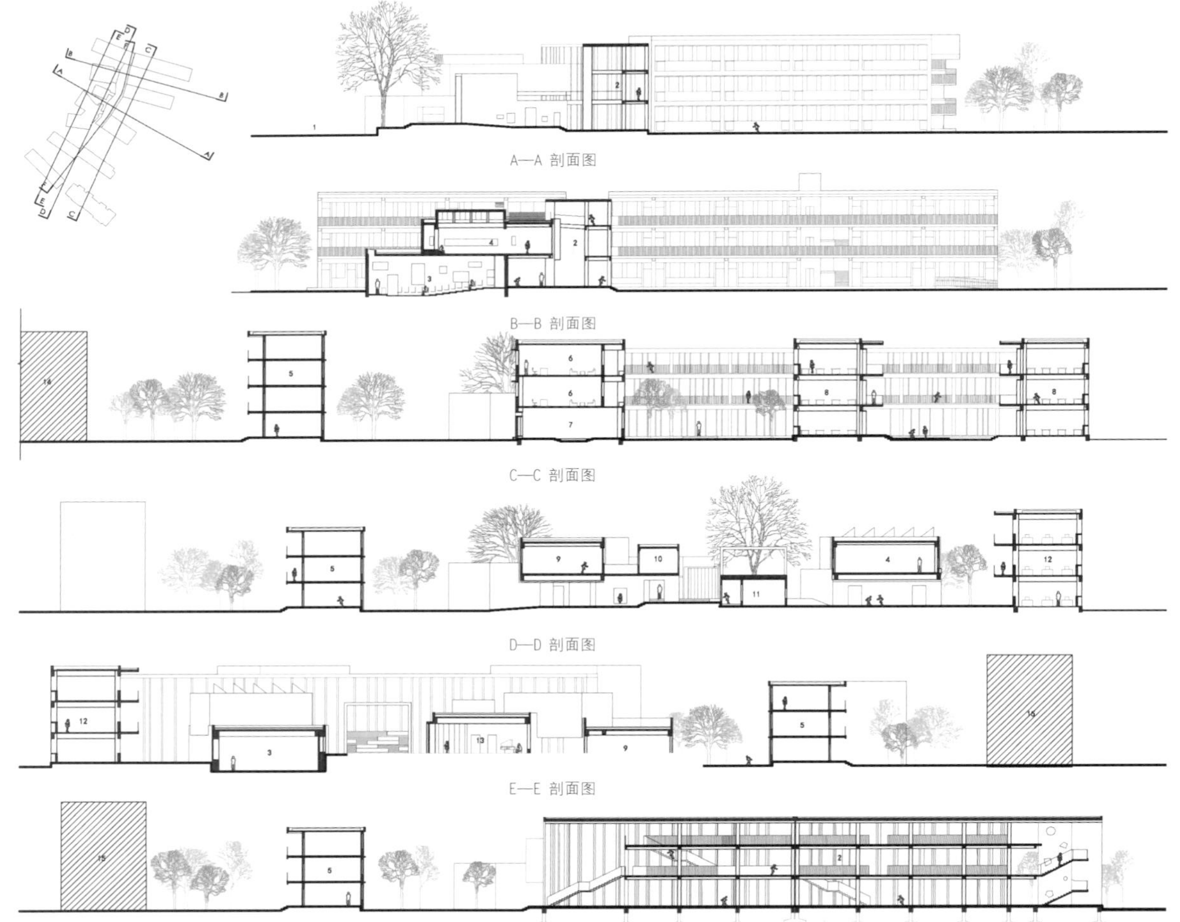

A—A 剖面图

B—B 剖面图

C—C 剖面图

D—D 剖面图

E—E 剖面图

F—F 剖面图

1.运动场
2.长廊
3.阶梯教室
4.美术教室
5.宿舍
6.办公室
7.阅览室
8.普通教室
9.自然实验室
10.准备室
11.社团活动室
12.计算机教室
13.音乐教室
14.教师公寓
15.学生公寓

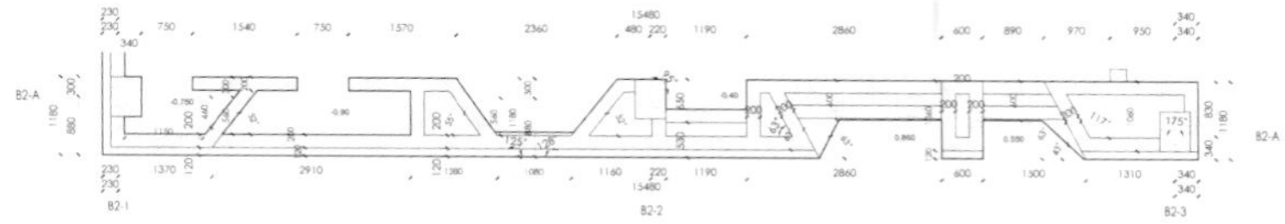

A
0.9
阶梯教室南墙放大平面
（标高0.9米处）

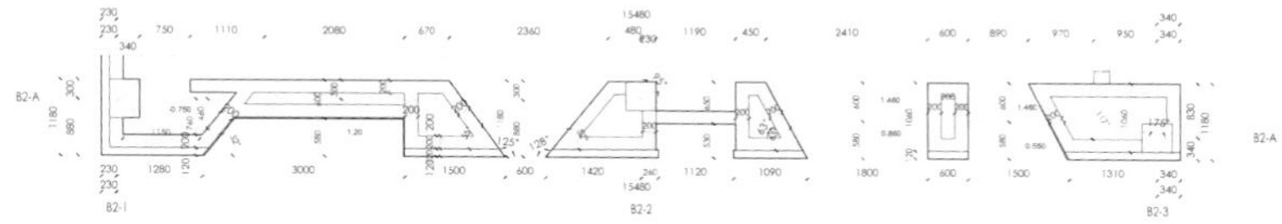

B
1.8
阶梯教室南墙放大平面
（标高1.8米处）

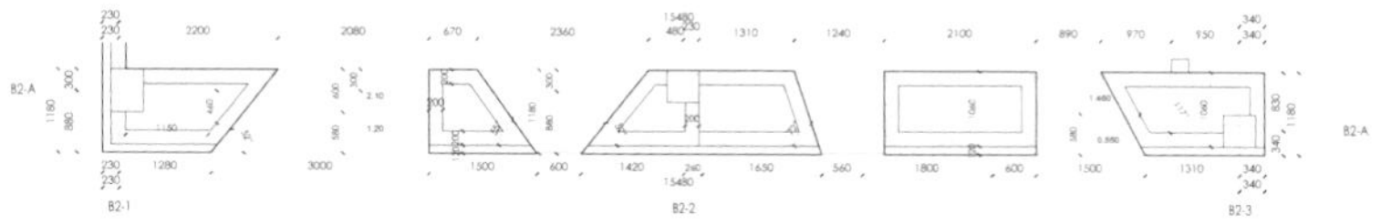

C
2.6
阶梯教室南墙放大平面
（标高2.6米处）

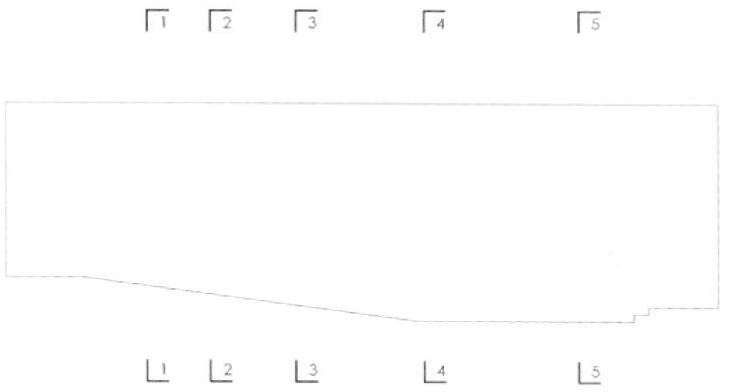

D 阶梯教室南墙室内立面

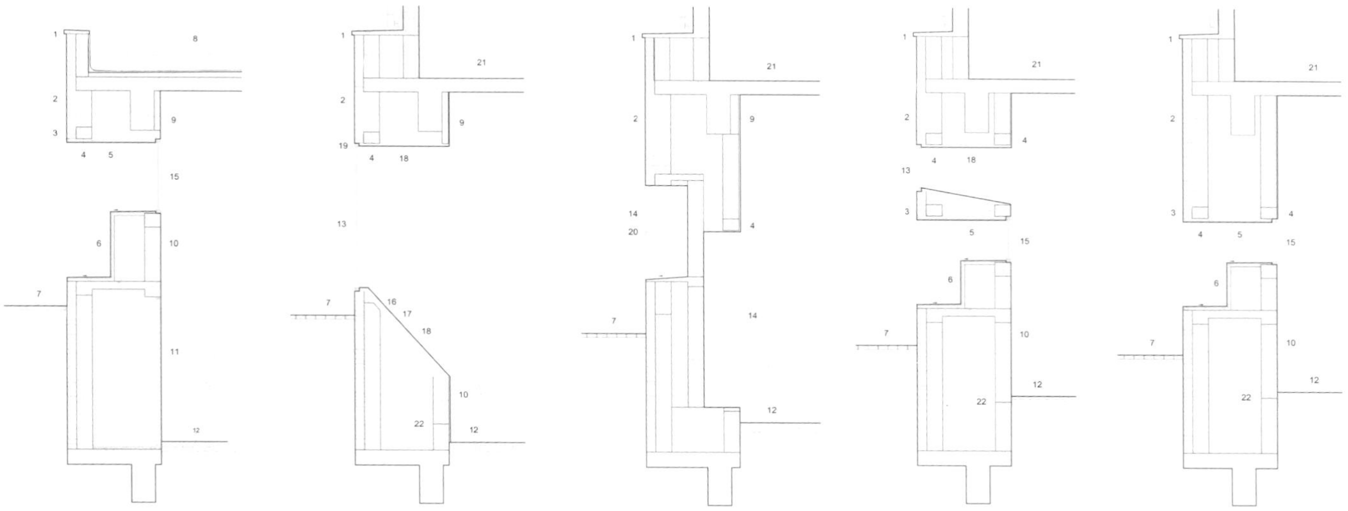

多功能教室墙身详图

新江湾城上海音乐学院实验学校

设计单位：同济大学建筑设计研究院（集团）有限公司
原作设计工作室
设 计 师：章明、张姿
业　　主：上海市城市建设投资开发总公司
项目地点：中国上海市
用地面积：33 046平方米
建筑面积：25 426平方米
容 积 率：0.62
摄　　影：张嗣烨

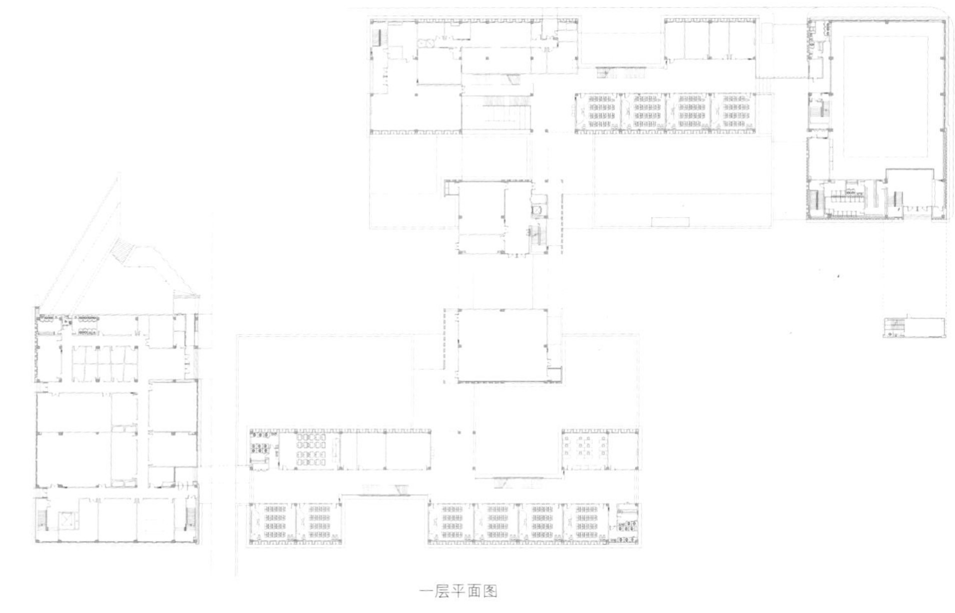
一层平面图

新江湾城上海音乐学院实验学校的设计策略是基于以下基本命题的，即如何应对环境的冲撞、挤压与牵制以及如何在现有环境中实现突破并谋求最终的平衡。

策略一：在相对开放的城市宽松性背景下寻求锚固的策略。

校区的区位条件极具景观特征，因此设计结合周边环境要素，将自身的错落体量空间开合同周边环境要素相对应，增强其景观性、标识性、沟通性与渗透性。

策略二：在松散开放的城市环境背景中融合与延展的原则。

设计吸取传统“院落”精神之精粹，将常态的集中式空间组织向均好性与人性化的院落格局演变。发挥空间组合的灵动优势，最大限度地为交流与互动提供可能性平台。

策略三：在黏合与流动张力结构下的渗透性平衡。

建筑寻求的是突破固有的平面化的条块分割模式，以全方位立体化的空间体系、交通体系、景观体系架构起校园网络体系的新形式，实现建筑与环境的黏合度与流动性的平衡。

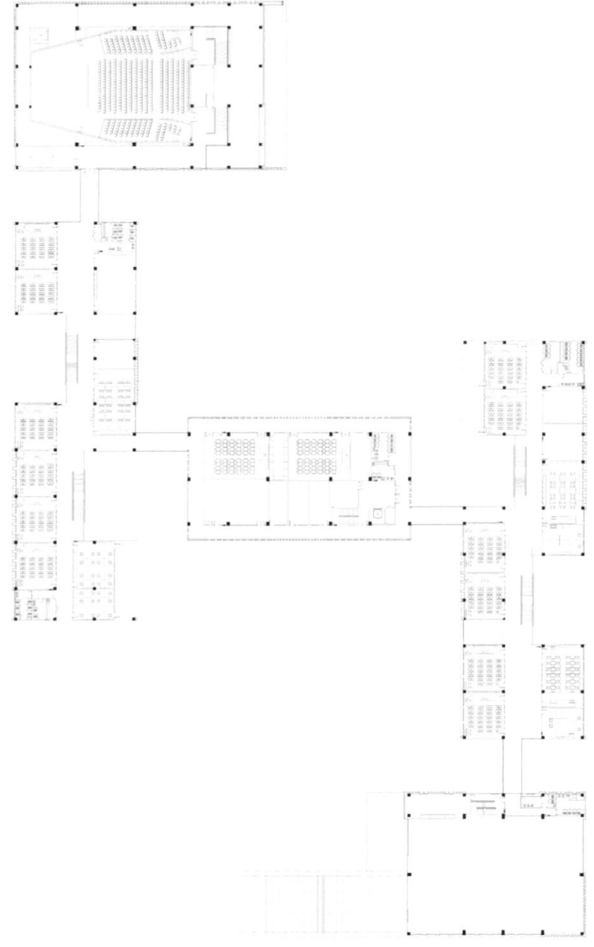

三 层平面图

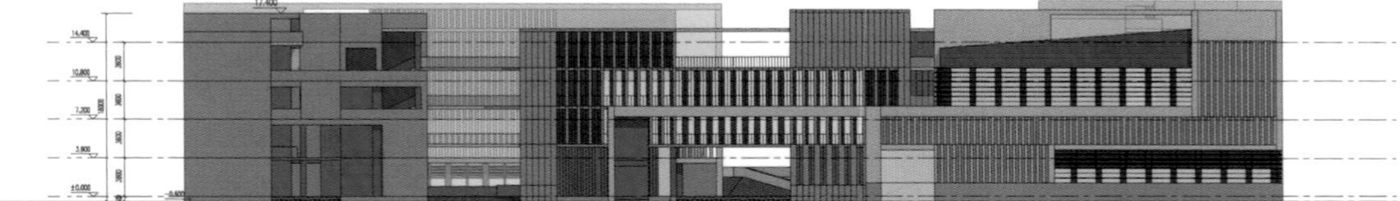

立面图 1

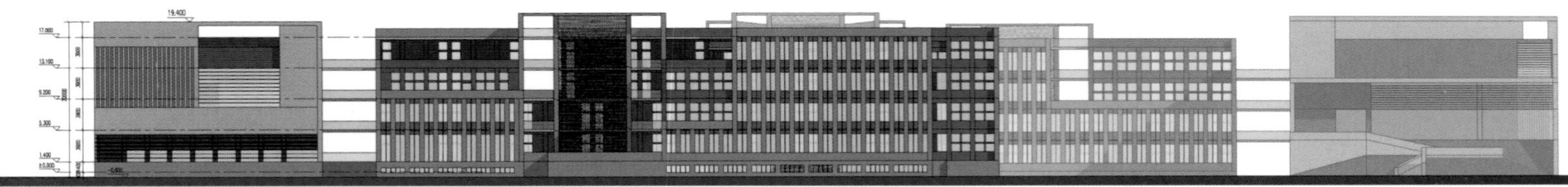

立面图 2

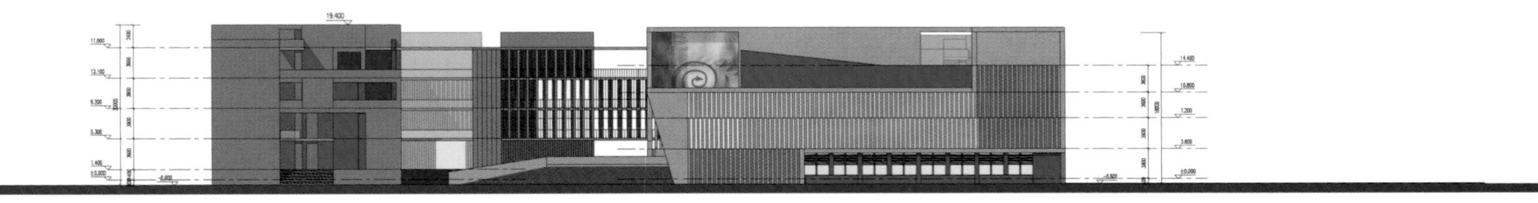

立面图 3

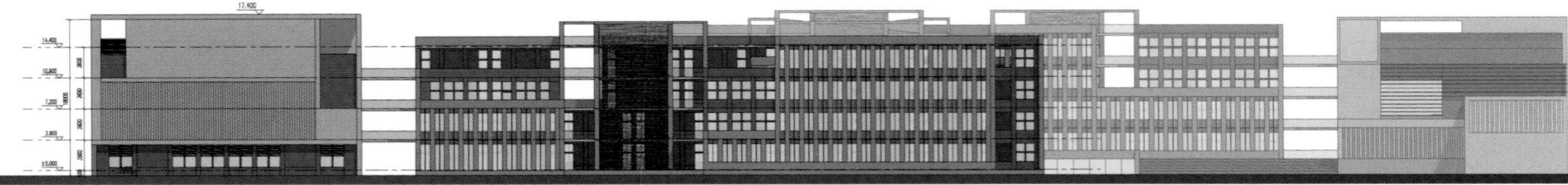

立面图 4

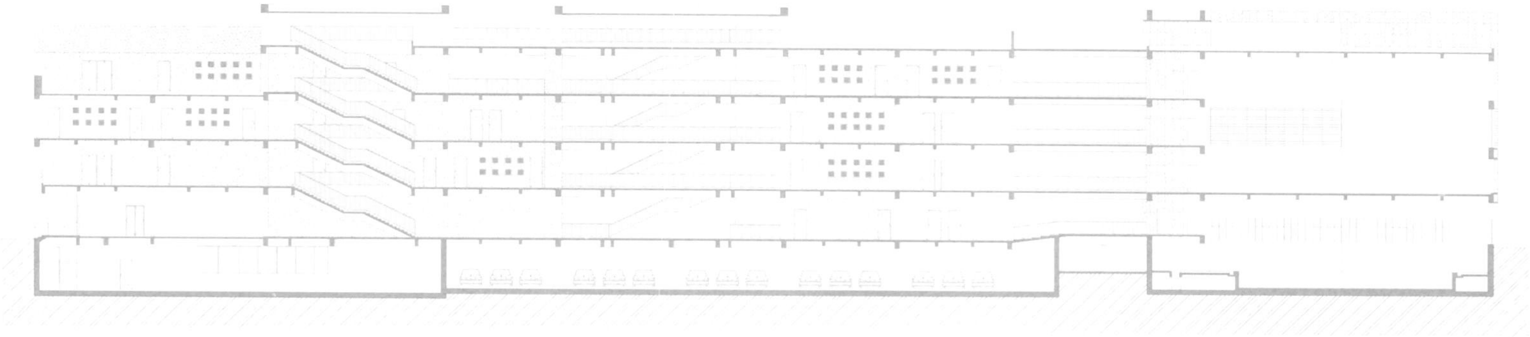

剖面图

北京林业大学教学楼

设计单位：中科院建筑设计研究院有限公司
设 计 师：崔彤、何川、桂喆、苏东坡、
罗大坤、唐璐、池依娜、辛鑫
项目地点：中国北京市
建筑面积：50 000平方米
设计时间：2008年
竣工时间：2010年

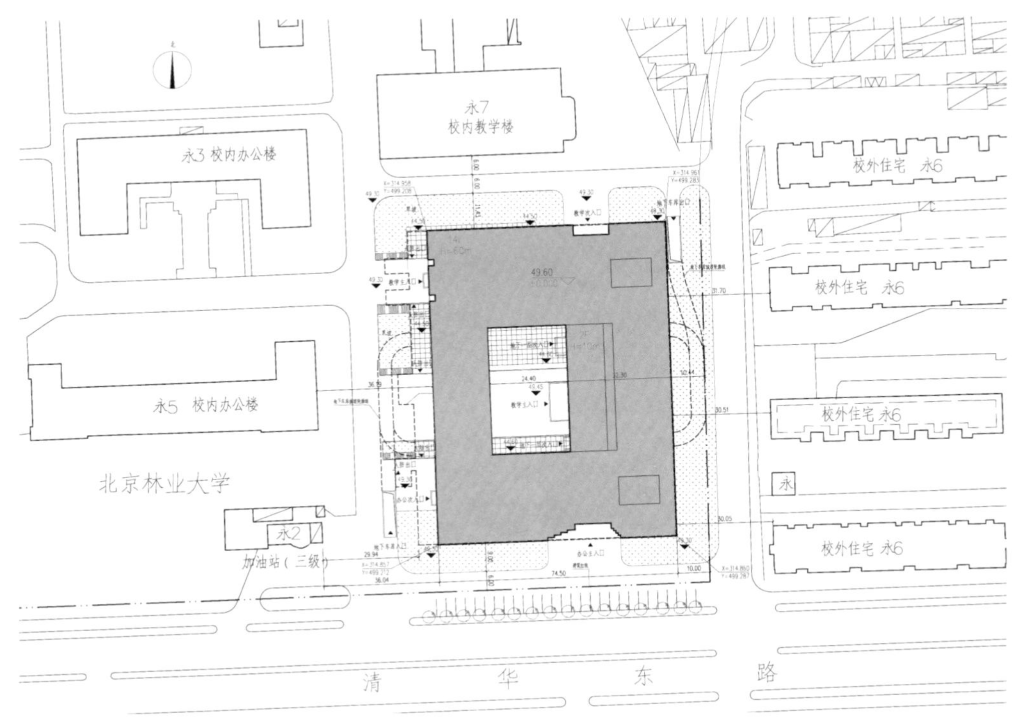

总平面图

该项目位于林大校园的东南角，它的双重性表现在面对清华东路的城市表情和回应校园的亲和力，而更为重要的是它在“角部”的控制力以及重构校园秩序的新策略。

U形建筑以嵌入式的外部空间亲和于校园，构成一个静谧的“人文书院”。布局中南翼为院系综合办公，北翼为教学实验楼，东翼是阶梯教室及研讨教室，顶层布置了高端学子研讨室及展览馆，地下一层作为一个特殊的功能单元，包括图书馆、报告厅、展览馆等。

U形建筑限定了一个空间范围，构成内向性场所，同时朝外指向西侧校园。U形建筑在实现自身合理性的同时还因成为林大校园东南角的收束而具有终极感，因此连接校园的东西轴线显得格外重要。西向相对于其他三个面具有独特的地位，这不仅在于它允许该范围与相邻的空间保持视觉上和空间上的连续性，而且在于人流动线由西而东，因此西向界面在保持完整的同时尽量划分以取得与校园尺度的一致性。

“书院”作为轴线尽端的节点，是一个“空”的中心，正是由于教学空间之间的“空”所具有的“弹性”和“聚合力”，使得它成为区别内与外的精神场所。在这样一个没有屋顶、三边围合、一边限定的方体空间中，东向的形态成为这个终极的要点，对于校园而言它是一个有力的底景；“书院”的多重性最终被凝聚在升腾而起的“树塔”之中，空间的多层次变化和纵深感给这个有限的“空”以无限的想象。

作为建筑的核心，“方体内院空间”不仅要体现出对知识的神往；更多阐释人与自然的共生理念；自然作为能量源给予内院空间风、光、热的同时也铸就一个可以释放出自然狂野能量的建筑。

建筑风格选择了一条“中性”路线，建筑色调与主楼趋同，对外保持校园沿街的统一性，对内调和着红砖和灰砖的老建筑。均质化的竖向开窗和暖灰色的石材温和儒雅，隐约显现着精典校园气质。对外简约卓尔不凡，对内谦和包容。“十年树木，百年树人”是重构场所精神的基础，建筑形态在延续校园空间结构中，吸取了一种繁衍的力量，并建构了一个新的秩序化空间；纵横两条轴线控制了方正的体量，从两条轴线生长出沿街和内庭院的主入口，通过对自然律动的表达，借用分形几何学的手法创造出一种独特的形式语言。

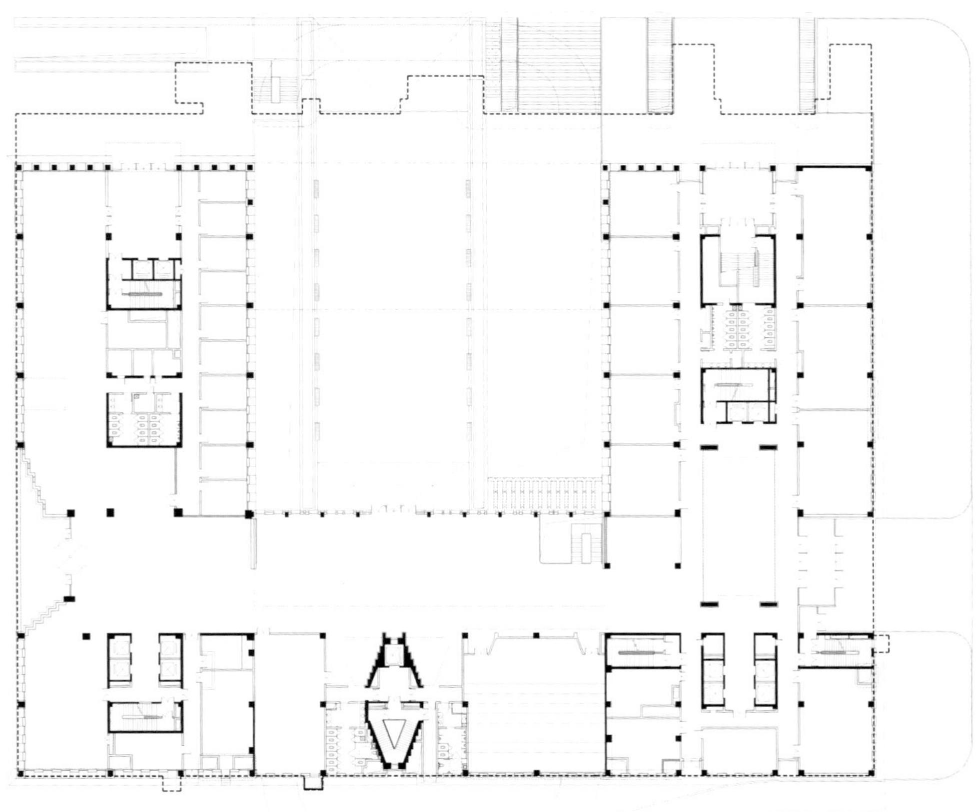

一层平面图

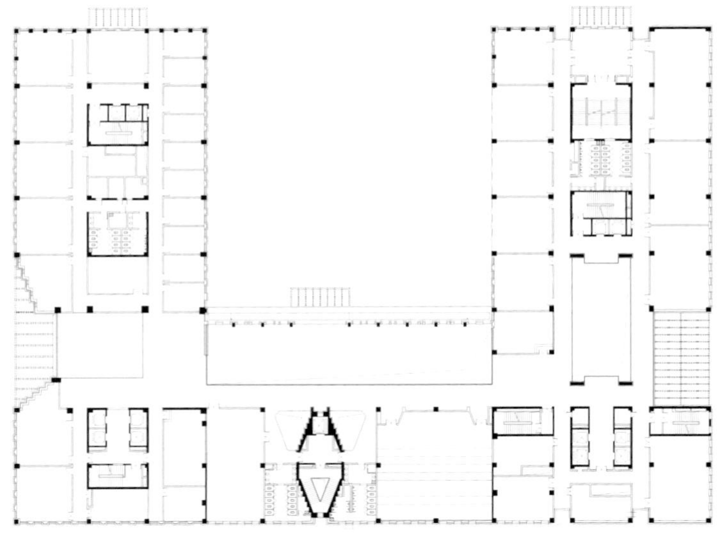

二层平面图

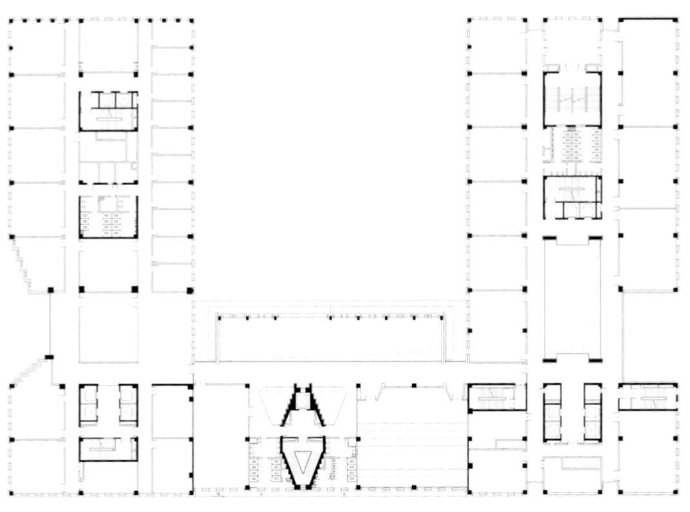

三层平面图

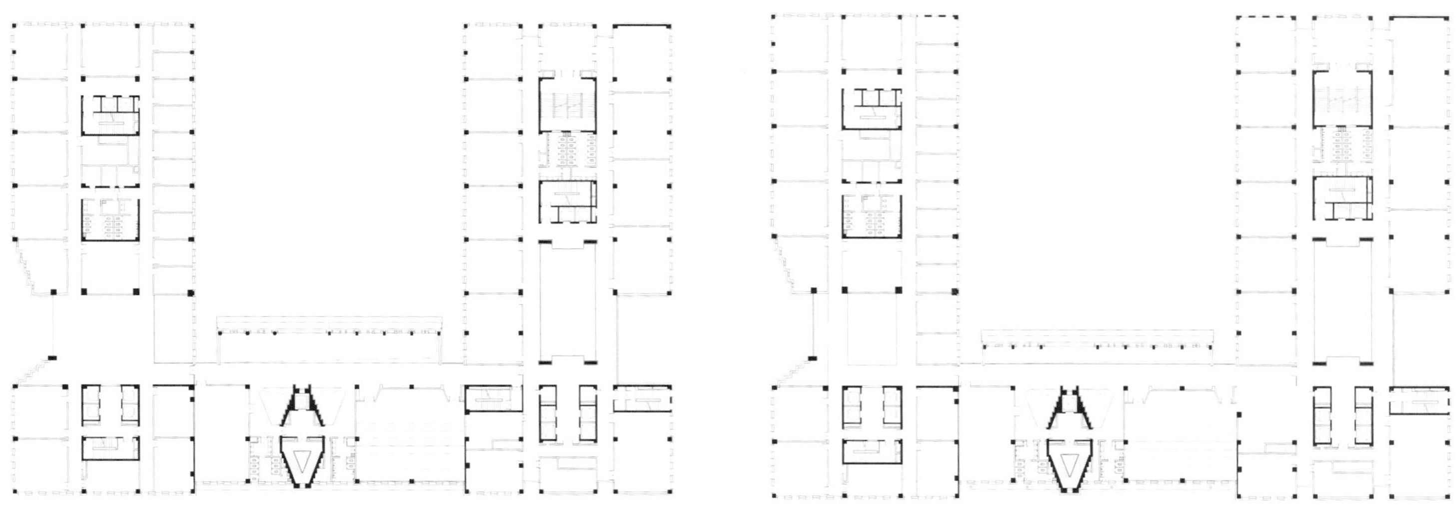

四层平面图　　五层平面图

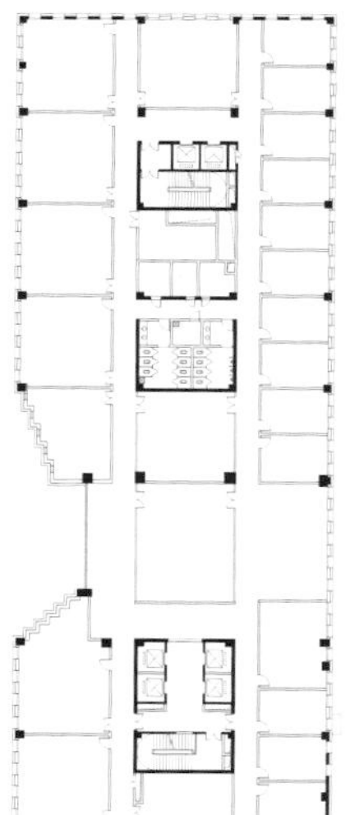
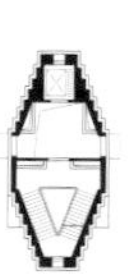
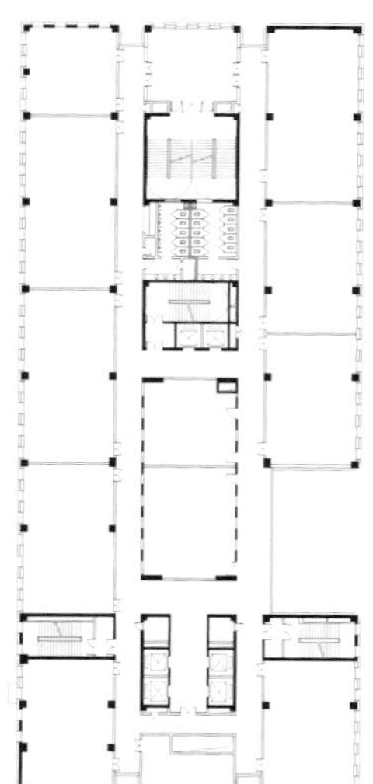

九层平面图

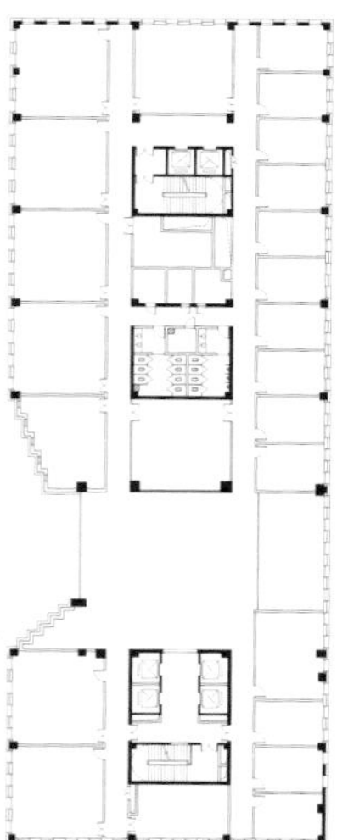
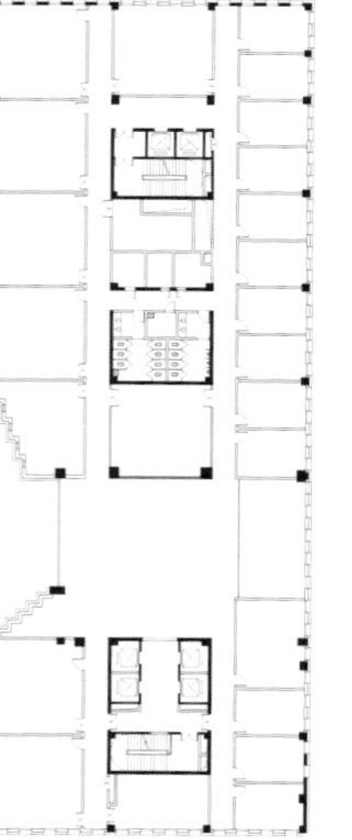
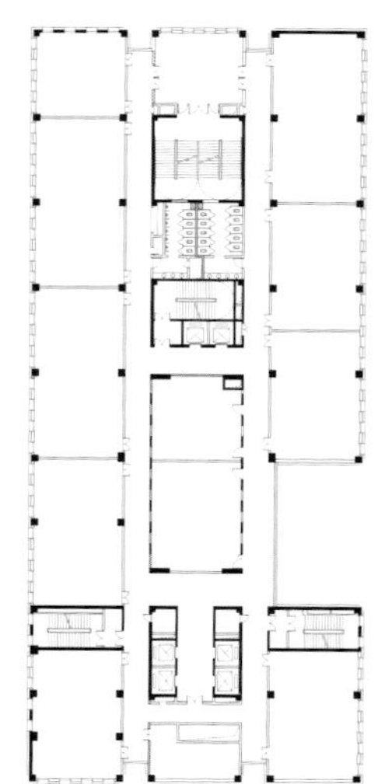

十层平面图

7:00 9:00
16:00 19:00
清华东路
QINGHUA East Rd
清华东路
静淑苑
JINGSHUYUAN

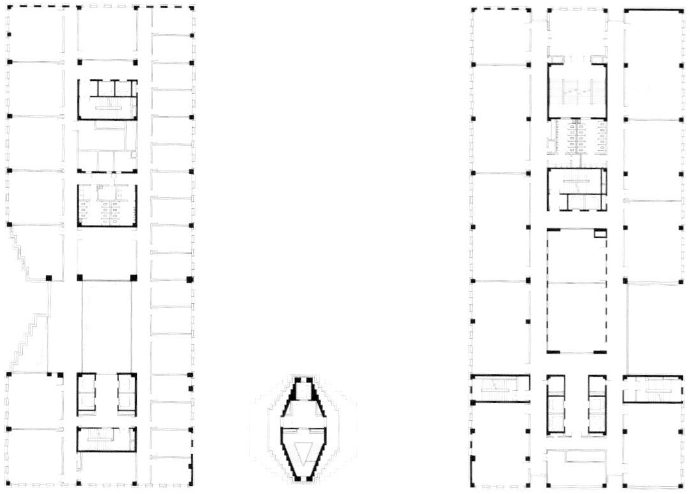

十一层平面图

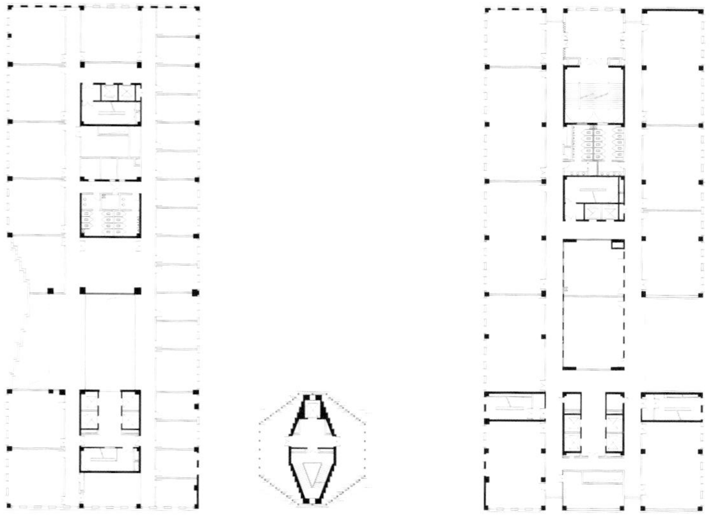

十二层平面图

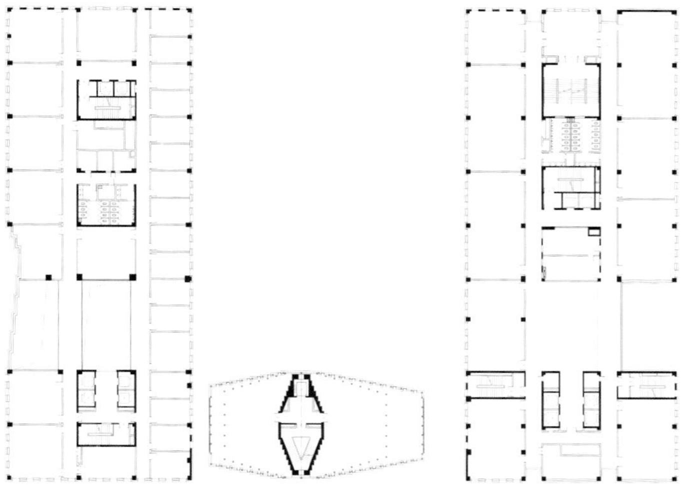

十三层平面图

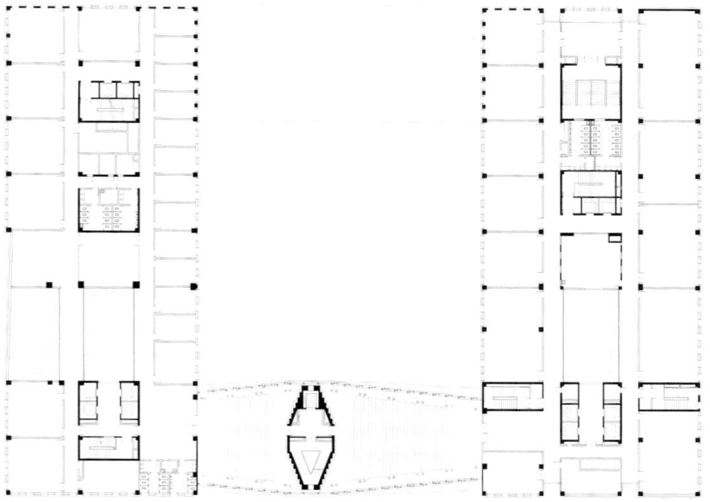

十四层平面图

苏州独墅湖高教区
西交利物浦大学科研楼

设计单位：苏州设计研究院股份有限公司
合作单位：美国帕金斯威尔设计事务所
建 筑 师：宋峻、胡世忻、章伟、 Rob Goodwin、陈昕昉、
Michael Bardin、 Tony Alfieri
项目地点：中国江苏省苏州市
建筑面积：45 051平方米

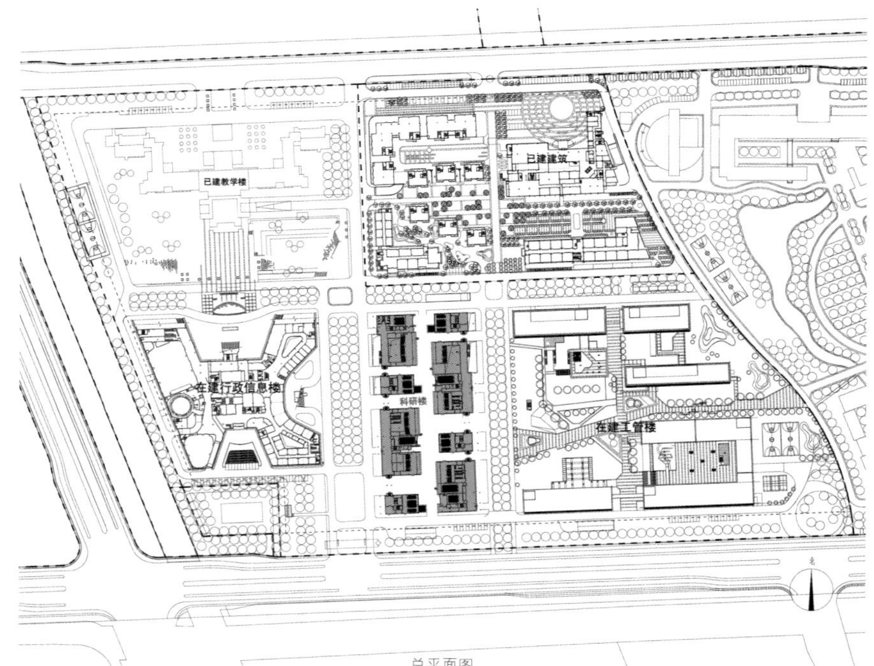

总平面图

本项目位于苏州工业园区独墅湖高教区，作为西交利物浦大学的重点建筑，其用地位于校园中轴线的东南角，地块的东、南、西、北面为校区道路，西北面隔路为已建的教学楼。建筑在总体布局时充分考虑与地形和周围环境的结合，建筑通过自身围合形成若干个广场作为学生的室外交流空间。建筑的西面为绿化用地，既是校区绿化广场的延续，也是科研楼自身小环境的创造。南北面结合道路设置汽车坡道出入口，教学楼南向纵列四行布置，教学楼之间形成内广场。

广场基本采用硬制铺地，点缀以绿化、小品、路灯等景观要素，西面的绿化用地采用堆土植树，保证形成科研楼的内部环境，并与外界既有分隔又有联系。教学楼之间形成的内广场设计成庭院形式，既美观又实用。

建筑的公共部分和阶梯教室等设置在一、二层，实验室设置在三至五层。南向教学楼纵列四行布置，与公共部分连接，连接处形成交通中心，既满足消防疏散要求，又形成从公共区向教学区的自然过渡。整个科研楼流线简洁，功能分区明确。

南北立面采用大片的点式玻璃幕墙，与东西立面大片的实墙形成强烈的虚实对比，同时结合立面造型，南面采用了遮阳措施。

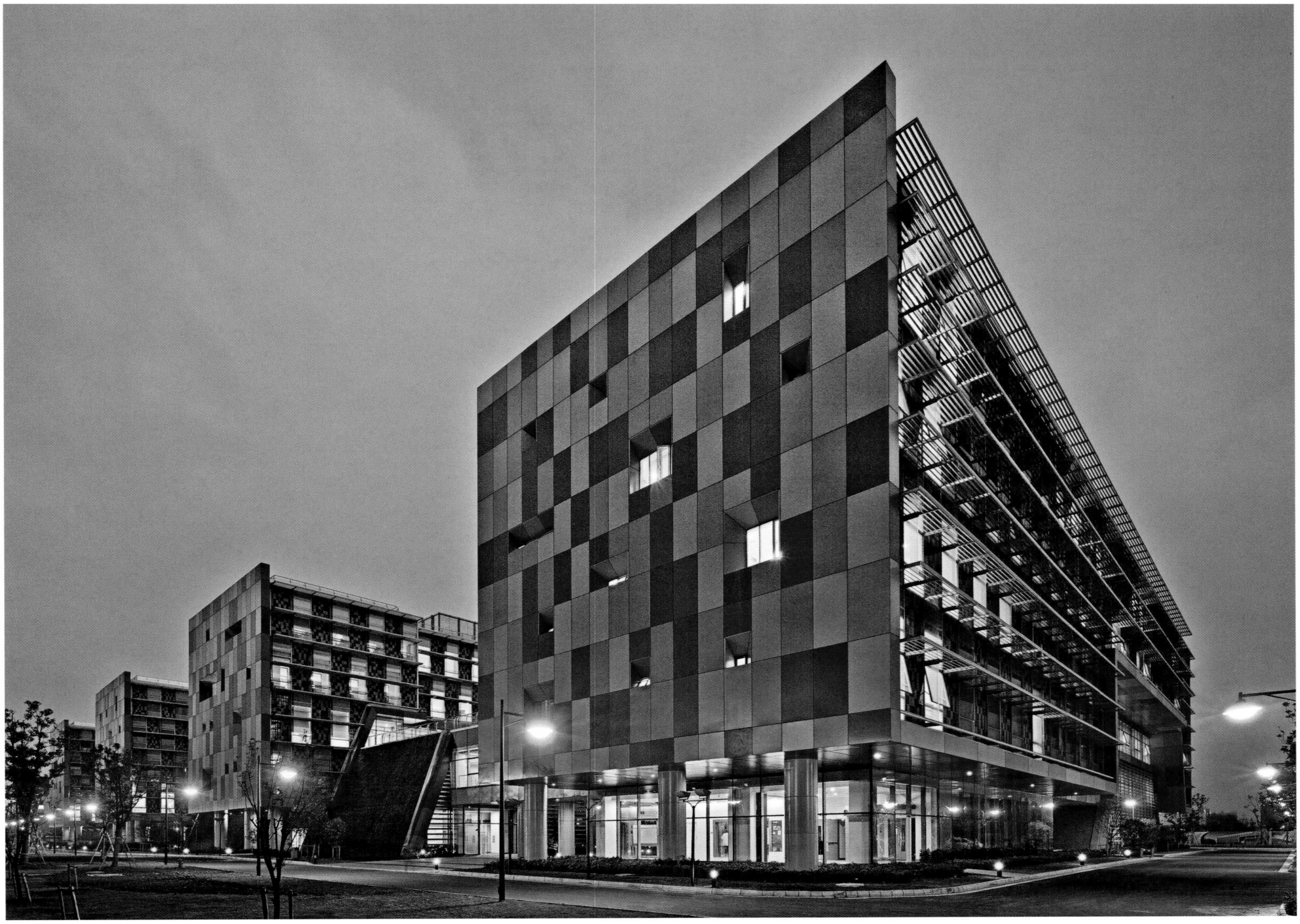

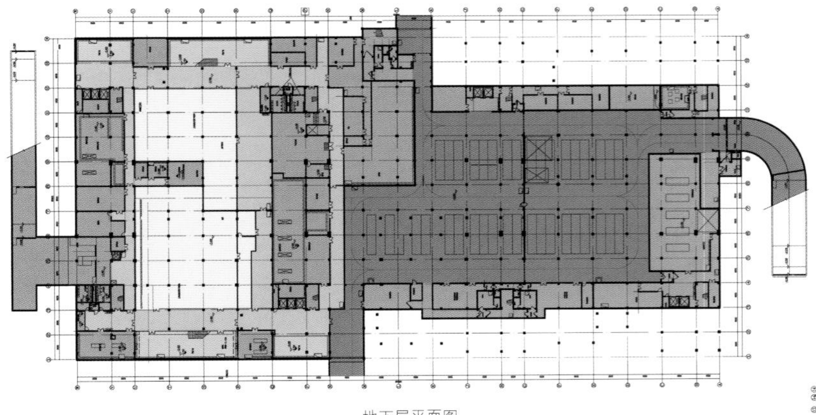
地下层平面图

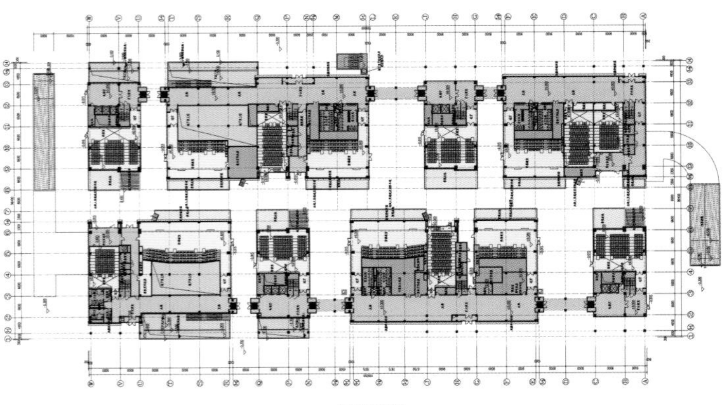
一层平面图

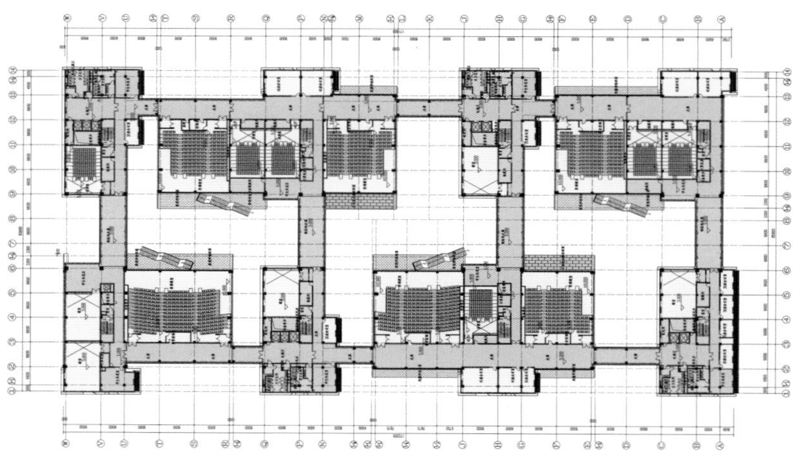

二层平面图

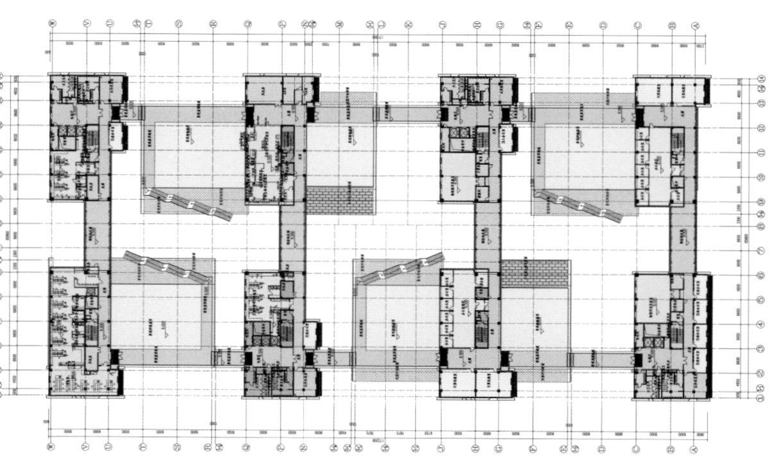

三层平面图

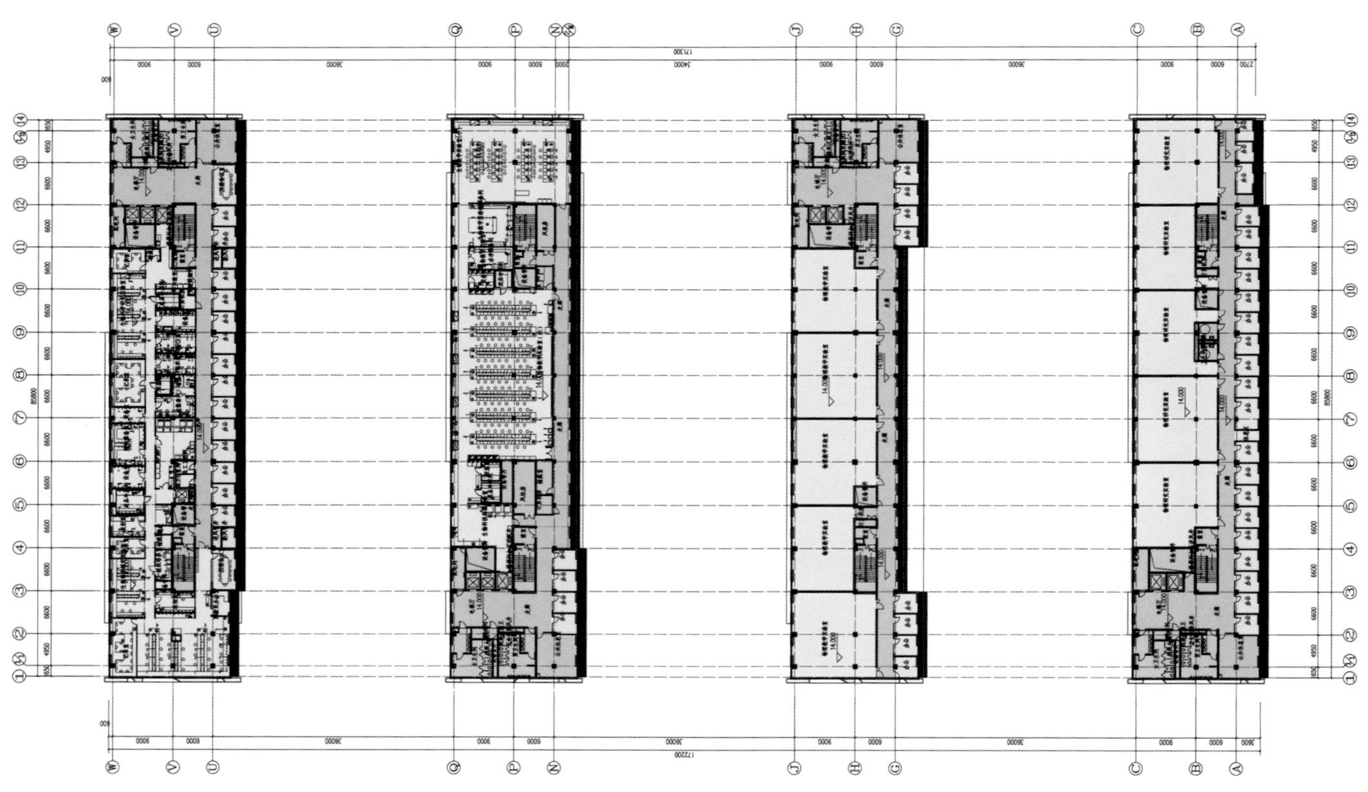

四、五层平面图

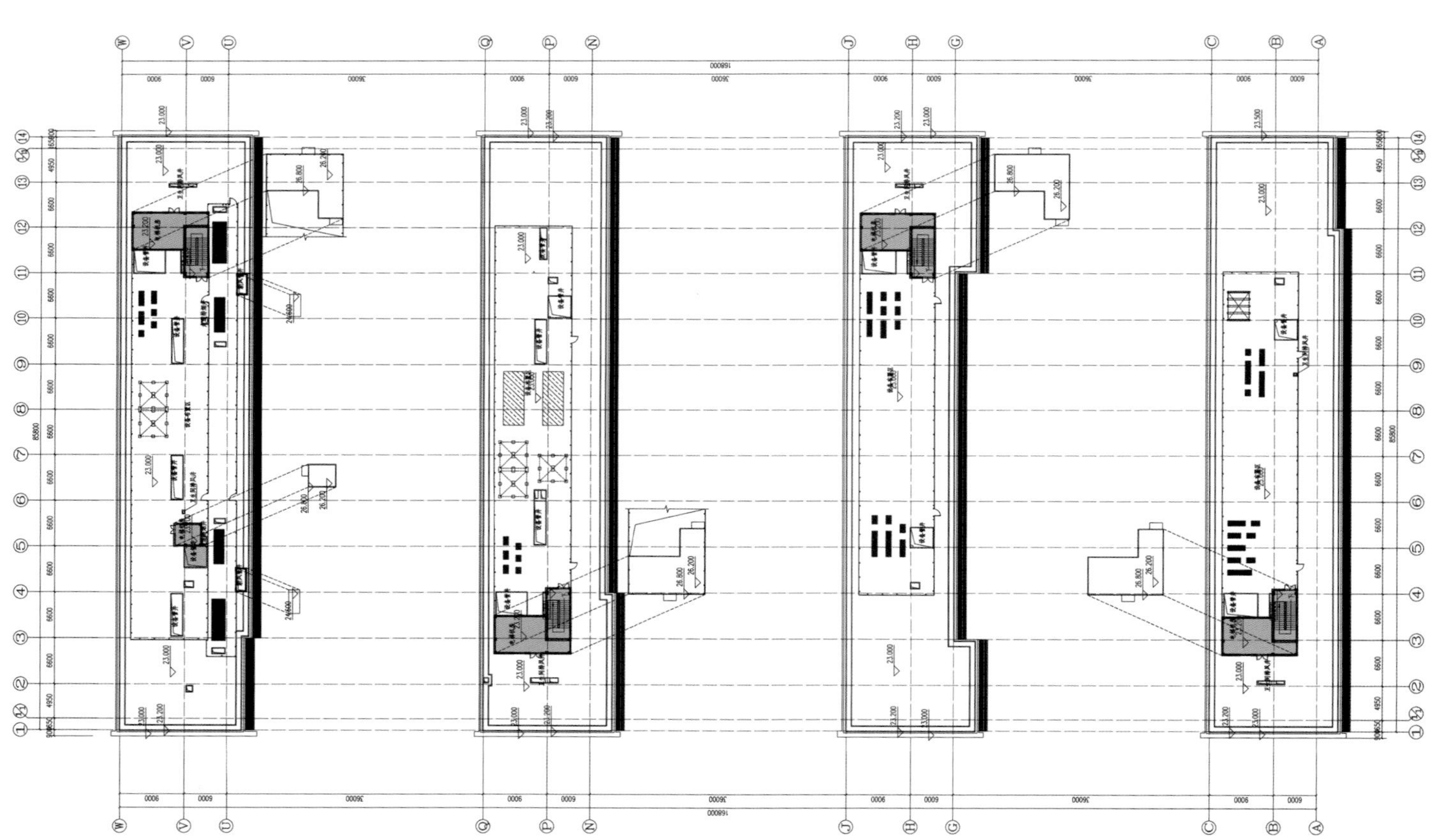

屋顶层平面图

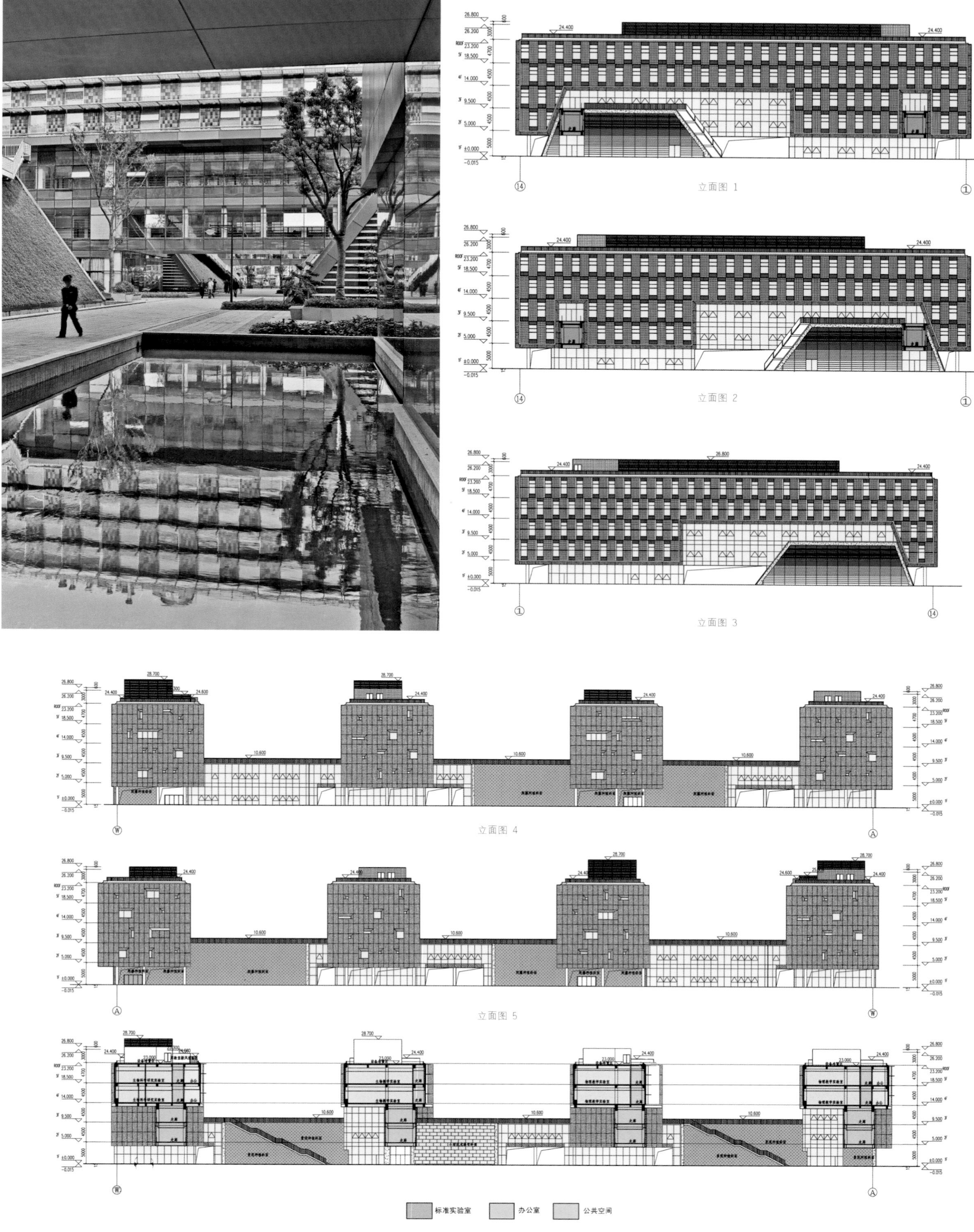

立面图 1

立面图 2

立面图 3

立面图 4

立面图 5

标准实验室　办公室　公共空间

立面图 6

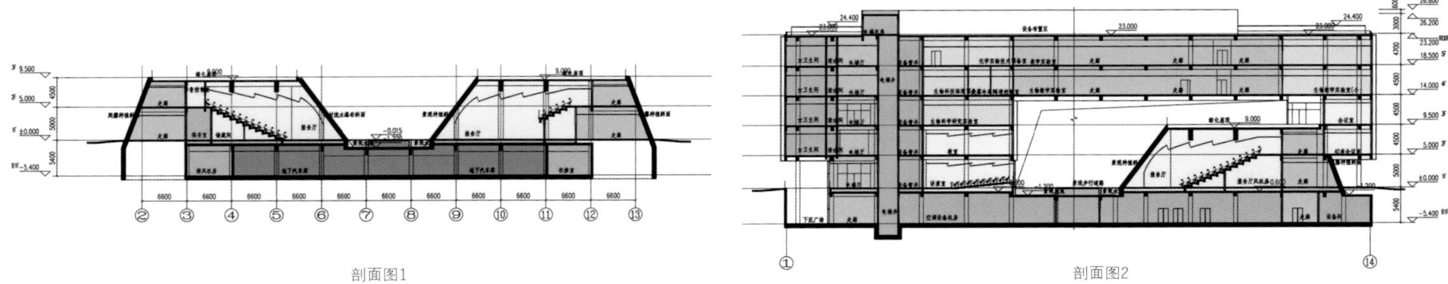

剖面图1　　剖面图2

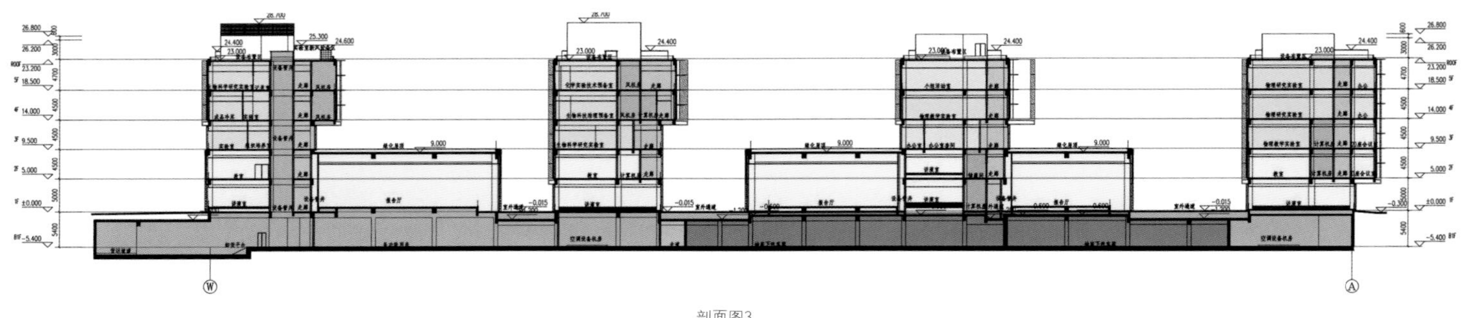

剖面图3

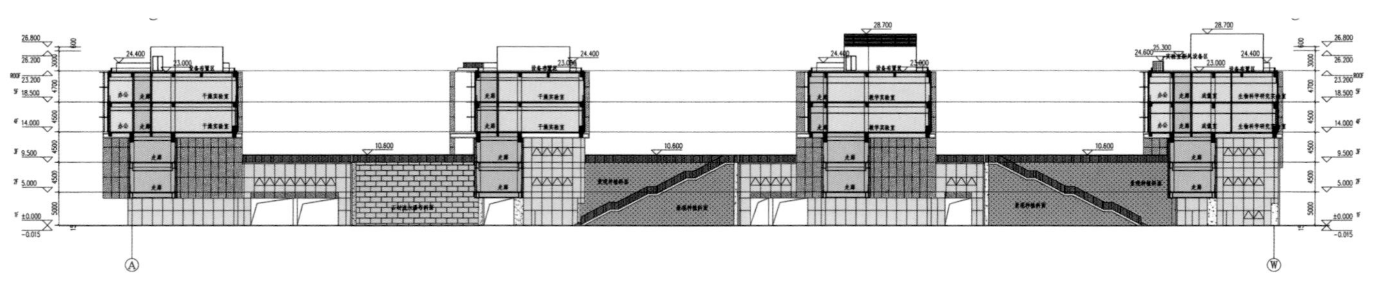

剖面图4

苏州市沧浪新城实验中学校（立达中学）

设计单位：苏州设计研究院股份有限公司
建 筑 师：查金荣、宋峻、杜晓军、宋少颖、范静华
项目地点：中国江苏省苏州市
用地面积：44 389平方米
建筑面积：38 082平方米

项目位于苏州市沧浪新城长吴路，规划投资约2.5亿元，用地面积约44 389平方米，包括教学区、行政信息中心、艺体中心、食堂、体育场及看台等。

建筑造型设计从沧浪文化引发知识之舟在沧浪之水中乘风破浪的寓意入手。本方案在体量、体形控制的基础上对建筑立面的细部、开窗、遮阳构建等做了充分比较与分析，通过遮阳及装饰构建加强建筑的精致感，使建筑在体形简洁的同时，表皮又富有变化，体现了现代中学建筑应有的品质。在建筑色彩选择方面考虑到中学生这一特定的使用群体，该建筑群选用了白色、绛红色和玻璃自然色等鲜明活泼的色彩。白色用于结构构件及遮阳装饰构件等；绛红色用于装饰墙体饰面及遮阳装饰构件等。

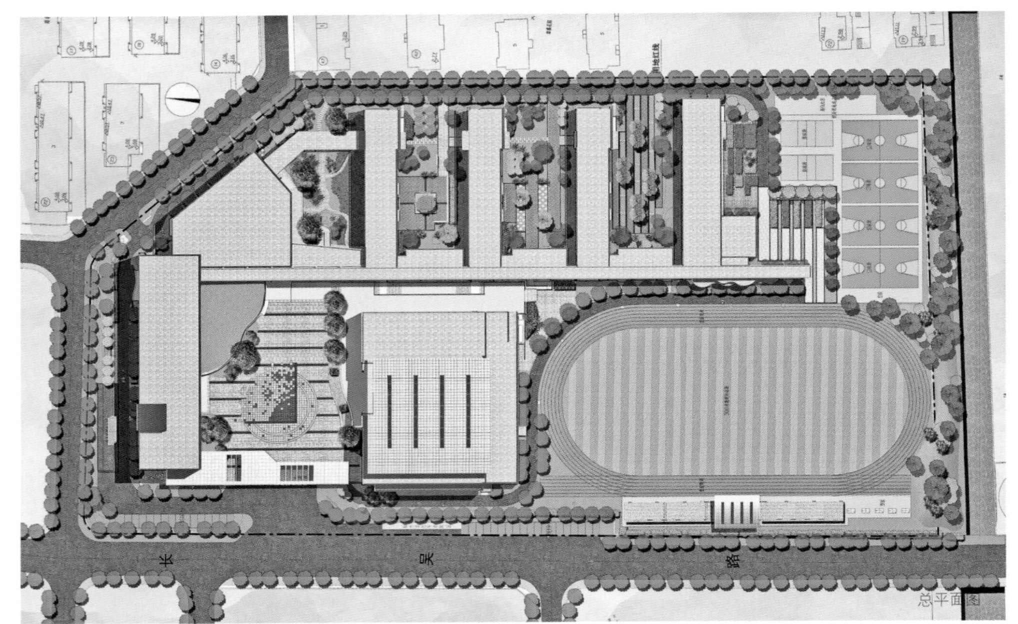

总平面图

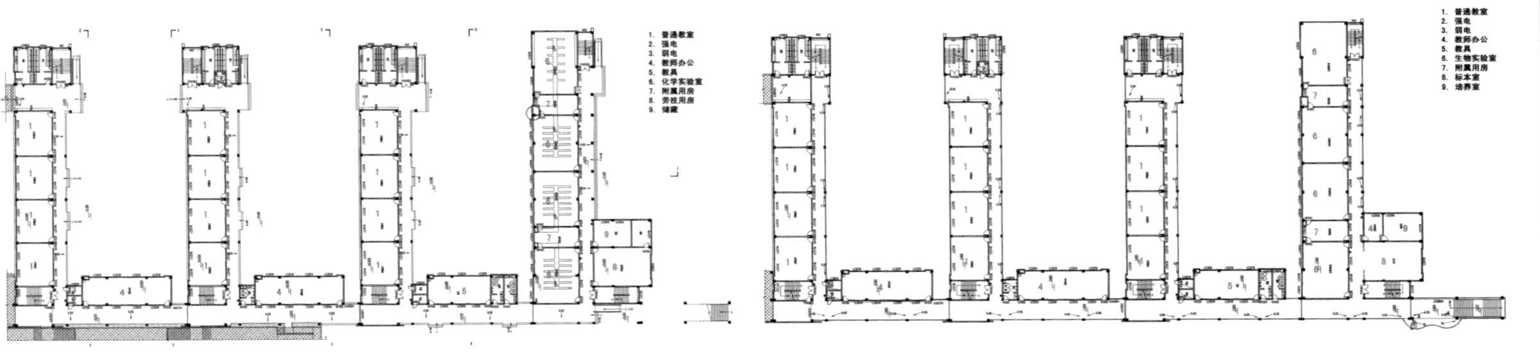

一层平面图　　二层平面图

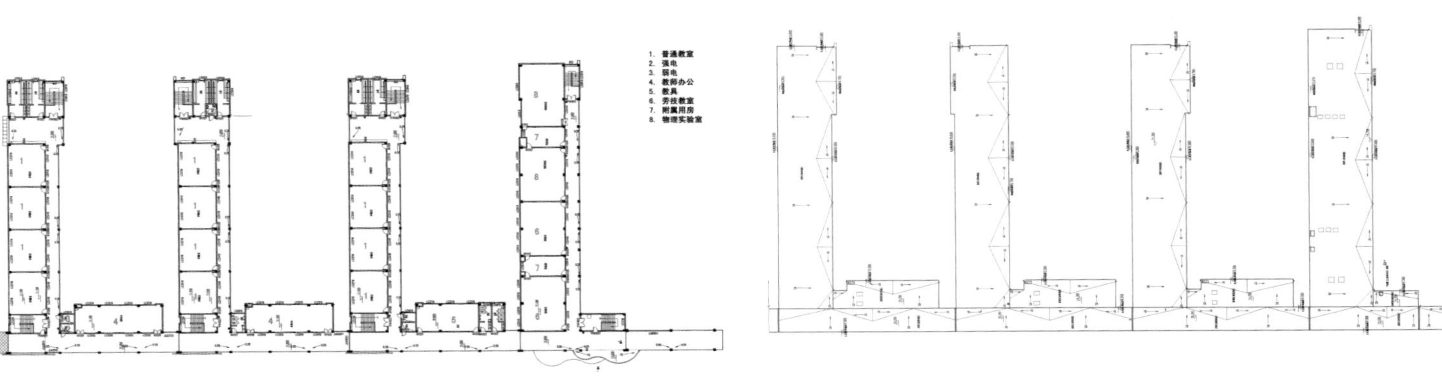

四层平面图　　屋顶层平面图

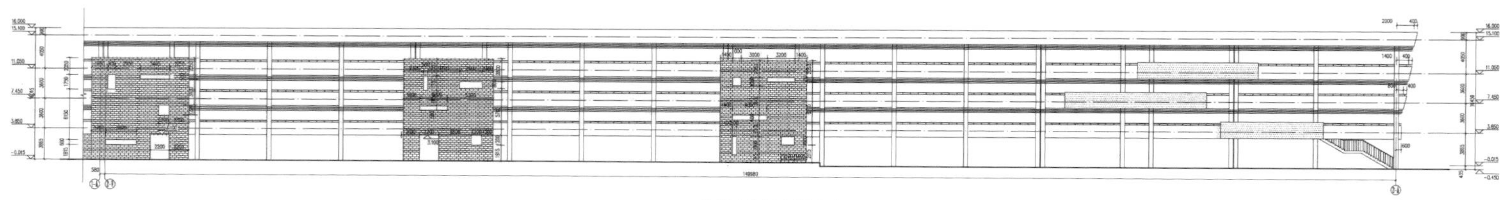

教学实验楼立面图 1

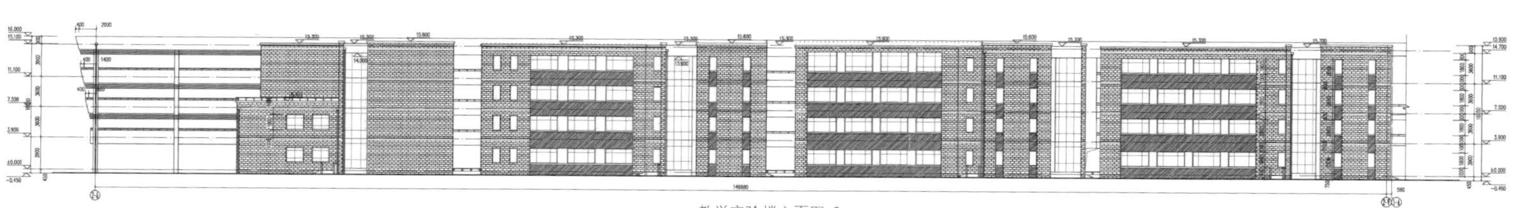

教学实验楼立面图 2

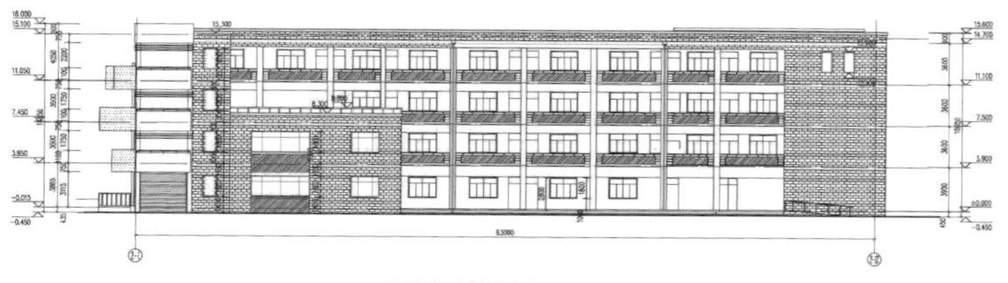

教学实验楼立面图 3

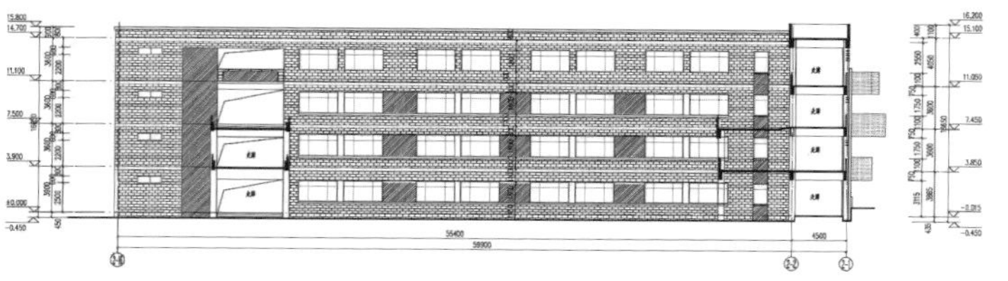

教学实验楼立面图 4

1. 教室
2. 走廊
3. 教师办公
4. 教具

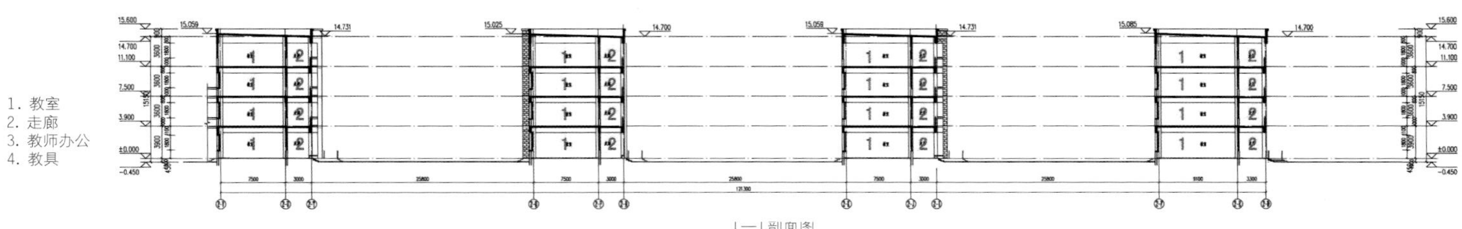

1—1 剖面图

2—2剖面图

3—3剖面图

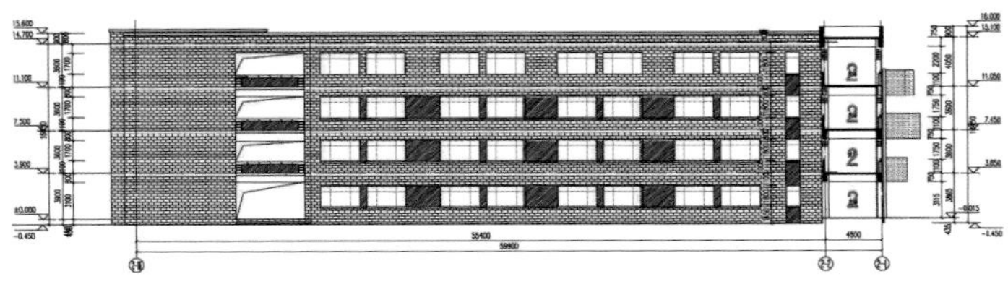

4—4剖面图

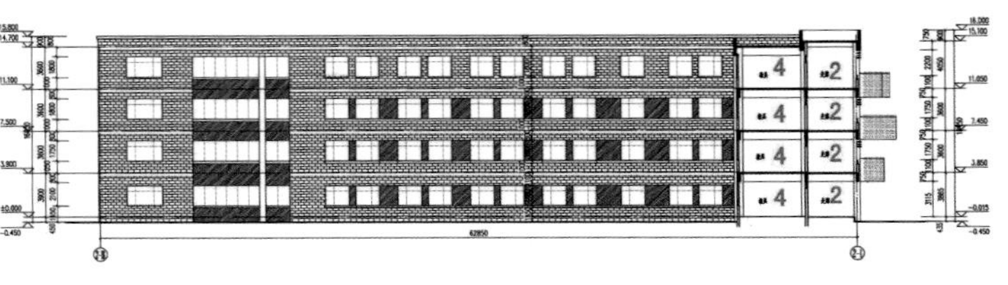

5—5剖面图

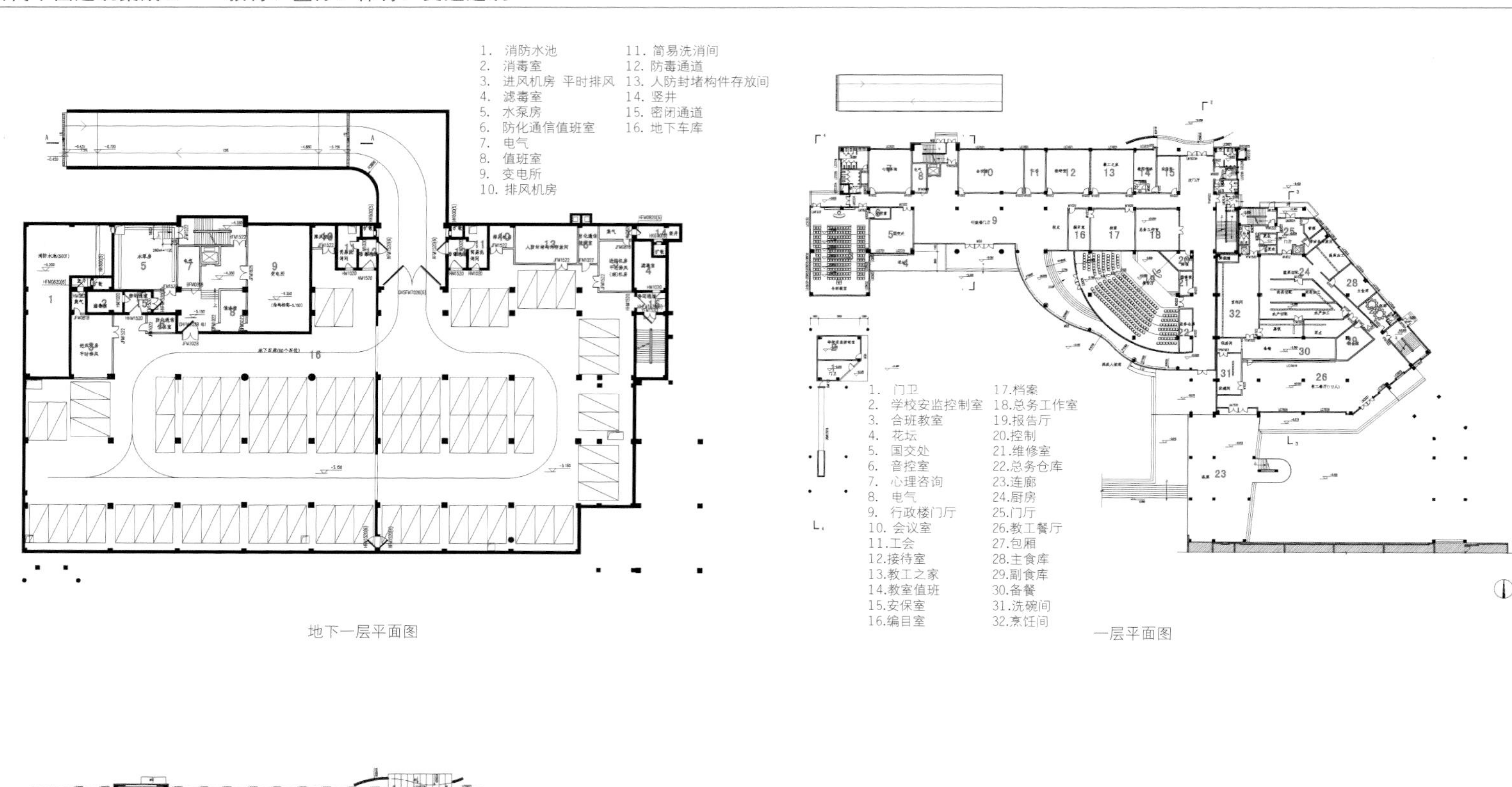

地下一层平面图

一层平面图

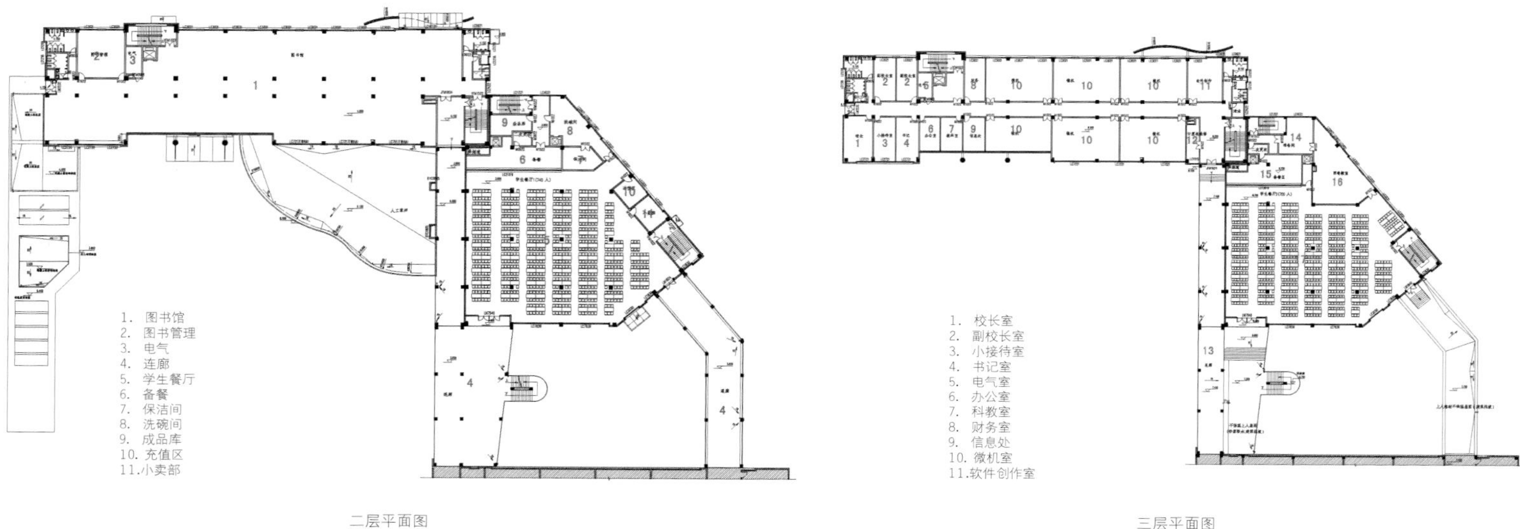

二层平面图

三层平面图

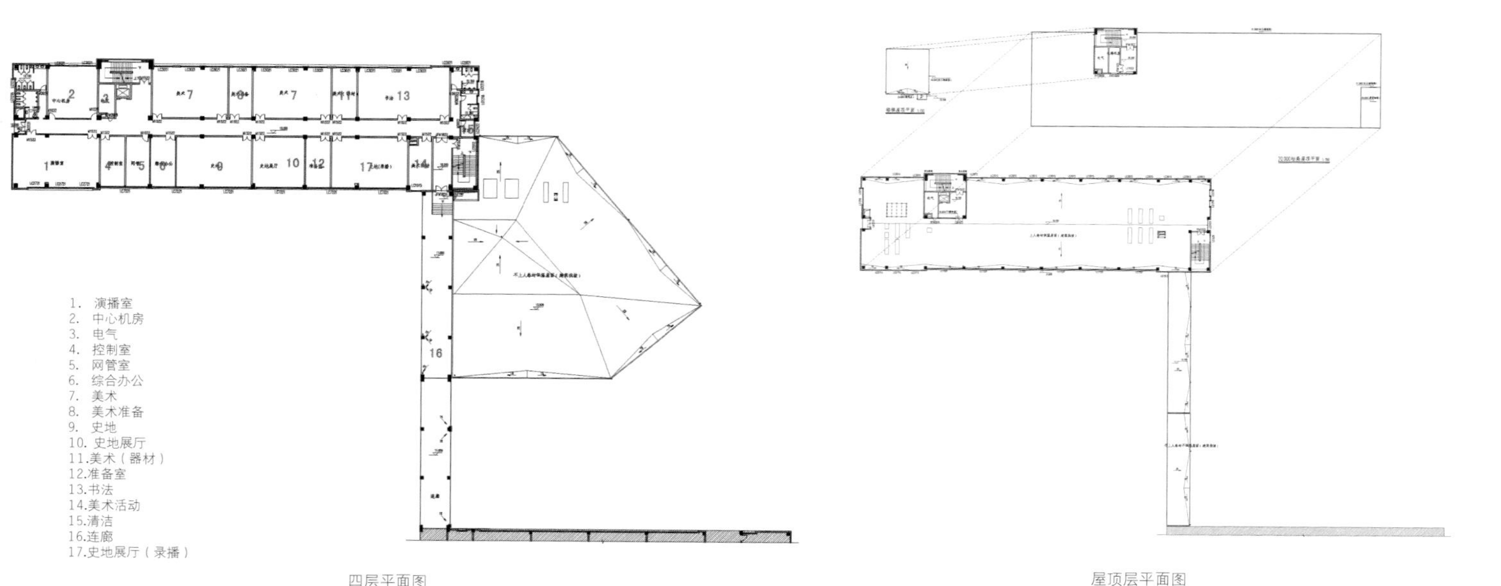

四层平面图

屋顶层平面图

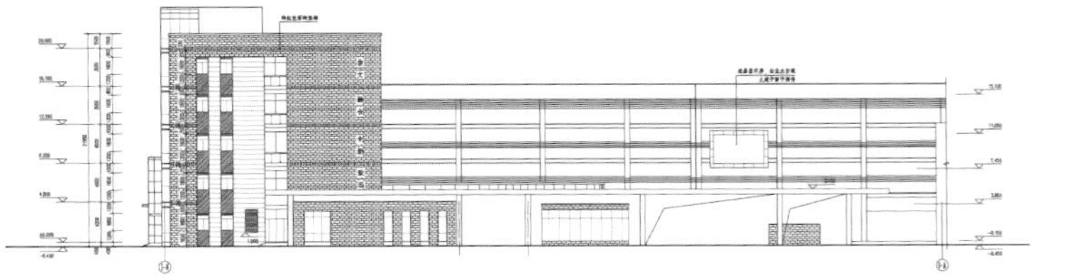

立面图 1

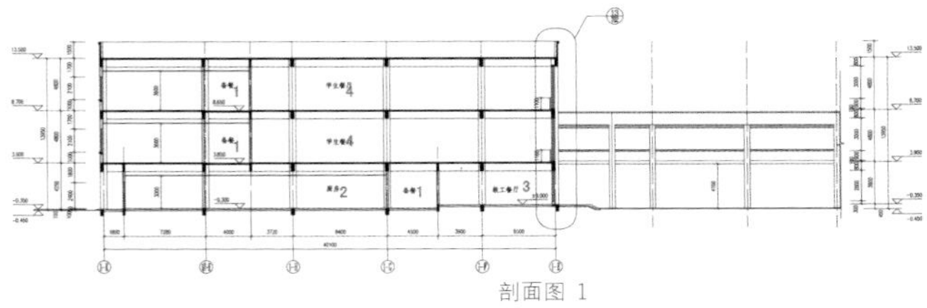

剖面图 1

1. 备餐
2. 厨房
3. 教工餐厅
4. 学生餐厅

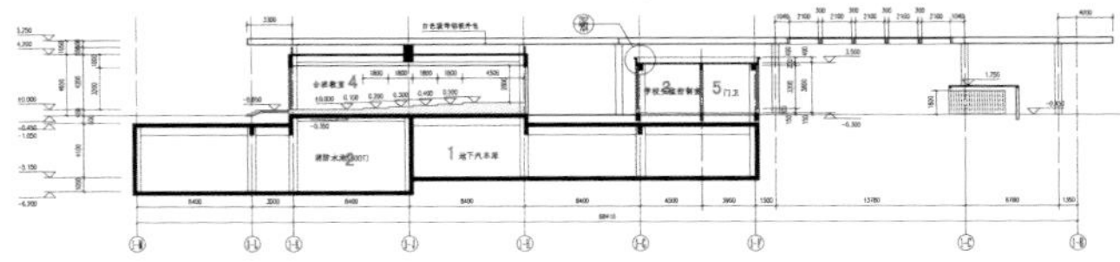

剖面图 2

1. 地下汽车库
2. 消防水池
3. 学校安监控制室
4. 合班教室
5. 门卫

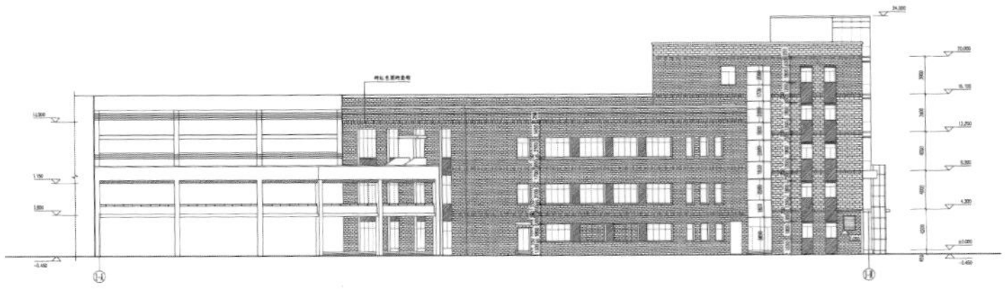

立面图 2

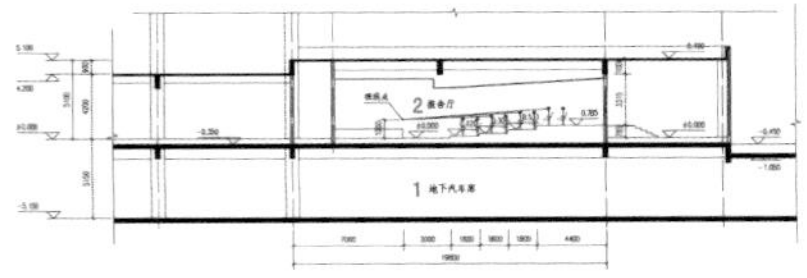

剖面图 3

1. 地下汽车库
2. 报告厅

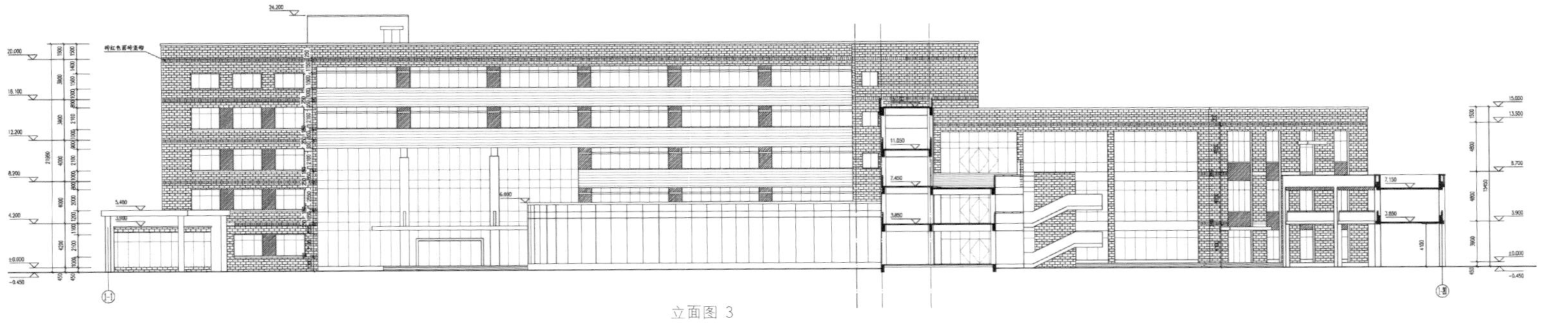

立面图 3

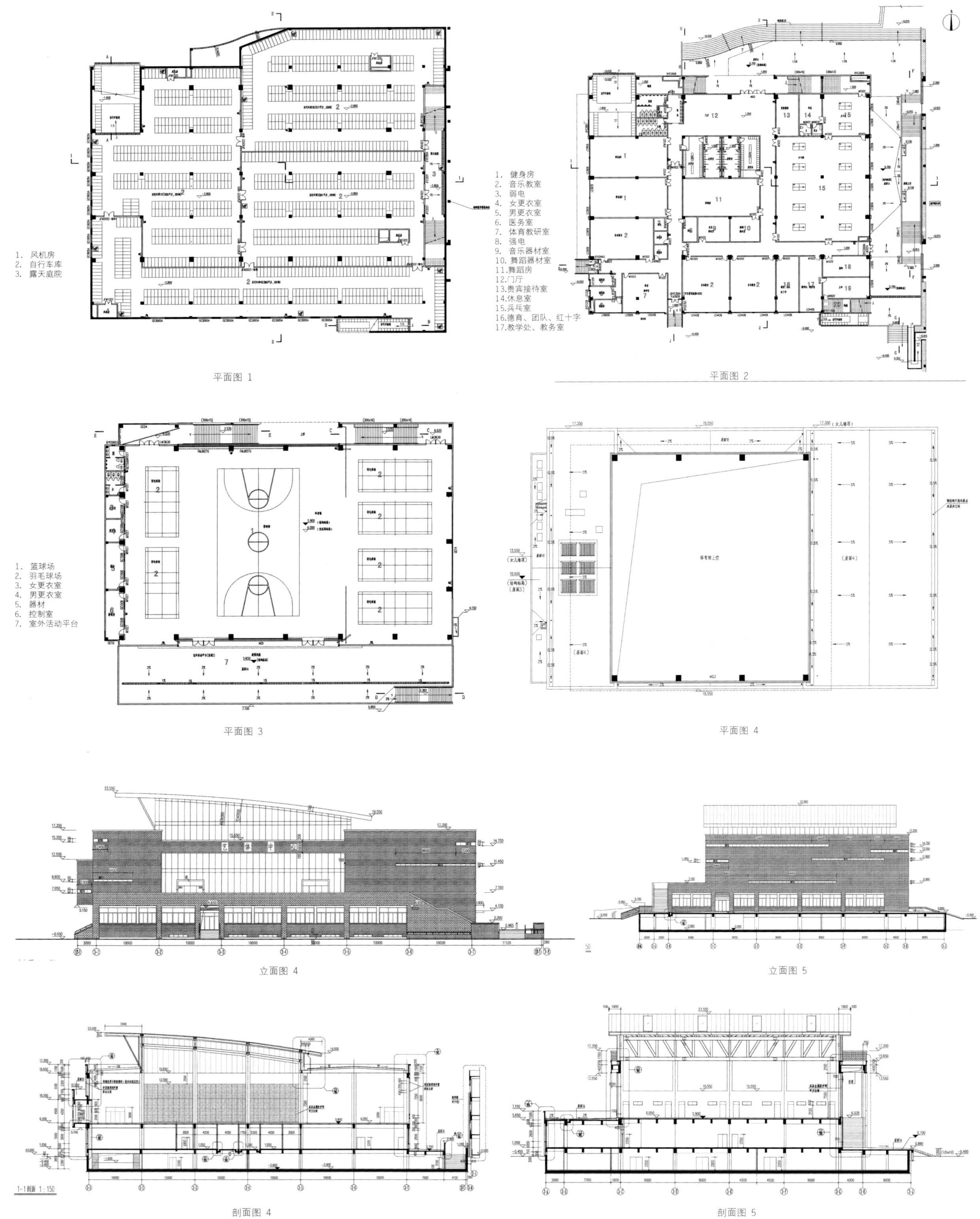

平面图 1

平面图 2

平面图 3

平面图 4

立面图 4

立面图 5

剖面图 4

剖面图 5

苏州独墅湖高教区
西交利物浦大学行政信息楼

设计单位：苏州设计研究院股份有限公司
合作单位：凯达环球建筑设计咨询（北京）有限公司
建 筑 师：宋峻、胡世忻、章伟、温子先、温群、曹晶晶
项目地点：中国江苏省苏州市
用地面积：55 000平方米
建筑面积：59 922平方米
容 积 率：1.000
建筑密度：25.01%
绿 地 率：46.6%

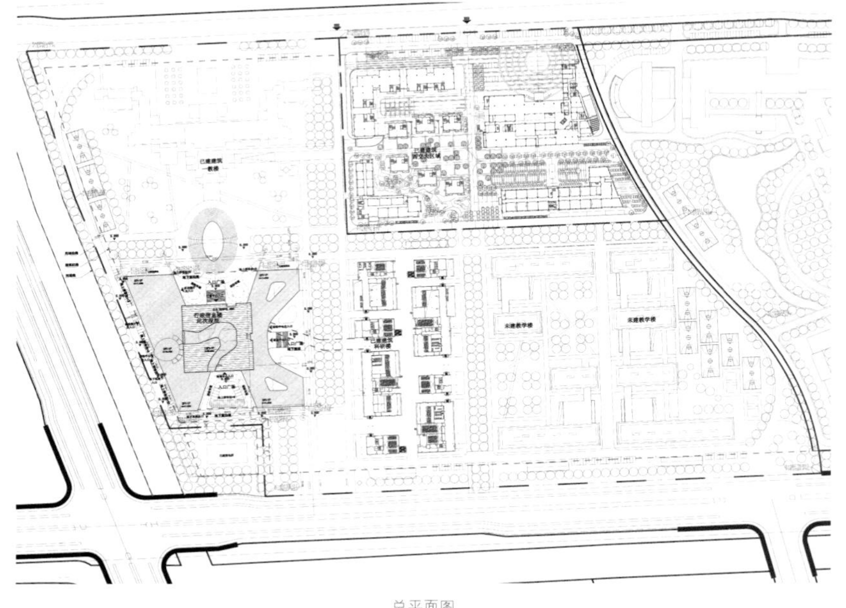
总平面图

本项目作为西交利物浦大学校园中的标志性建筑，以太湖石的概念为主要设计理念。一方面塑造独具特色的建筑风格和室内外空间；另一方面中空的室外庭院营造了舒适的气候小循环，给建筑设计带来节能、环保的可能。

整栋楼分为四个功能，学生信息中心、行政中心、培训中心及学生活动中心，分别从建筑的四个方向进入，人流量较大的培训中心及学生活动中心位于一、二层，学生信息中心（即图书馆）位于中段，行政中心位于顶部，部分形体相交，但功能又相对独立。

本项目尊重用地周边环境，建筑为现代风格，立面处理呼应太湖石的概念，简洁有创意。一、二层裙房外立面材料为玻璃幕墙配合金属的竖向隔栅，颜色与相邻的科研楼相呼应。北侧为绿化坡地，可以引导人流走到裙房屋顶活动。主体的处理简洁精致，玻璃幕墙外面为横向GRC出挑百叶，通过宽度的变化体现太湖石的质感。内部室外庭院的弧墙采用钛锌板，体现空间的自然与流畅性，与外立面百叶自然地过渡为一体。

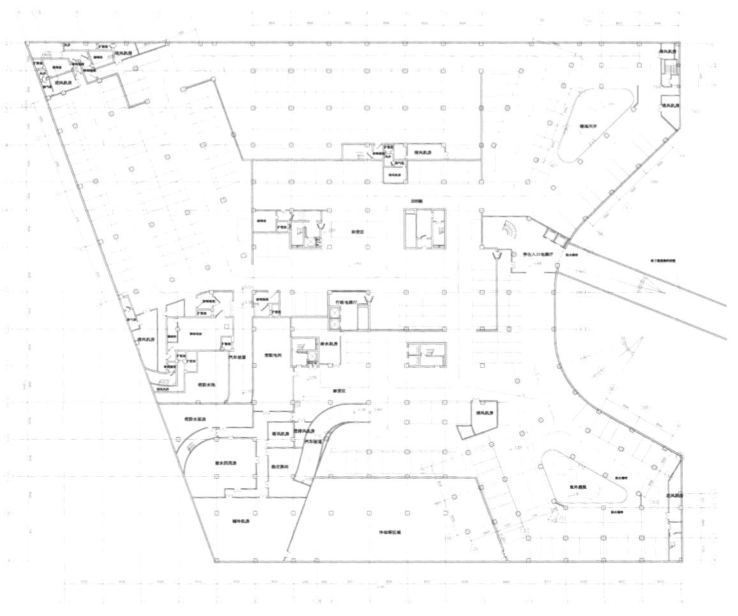

地下一层平面图

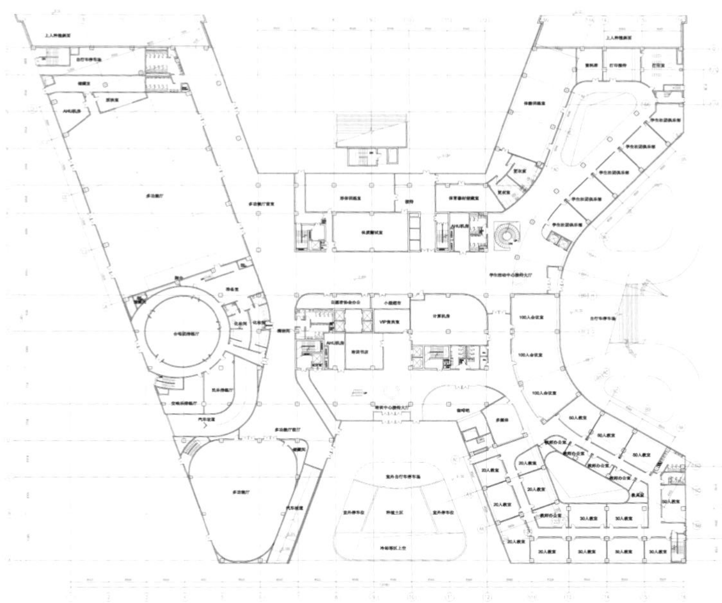

一层平面图

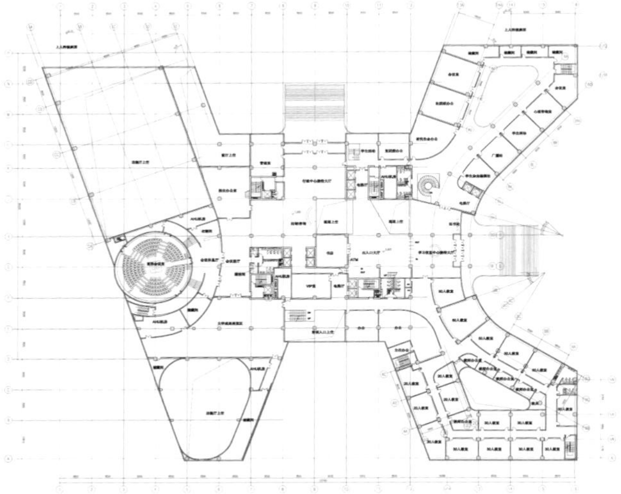

二层平面图

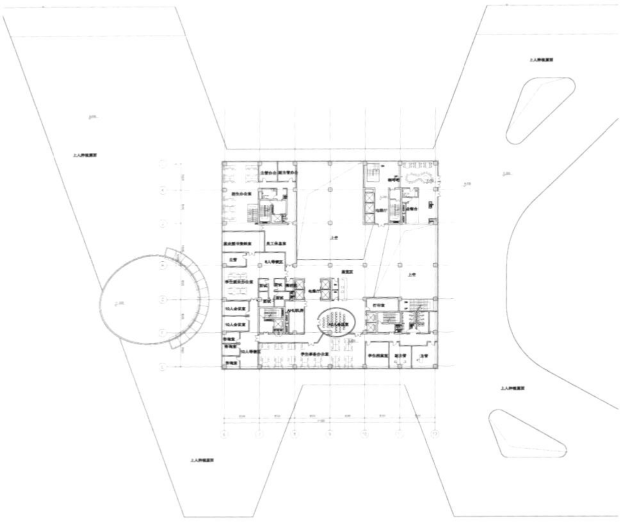

三层平面图

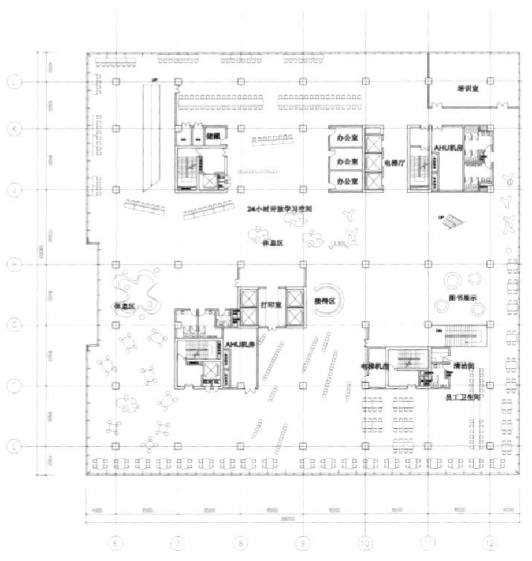

四层平面图

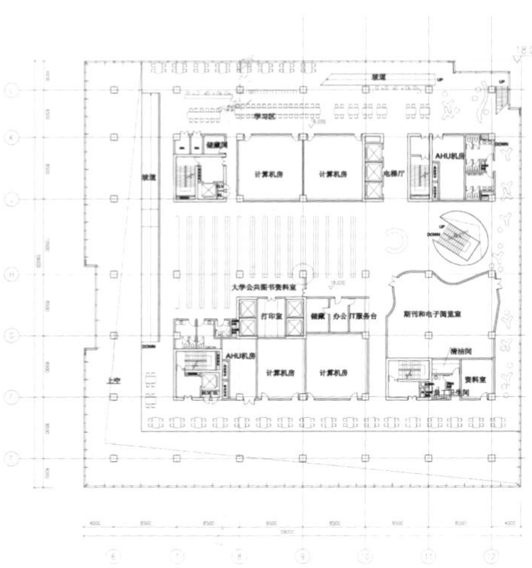

五层平面图

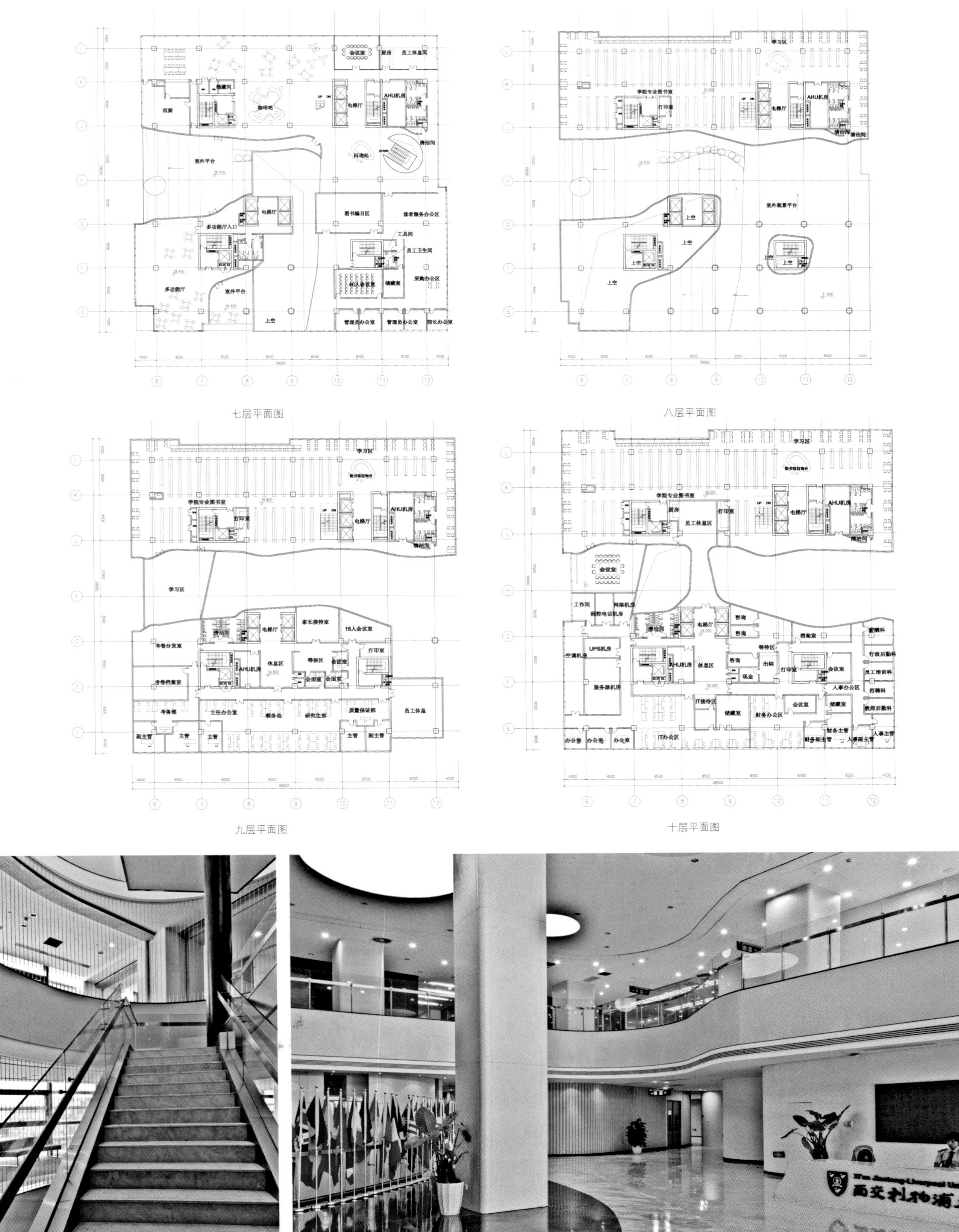

七层平面图

八层平面图

九层平面图

十层平面图

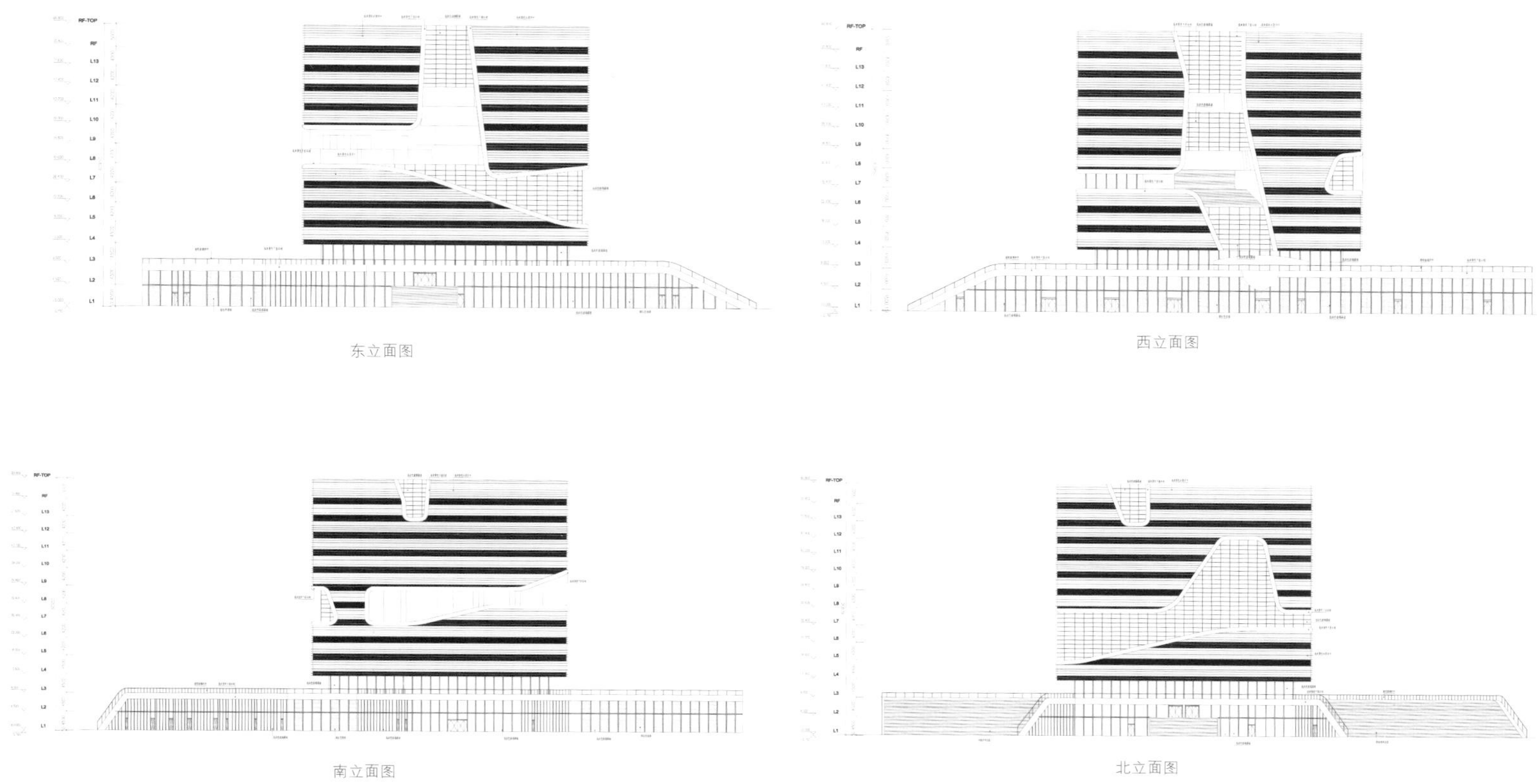

东立面图

西立面图

南立面图

北立面图

华东康桥国际学校

设计单位：苏州设计研究院股份有限公司
建 筑 师：蔡爽、陈苏琳、菲利普、严怀达、方彪、宋立、宋少颖
项目地点：中国江苏省昆山市
建筑面积：160 490平方米

华东康桥国际学校由台湾康轩文教集团投资创办，位于昆山花桥经济开发区，总投资约5亿元，用地面积约9万平方米，总建筑面积达160 490平方米。建成后将成为一个高规格、高品位的生态校区，可容纳3 000多名学生，包括幼儿园、小学、初中及高中四个阶段。

为满足四个教育阶段不同的需求，设计中作了分区规划，在各个分区内设置了各自的生活配套设施；同时设置了全校共用的表演厅、图书馆、游泳馆、音乐厅、餐厅等多项公用设施。既满足了学生在康桥国际学校不同阶段的成长需求，丰富了学生的接触面，又避免了不同年龄段学生的过多交叉。幼儿园设计受到一系列充满幻想的童话城堡的启发，以"梦幻城堡"为主题，使空间更贴近儿童眼中的世界。小学设计则定位为"亲水校园"，展现了河畔亲水的建筑风格。此外，还特别增加了中央绿地广场和时光长廊等开放性空间，力图打造一个充满人文关怀的校园。

总平面图

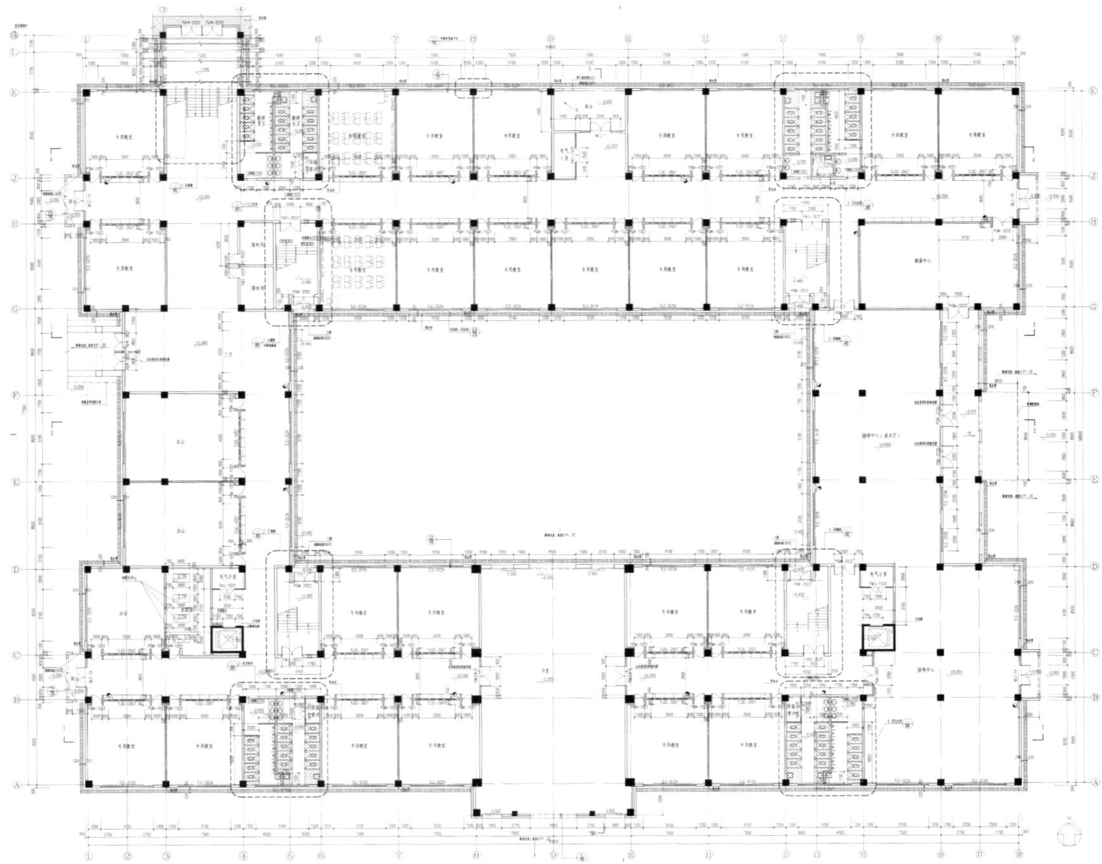

高中教学楼一层平面图

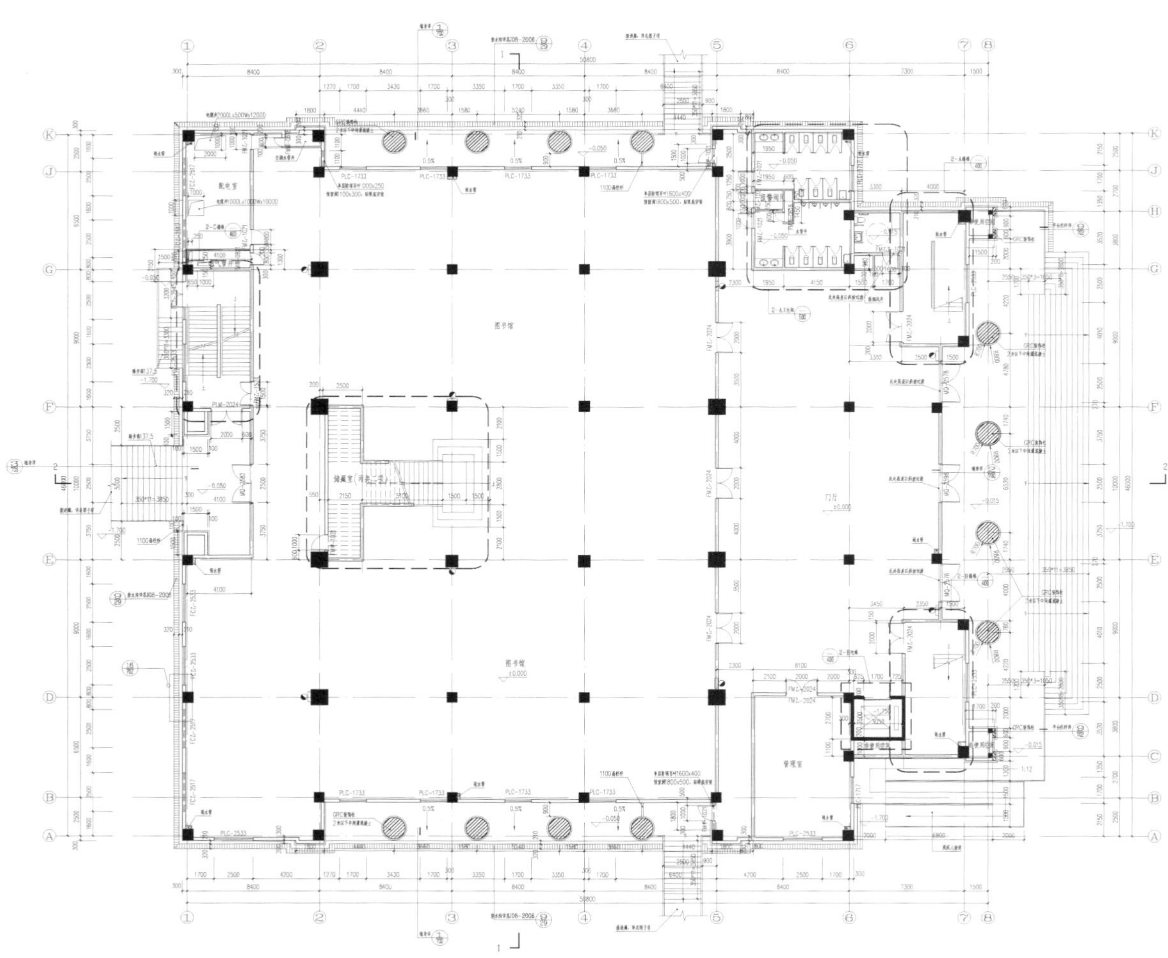

图书音乐厅一层平面图

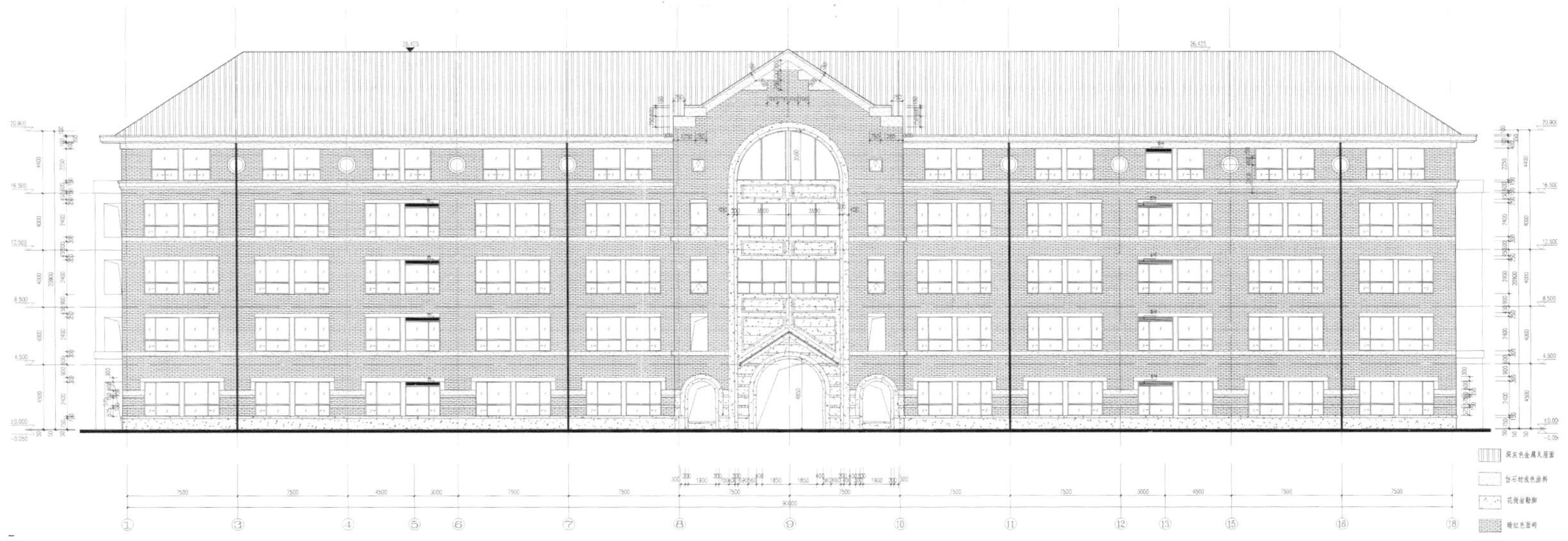

深灰色金属瓦屋面

仿石材浅色涂料

花岗岩勒脚

暗红色面砖

白色涂料

钢丝网

立面图 1

仿石材浅色涂料

花岗岩勒脚

暗红色面砖

白色涂料

立面图 2

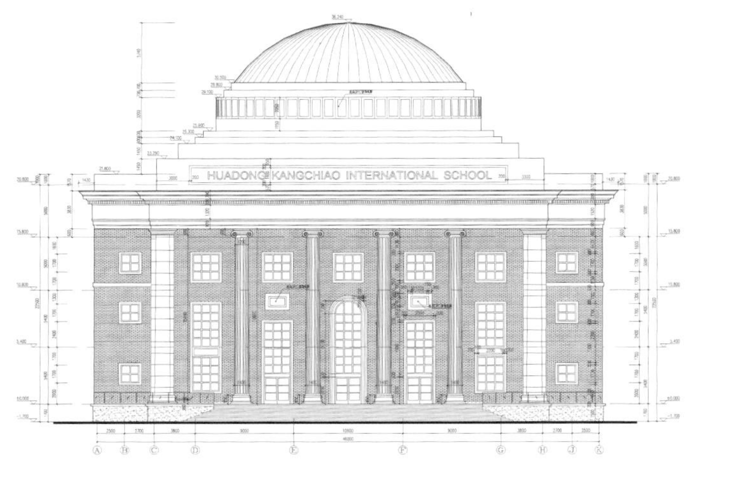

图书音乐厅立面图 1

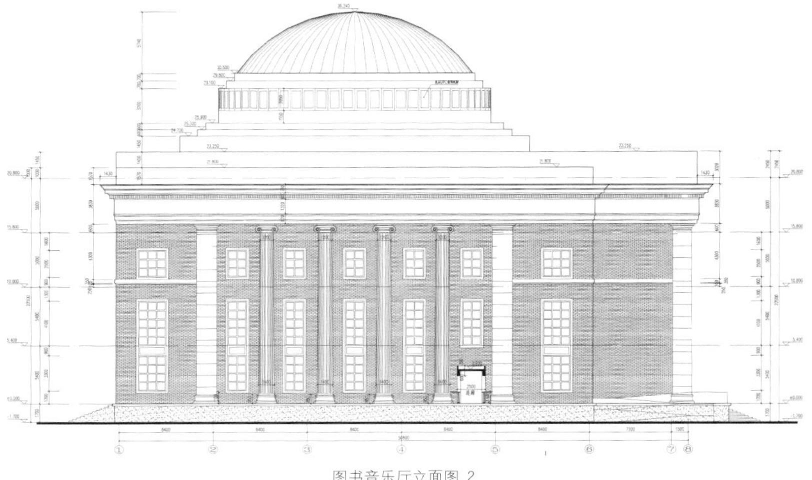

图书音乐厅立面图 2

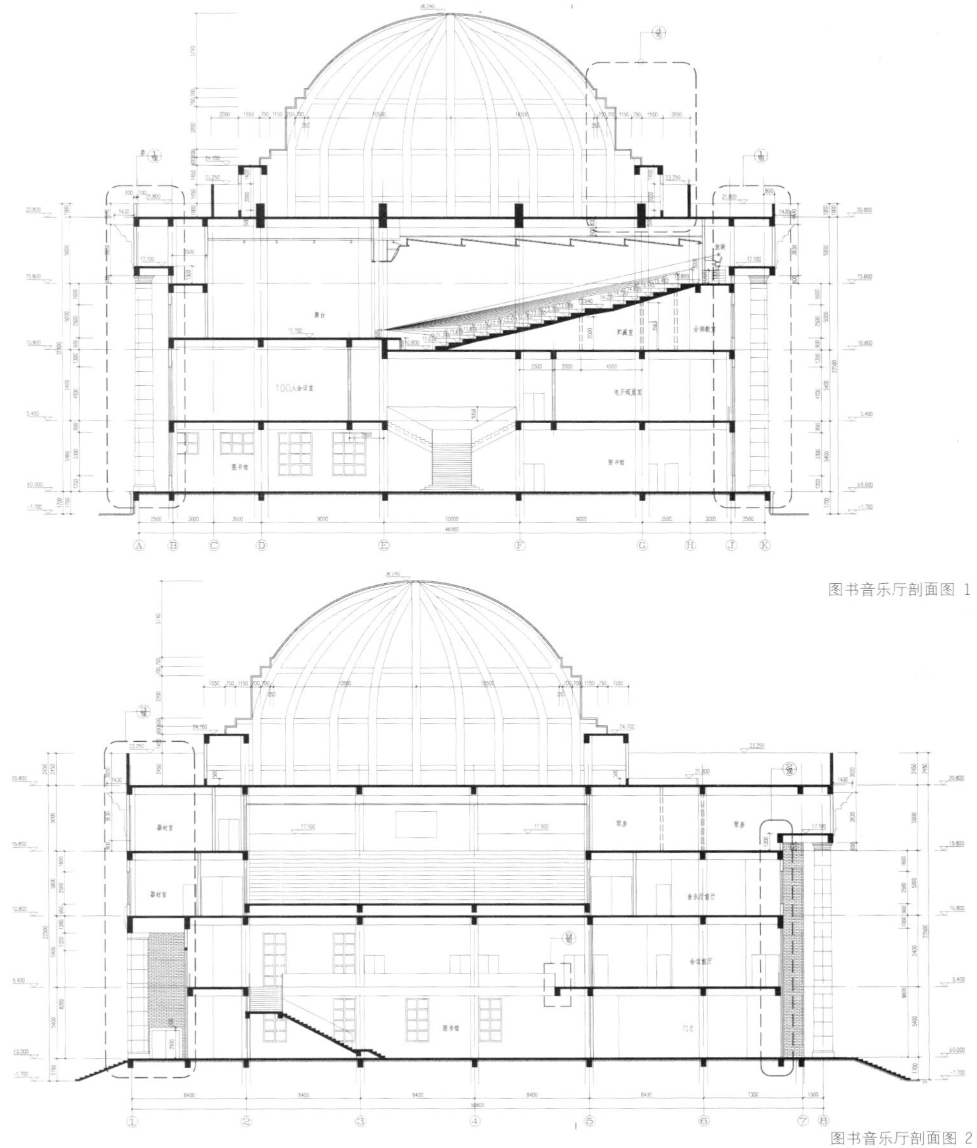

图书音乐厅剖面图 1

图书音乐厅剖面图 2

新乡医学院三全学院新校区

设计单位：U+国际
设 计 师：叶承达、李宏波、秦小明、叶小超
郁顺顺、浦晶靖、李　庚、王品义
项目地点：中国河南省新乡市
用地面积：802 000平方米
建筑面积：442 177.71平方米
建筑密度：0.16 %
容 积 率：0.56
绿 化 率：48.60%

新乡医学院三全学院是一所以新机制建设的公办本科全日制普通高等院校，2003年4月经河南省教育厅批准成立，2003年12月教育部审核确认为独立学院，是河南省唯一一所西医类独立学院。学院新校区选址在新乡市平原新区，处于平原新区的西南门户位置。

从整体规划到单体建筑，方案都试图在整体性、大格局以及一次性完成的要求下，努力展现偶然性、矛盾性以及来自时间的感受。

项目用地面积较大，却仅能在北侧与西侧城市道路相连，因此方案设置一条封闭的内部环形道路，以满足校园各个功能区域与外部连接的需求。环路形态完整但不僵化，为内部的空间组织留下自由发展的机会。

按照建筑功能对社会开放程度的高低，规划将校园分为三个带状区域，分别为开放带、教学带和生活带，以期大学在满足自身的教学功能之外，能够为所处的社区起到积极的作用。

在建筑单体设计过程中，按照不同类型分为三个小组分别创作，以期在尊重规划的前提下，各个单体之间能够通过对话、矛盾、协调、差异来展现生动的具有时间性的建筑空间感受。

总平面图

第一院系楼

基础医学楼

高层学生公寓

行政楼

第一教学楼

基础医学楼

风雨操场配楼

图书馆

交流中心

苏州工业园区金鸡湖学校

设计单位：苏州工业园区设计研究院股份有限公司
业　　主：苏州工业园区教育局
项目地点：中国江苏省苏州市
用地面积：77 247平方米
建筑面积：45 733平方米
基底面积：16 112平方米
容 积 率：53%

苏州工业园区金鸡湖学校位于金鸡湖大道南，横一路北。基地周边环境优美，交通便利，建成后将为周边小区居民子女提供教育，将建设成为一所九年一贯制学校。

学校主要分为教学区和运动区两大基本功能区域。从校园主入口进入为教学区，教学区采用轴线对称的院落式布局，中轴线左前侧为小学教学楼，中轴线右前侧为中学教学楼，实验楼布置在教学楼北侧，沿中轴线上依次设置图书馆、行政办公楼、报告厅。运动区设置在教学区北侧，包括食堂、艺术楼及学生室外运动场地。各个区域之间采用灵活多变的连廊及开放性非功能空间紧密联系在一起。

教学区的设计特点：①强调非功能性空间的建设，通过非功能性空间将教学区的不同建筑整合到一起，同时为师生留出充分的交流和活动场所；②将景观设计合理地融合到教学区中，进行建筑和景观相结合的一体化设计。

交通组织特点：①设置校外机动车位，解决家长接送车流问题；②设置半地下机动车及非机动车停车库，并设计独立的非机动车道；③在主入口西侧设置机动车入口，合理地分流人车。

环境设计特点：①注重校园的生态环境设计，创造舒适宜人、宁静的校园环境；②尊重苏州地域文化，汲取苏州园林精髓，步行空间如同与园林相连，增进校园情调。

外部空间形态的设计特点：①注重特殊功能的共享空间营造；②注重文化格调的塑造；③建筑群体以严谨的轴线对称建筑群，形成一种序中有和、和中有序、和序统一的整体书院空间形态。

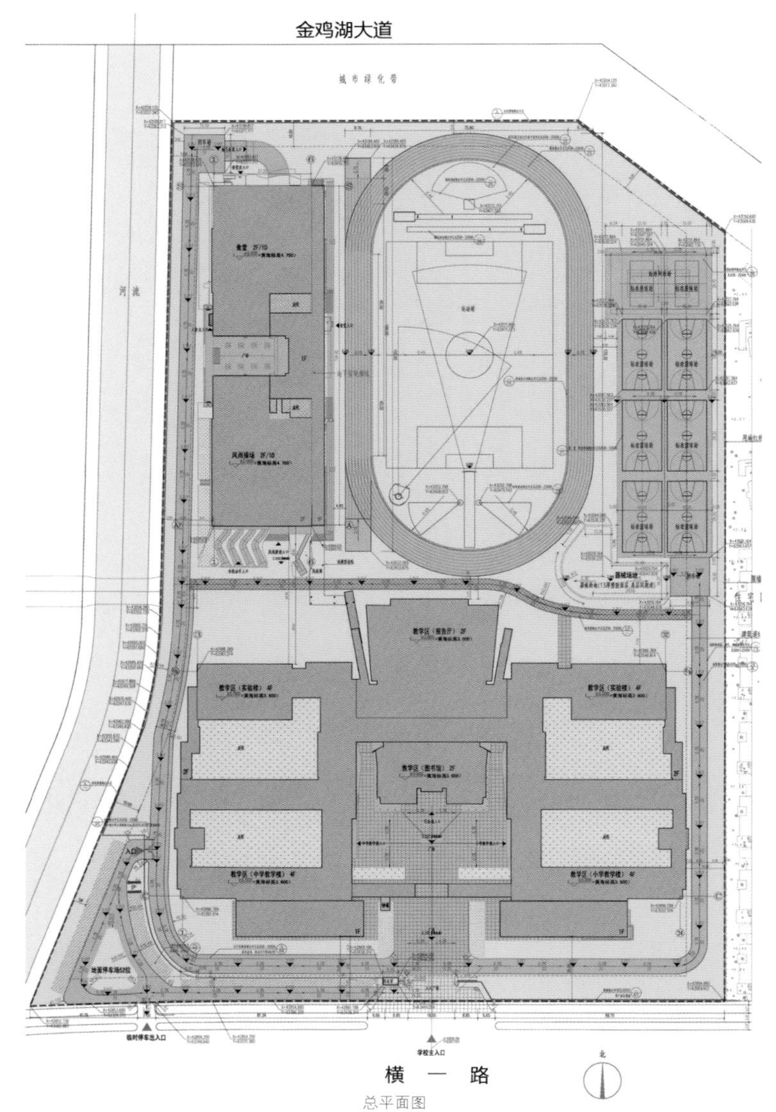

总平面图

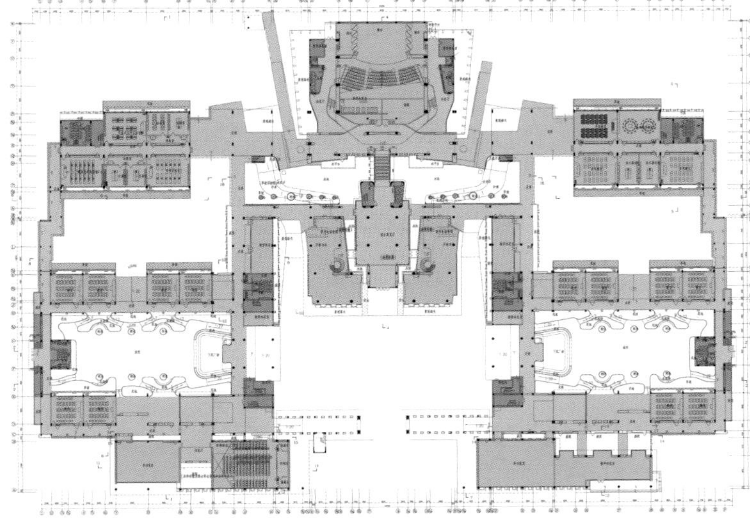

平面图 1

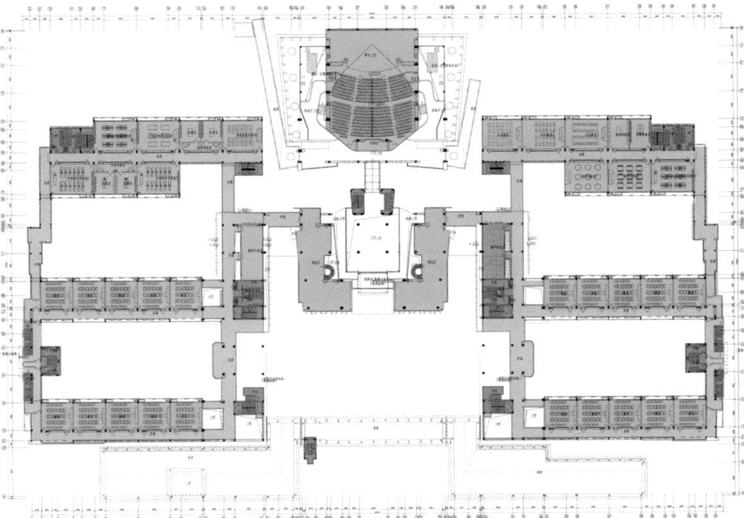

平面图 2

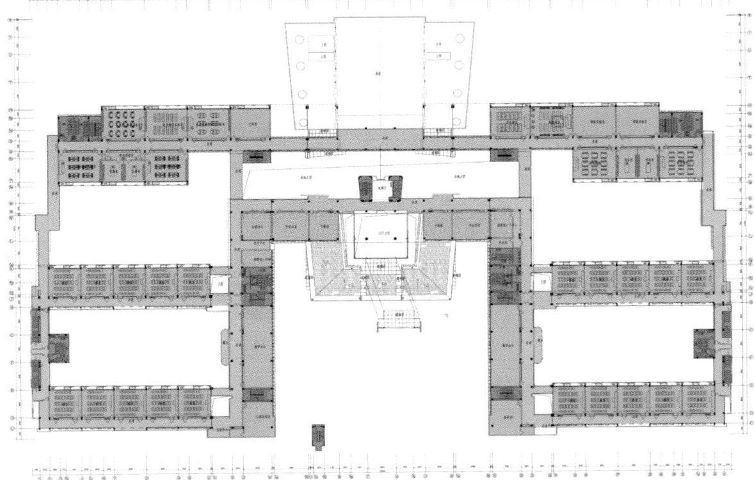

平面图 3

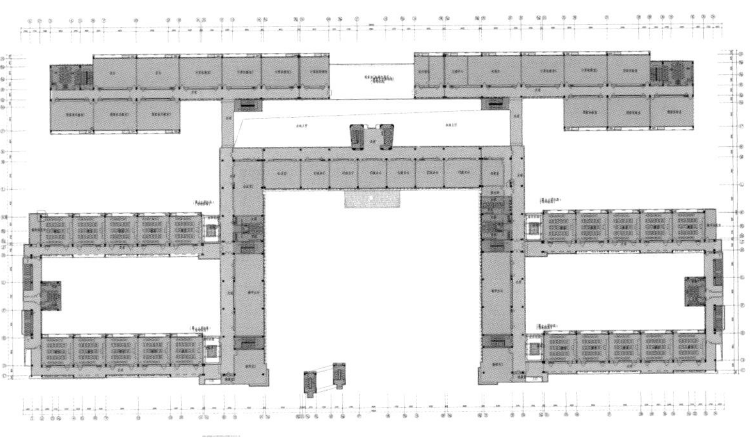

平面图 4

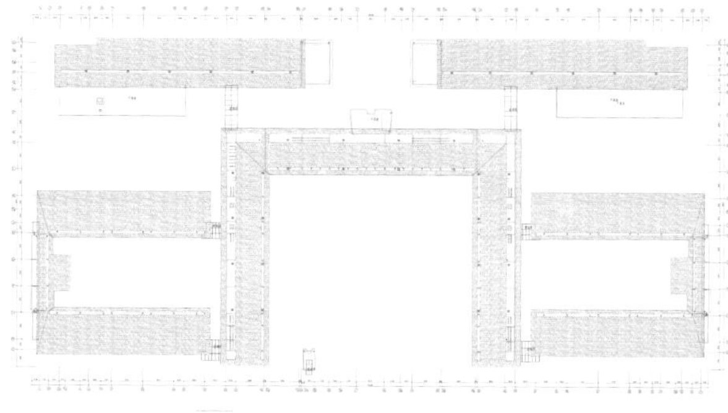

平面图 5

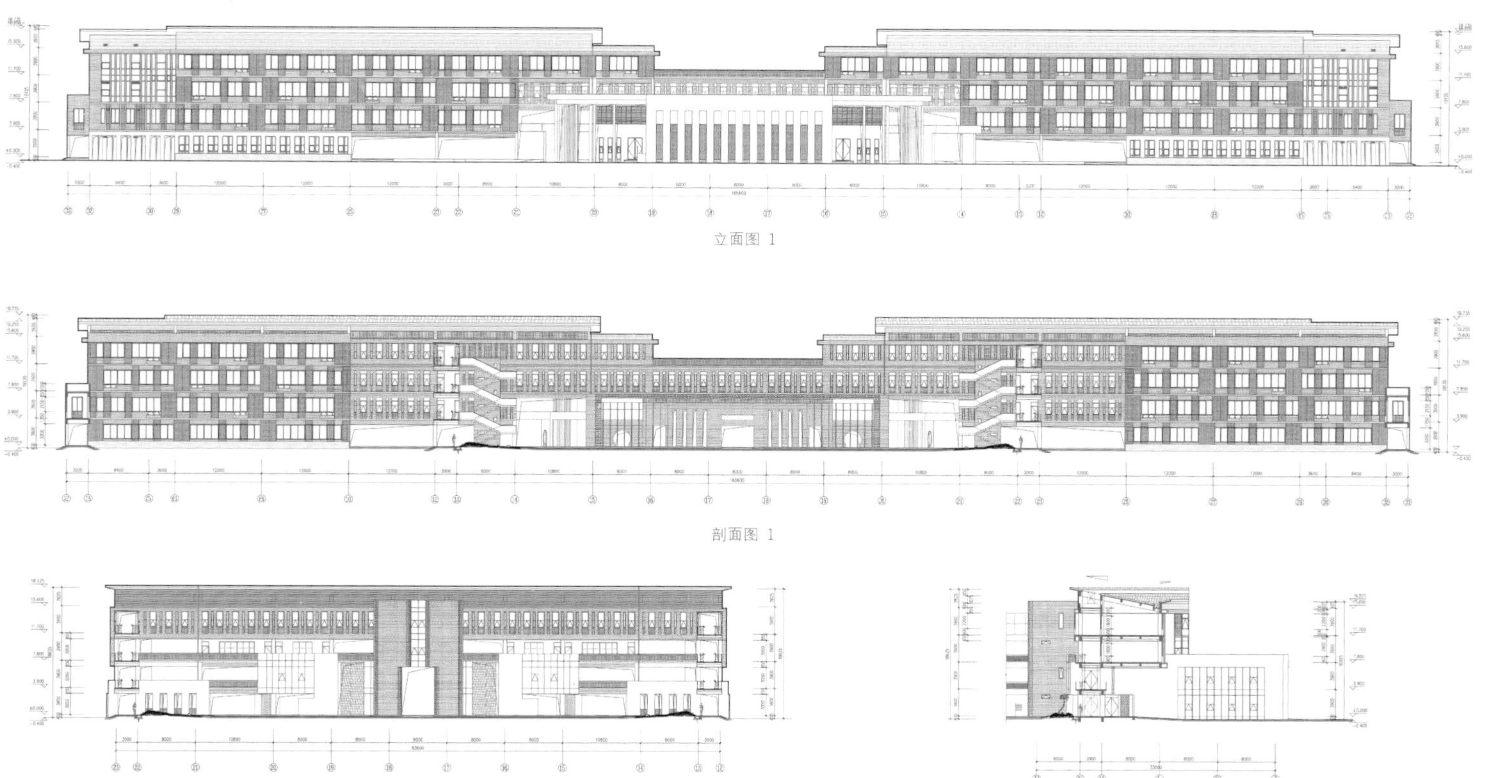

立面图 1

剖面图 1

剖面图 2

剖面图 3

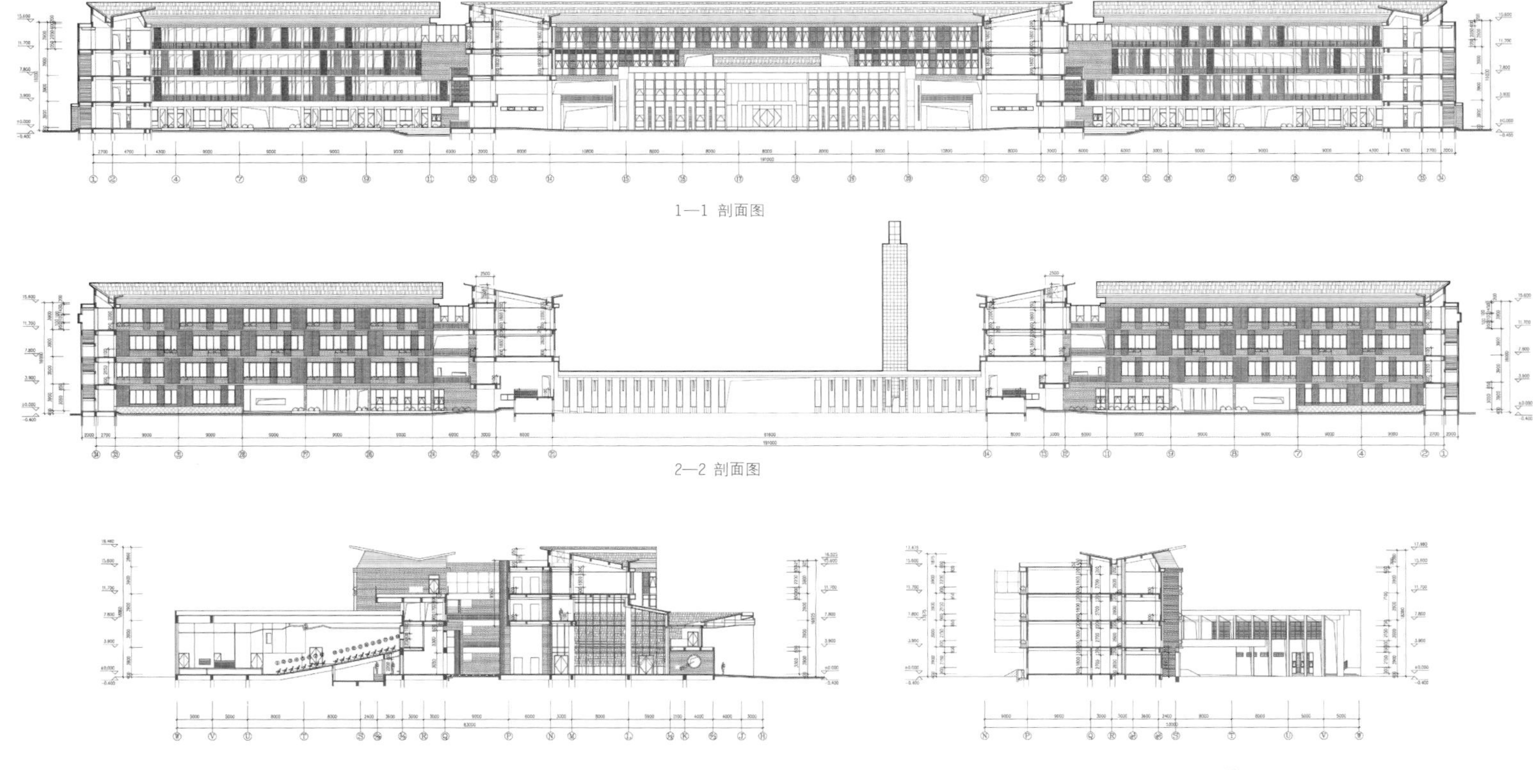

1—1 剖面图

2—2 剖面图

3—3 剖面图

4—4 剖面图

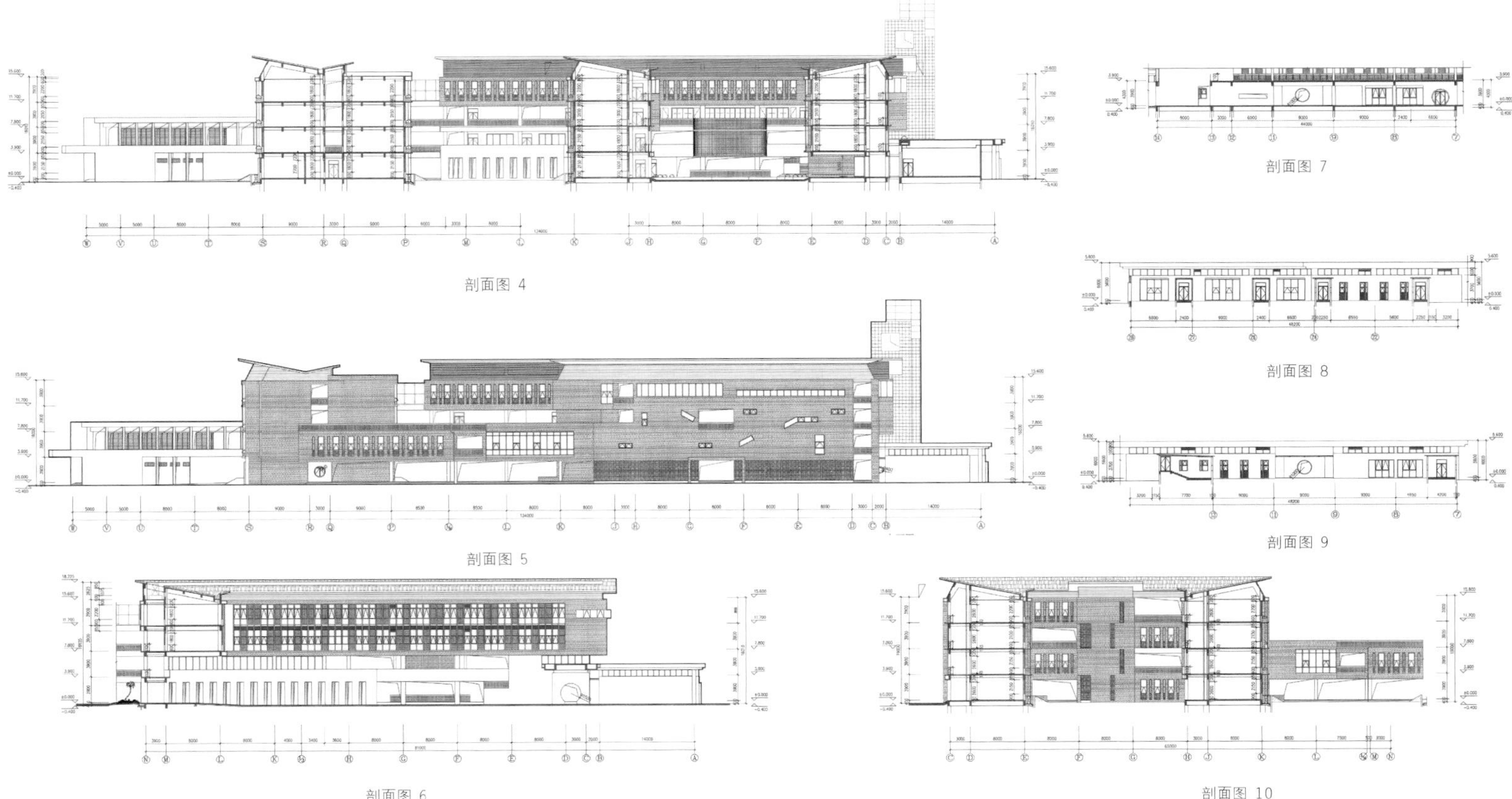

剖面图 4

剖面图 5

剖面图 6

剖面图 7

剖面图 8

剖面图 9

剖面图 10

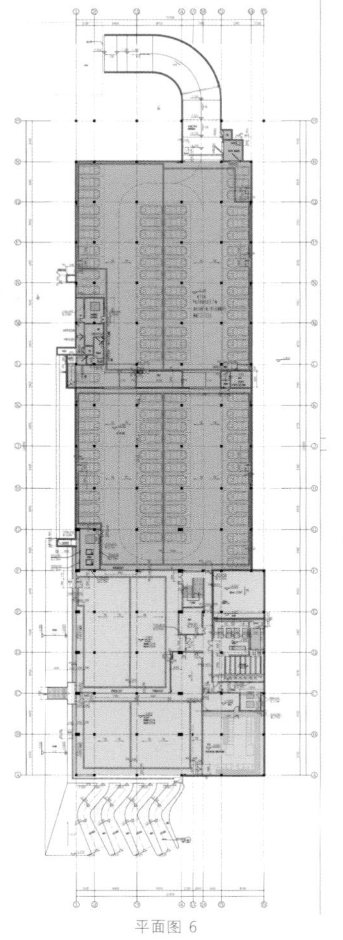

平面图 6

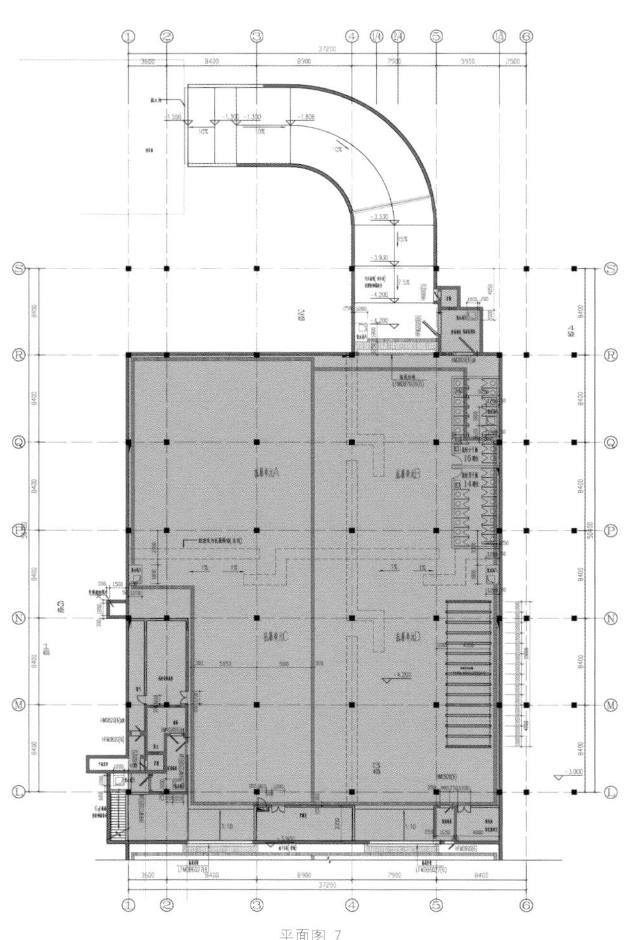

平面图 7

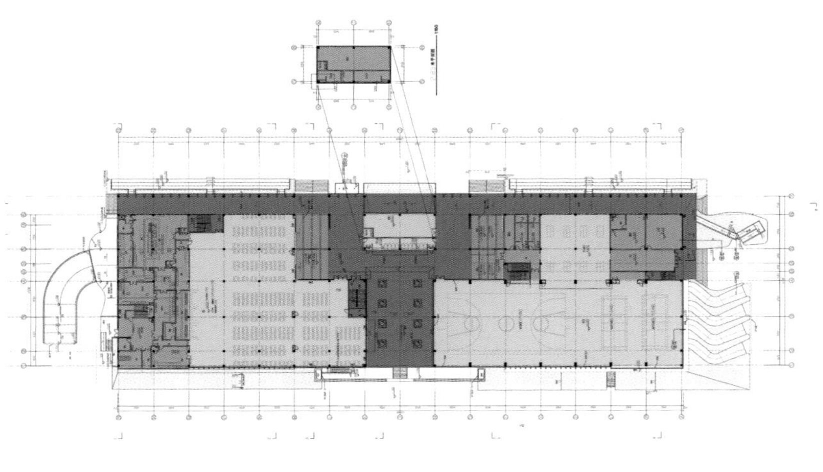

平面图 8

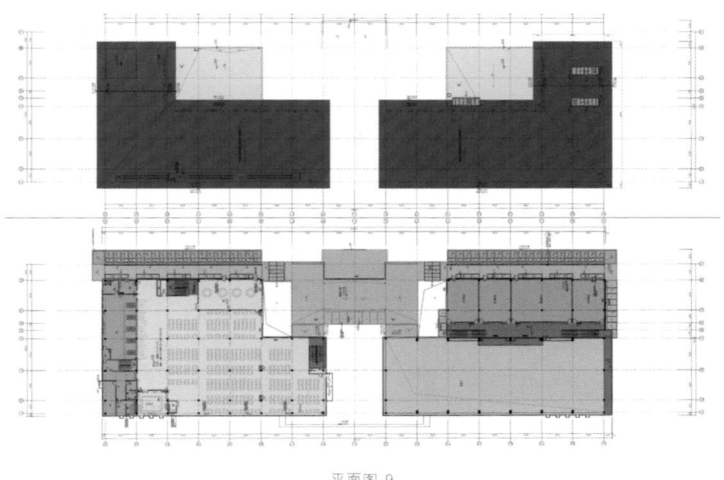

平面图 9

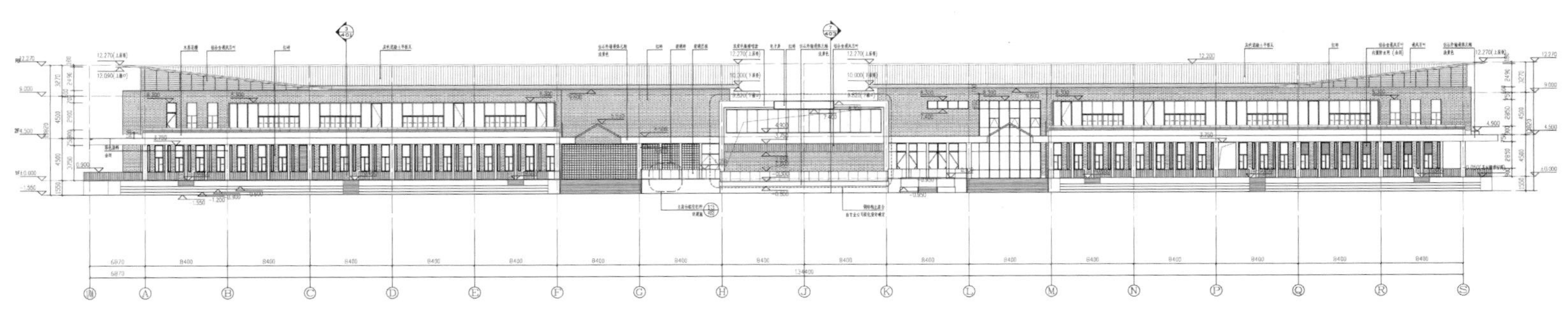

立面图 2

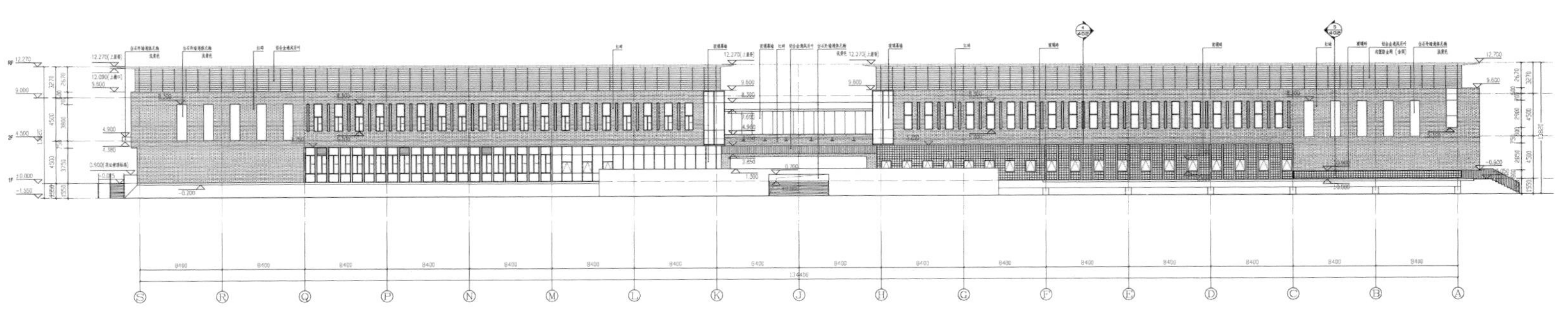

立面图 3

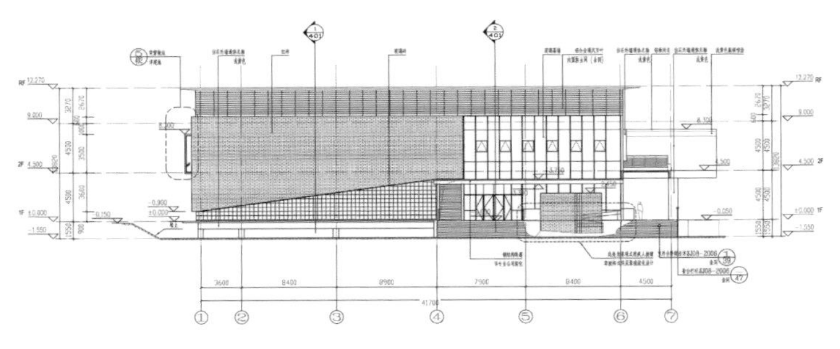

立面图 4

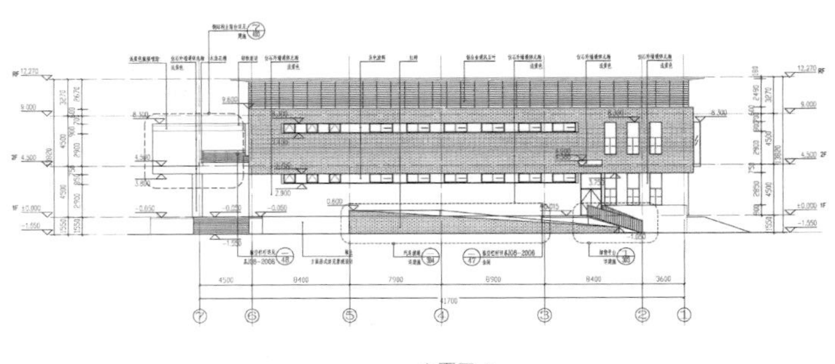

立面图 5

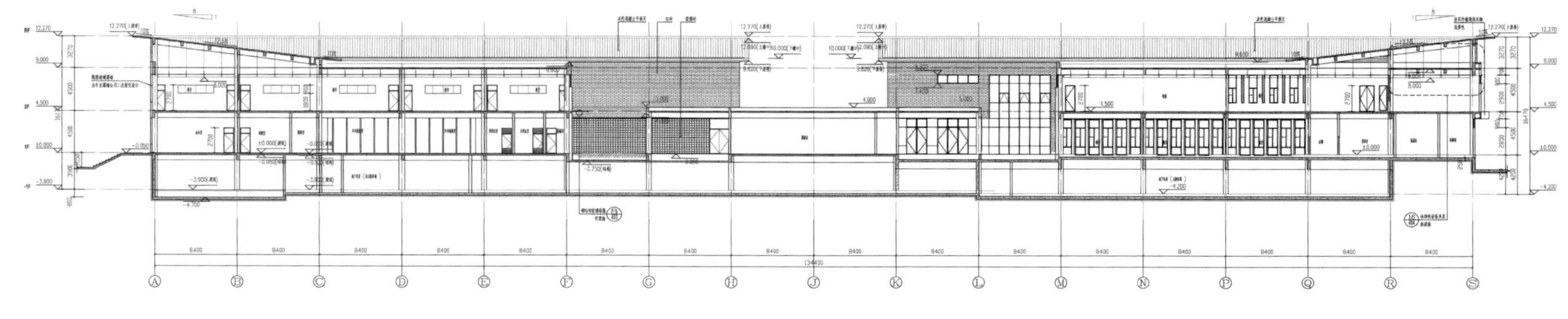

剖面图 11

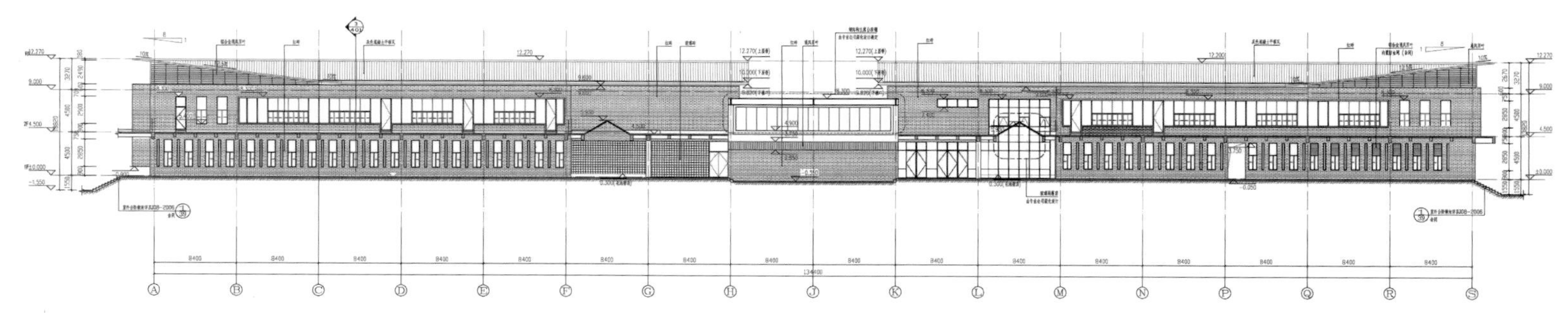

剖面图 12

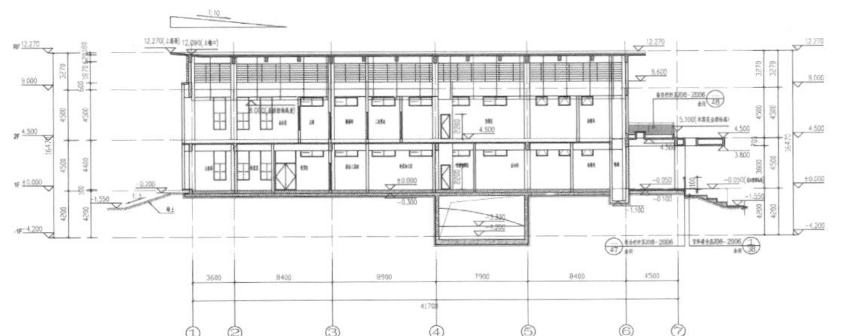

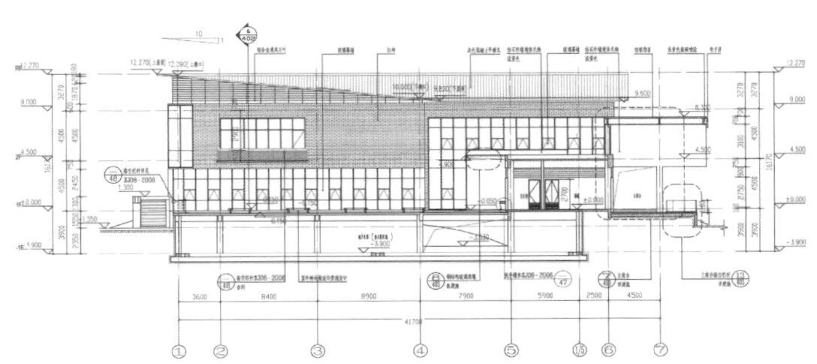

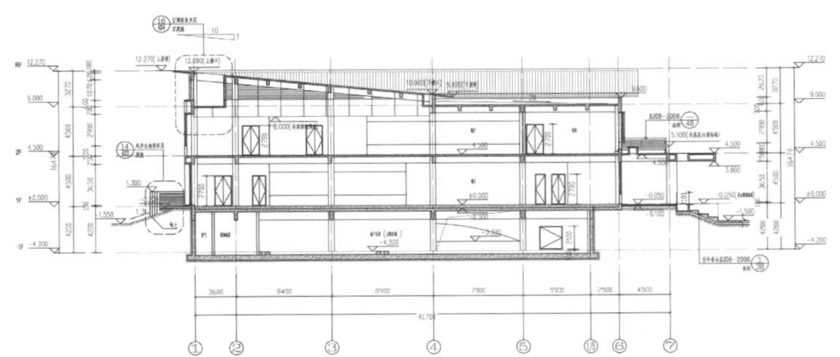

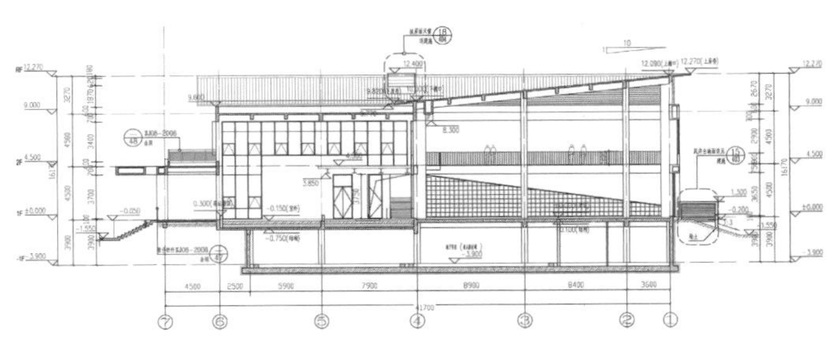

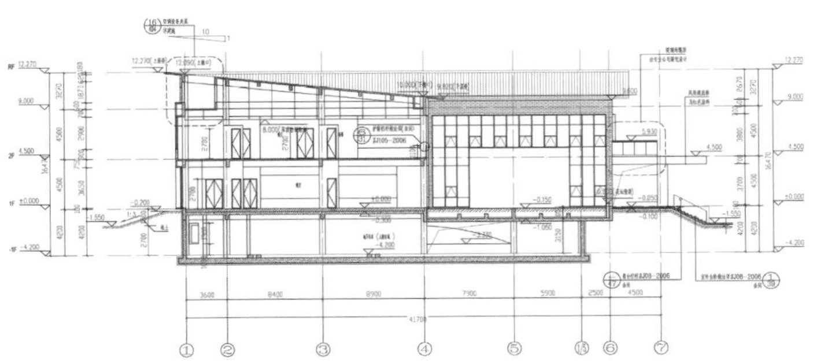

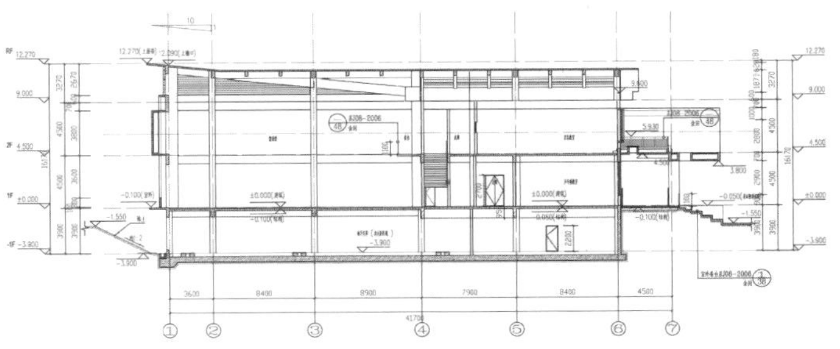

剖面图 13

中国人民大学国际学院一期

设计单位：苏州工业园区设计研究院股份有限公司
业　　主：苏州园区教育投资有限公司
用地面积：123 007.22平方米
建筑面积：（一期）44 419.3平方米
容 积 率：0.36

本项目采用了人民大学一直沿袭的“人大红”作为建筑的主要颜色，表示对学校的尊重；从创造人性化整体空间形态的观念出发，汲取苏州传统人文建筑的气质，通过“传统建筑现代演绎”的设计手法，力求创造出优美、精致、厚重和典雅的校园品质，体现人大学院“园林式、生态性、现代化”的风格。

建筑专业设计主要特点如下。

（1）以环境和教育的建筑设计为目的，所有的建筑布局和构思最终都落实到以教育为本的功能上来，适应高等教育理念的需求。

（2）自由的平面和形体嵌入到周边环境当中，使建筑和景观有效地融合在一起，开放的平面和底层架空将自然风导入建筑内，改善建筑的微环境。底层架空，竖向构件的使用等凸显了该建筑的现代感，屋顶局部设置了绿化屋面，同时融入绿化环境和校园氛围，形成优美的校园环境。

（3）注重非教学空间的建设，注重交往空间的营造，注重高等文化格调的体验，该建筑加强了活动空间的设计，嵌入到教育功能空间中去，使学生在接受教育之后有放松精神的空间，同时营造建筑本身的艺术格调，在建筑体验中陶冶活动者的艺术情操。

（4）建筑形象丰富多彩，建筑立面处理手法细腻，对比之中强调自由，表现建筑的多面性，借用了江南园林的设计元素。纯净的红色墙面、有序的开窗方式、重复的竖向线条、局部玻璃幕墙的使用以及白色线条的点缀，使建筑立面丰富多彩，具有艺术效果的同时又具有严谨的风格。

底层架空走廊和人工湖泊的设计给学生提供了很好的休息空间；庭院的穿插布置改善了教育功能的严肃性，活泼了学校的气氛；横向挑板的使用有效解决了教室南面的遮阳问题，创造了舒适的教学空间。

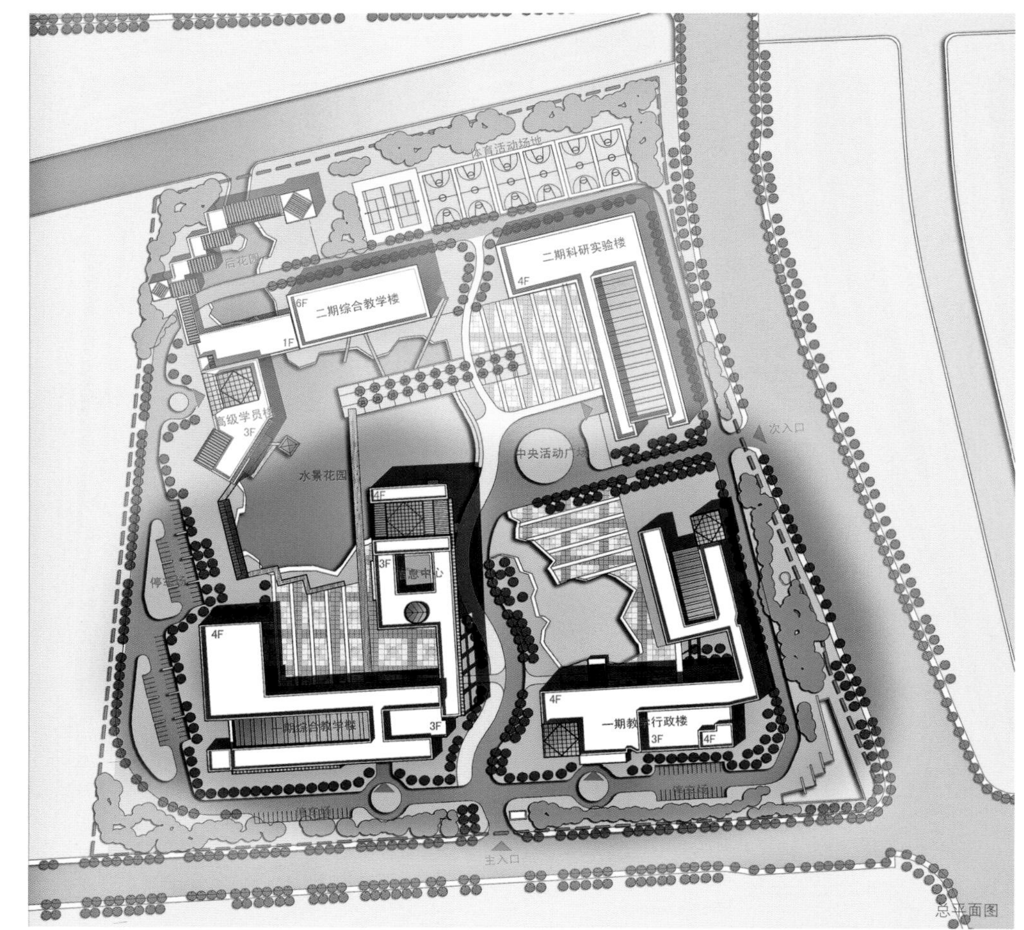

总平面图

一层平面图

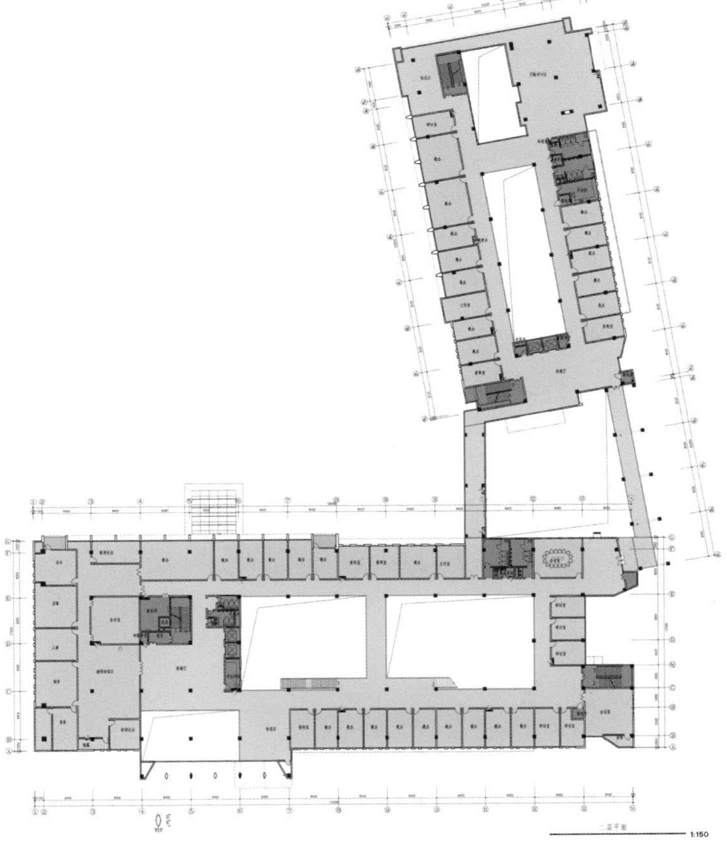

二层平面图

开太楼

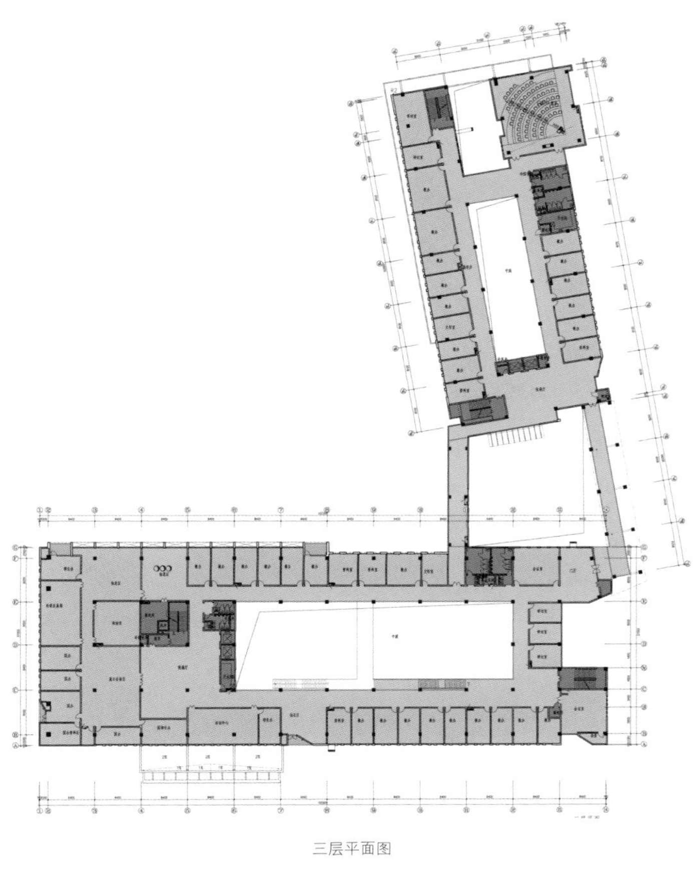

三层平面图

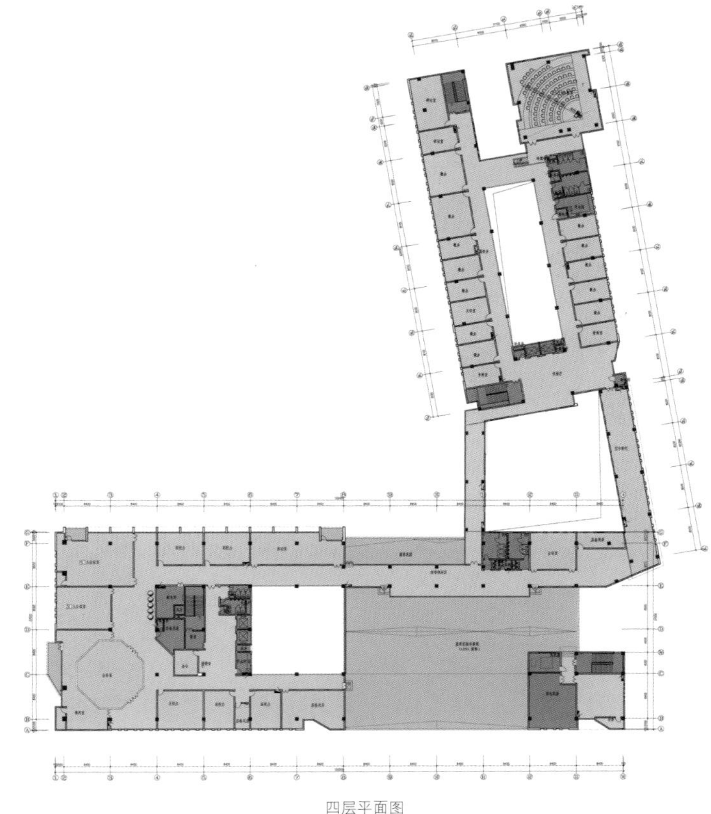

四层平面图

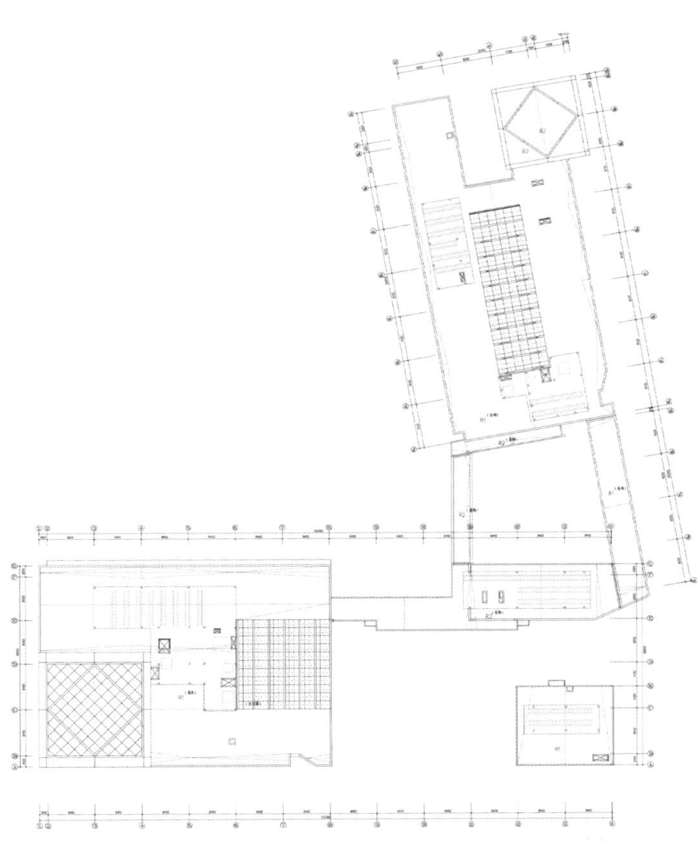

屋顶层平面图

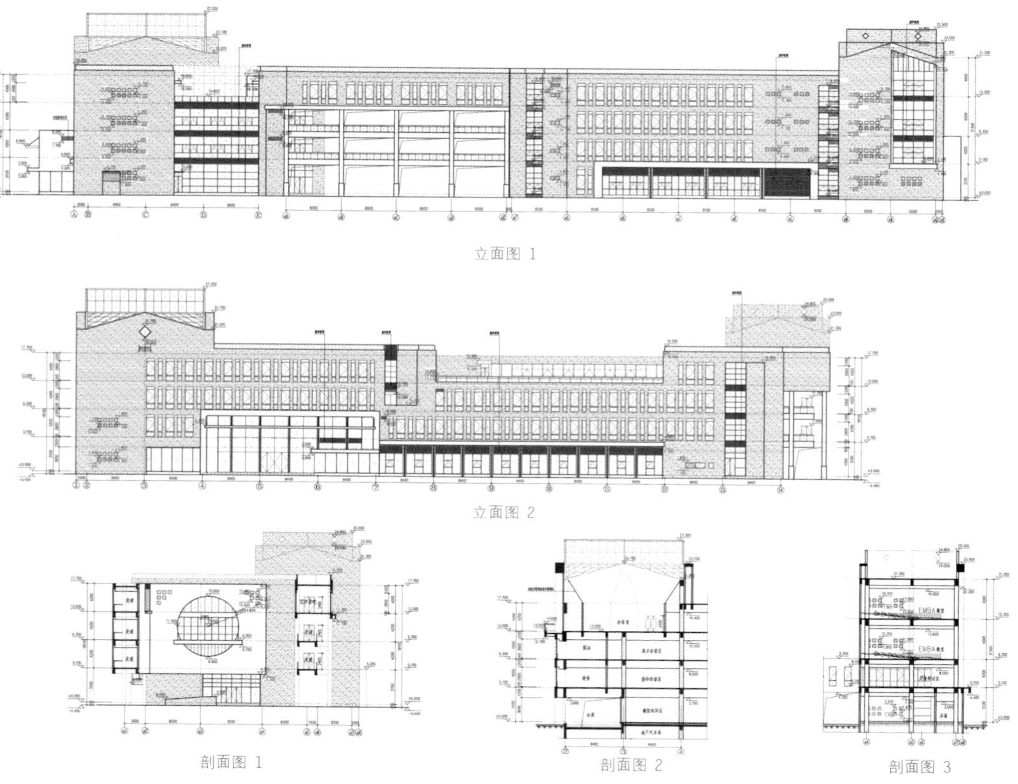

立面图 1

立面图 2

剖面图 1

剖面图 2

剖面图 3

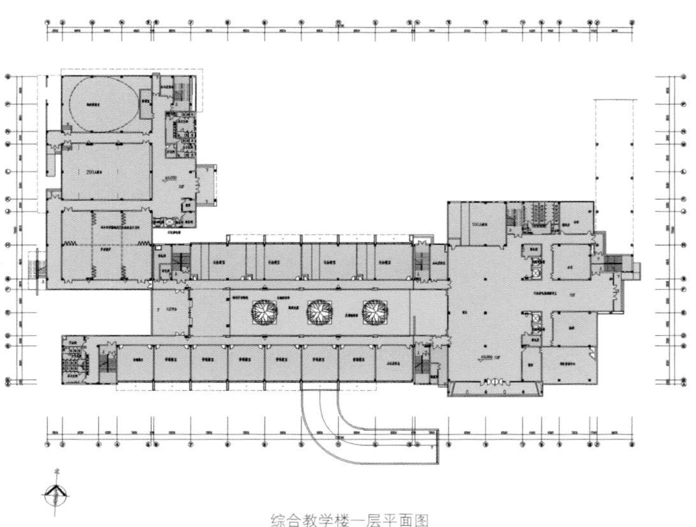
综合教学楼一层平面图

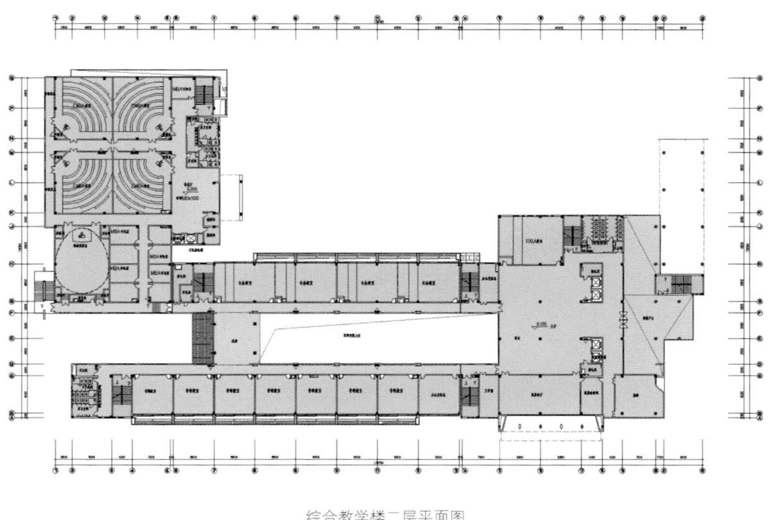
综合教学楼二层平面图

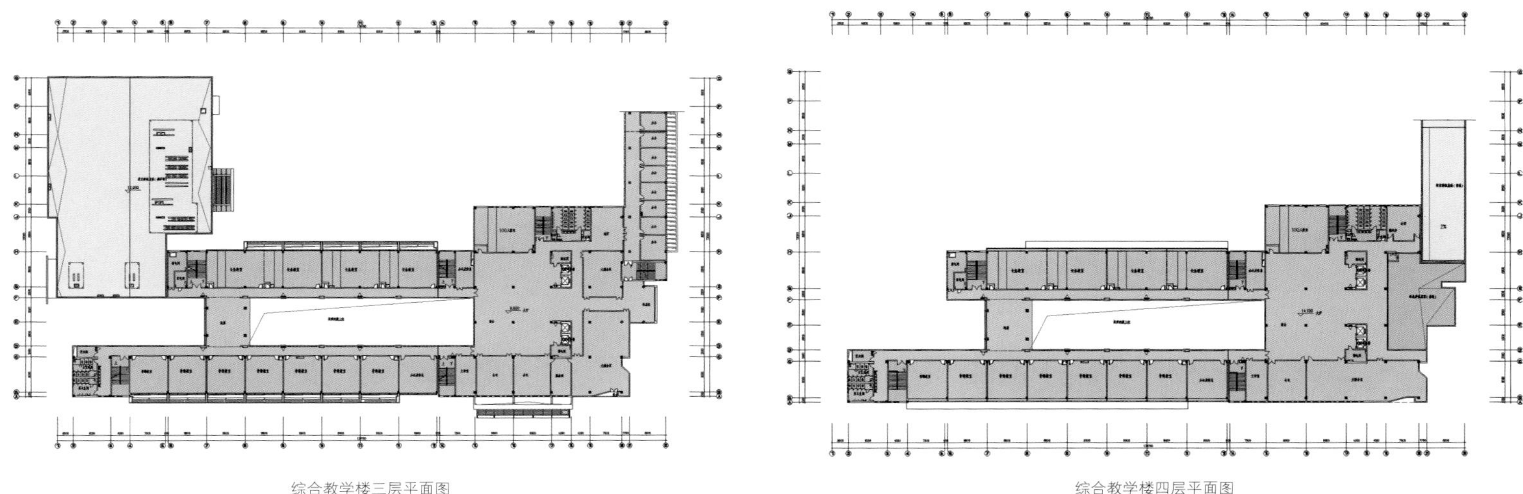

综合教学楼三层平面图

综合教学楼四层平面图

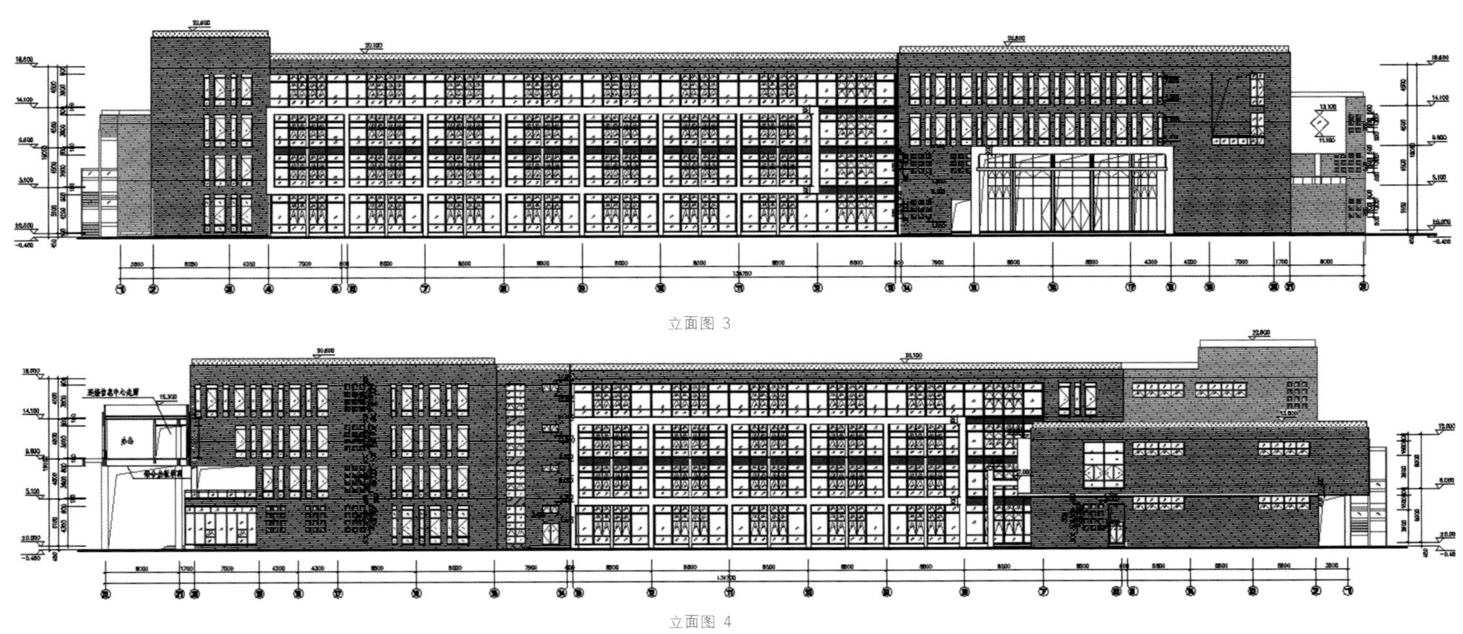

立面图 3

立面图 4

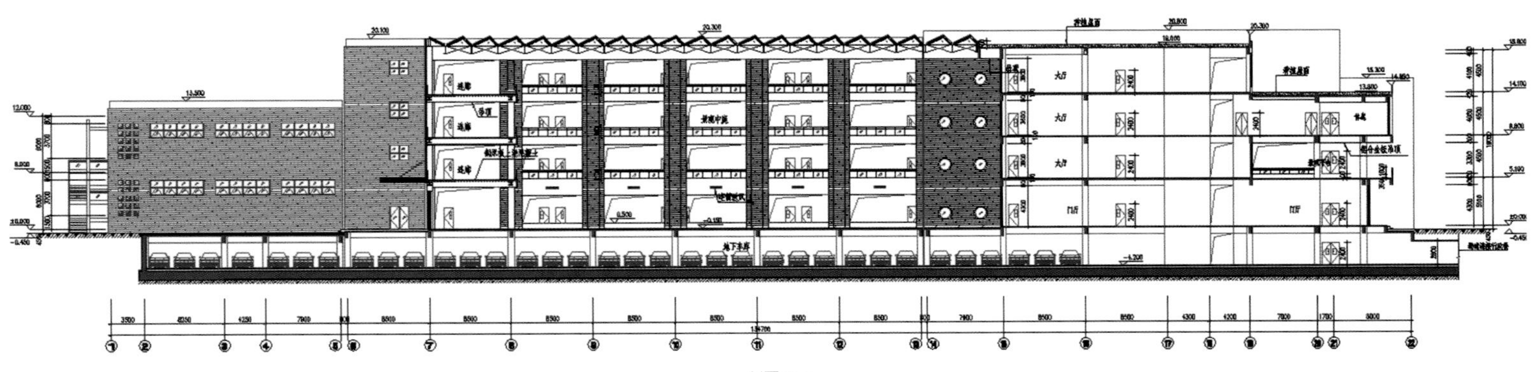

剖面图 4

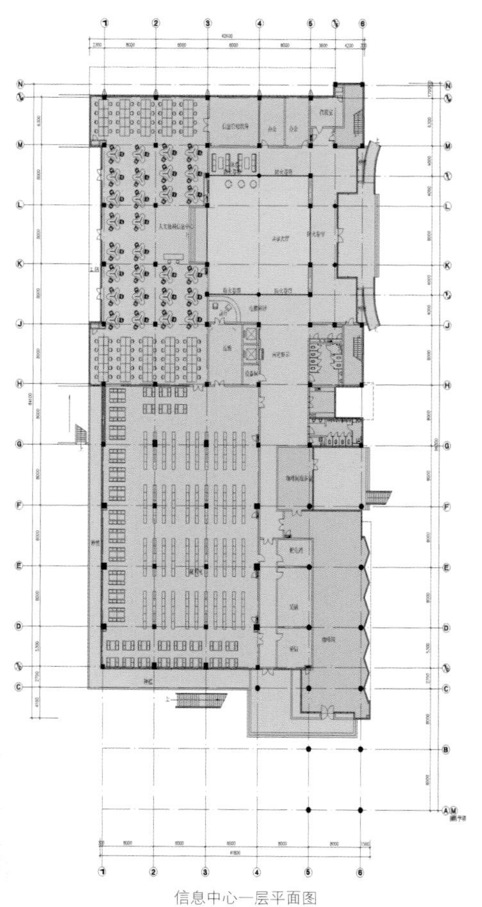

信息中心一层平面图

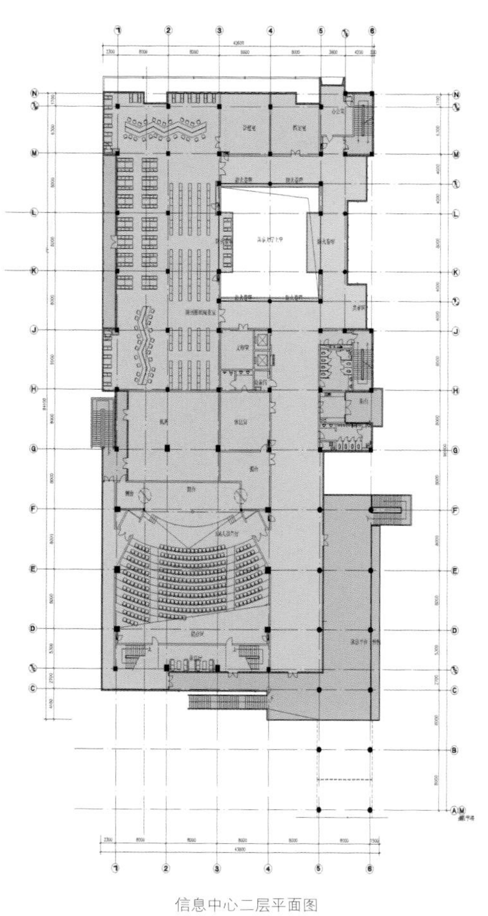

信息中心二层平面图

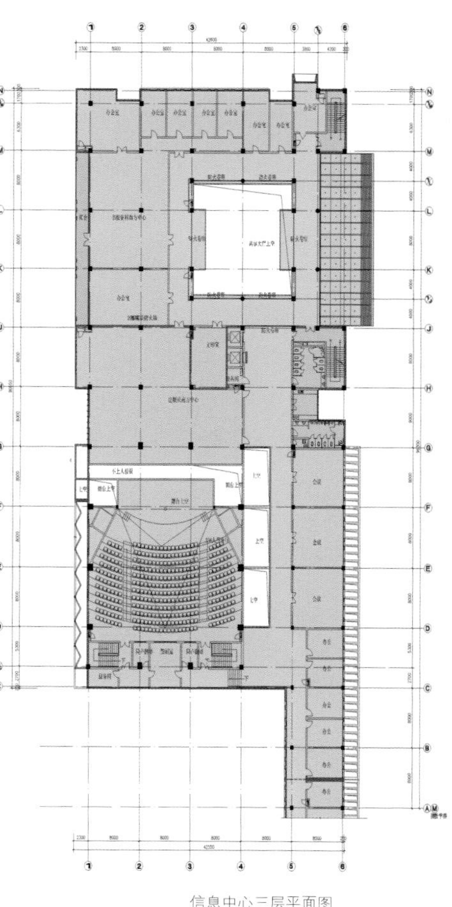

信息中心三层平面图

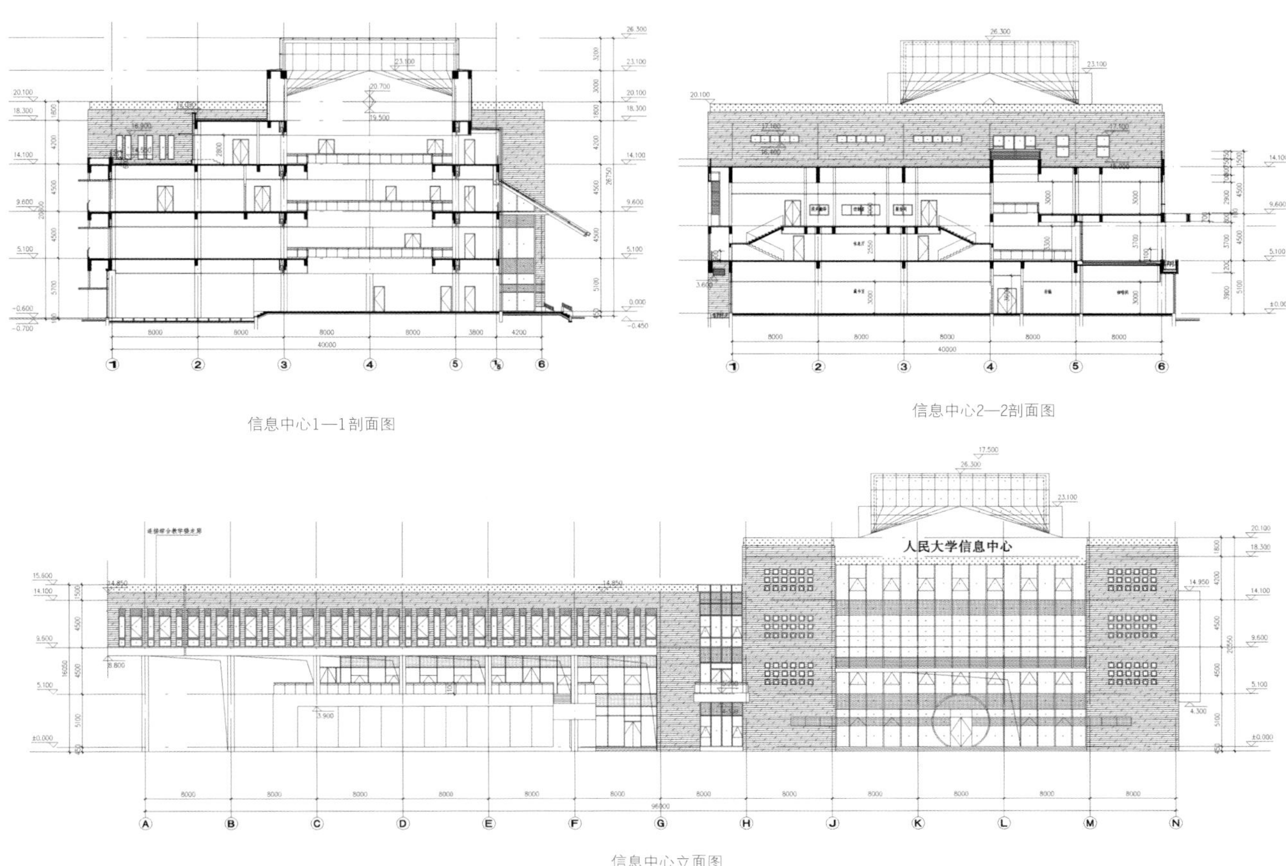

信息中心1—1剖面图

信息中心2—2剖面图

信息中心立面图

四川省仁寿县职业教育中心灾后重建工程

设计单位：深圳市清华苑建筑设计有限公司
主创建筑师：李晓华、李维信
业　　主：四川省仁寿县职业教育中心
建筑面积：151 000平方米

四川省仁寿县是2008年“5·12”四川汶川地震的重灾县之一。本工程为四川省仁寿县职业教育中心灾后重建工程建设项目。学校规模为10 000名学生，包括8 000名全日制职业高中学生和2 000名在职培训学员。项目由教学楼、实训楼、图书馆、报告厅（1 000座）、行政管理中心、学生宿舍、食堂、风雨操场及运动场、教师公寓等组成。该项目对于仁寿这个180万人口的农业大县的文化教育、发展实业、就业脱贫及实现小康具有重大的现实意义和长远意义。

教学、办公、宿舍、食堂等主要建筑布置在校园前部（南部）、教师生活区布置在校园后部（西北部）、体育运动区布置在校园东北部。这三部分则围绕场地中后部由保留自然山丘和水面形成的中心绿地布置。前部呈“网格状、集约式”规划形态，后部则为散漫活泼的形态，使得整体上刚柔并济、张弛有度。

各单体建筑设计外形方整，内有庭院。设计满足了各建筑在使用功能、人文交流、形态等多方面的要求，使其整体统一，各有特色。

本项目设计在全国公开设计招标中胜出。设计曾通过海内外捐资机构的严格评审。项目建成后获得业界好评。

德尚技 成功人生
博览群书 优雅气质

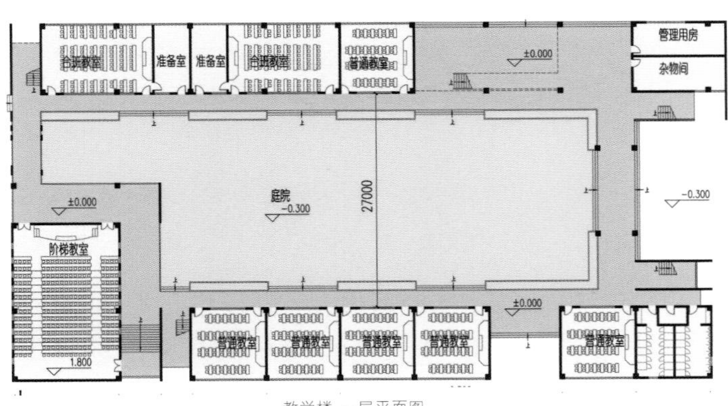

教学楼 一层平面图

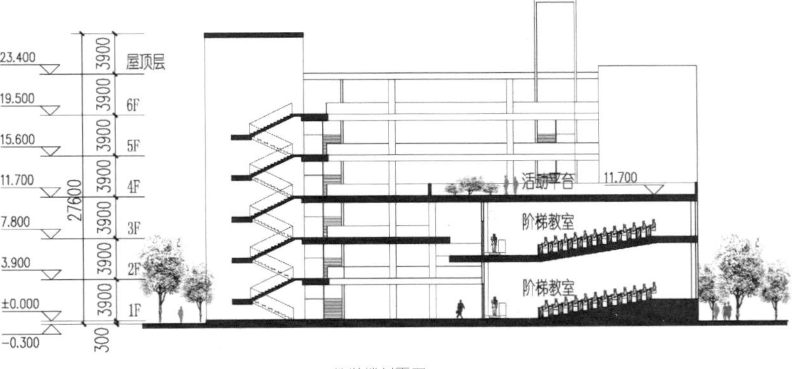

教学楼剖面图

教学楼立面图 1

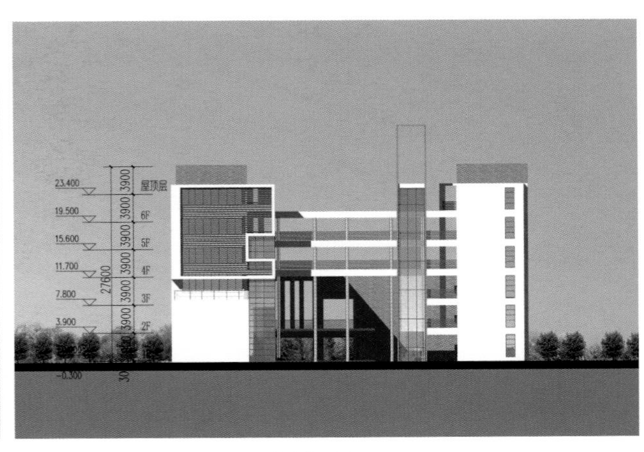

教学楼立面图 2

报告厅立面图 1

报告厅立面图 2

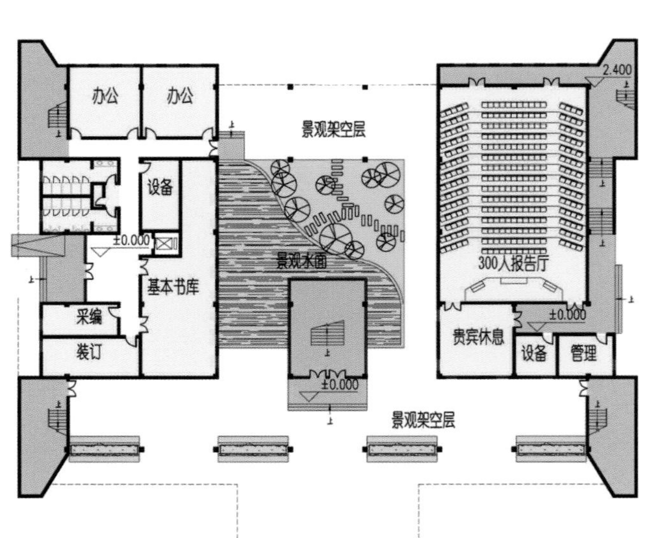

图书馆一层平面图

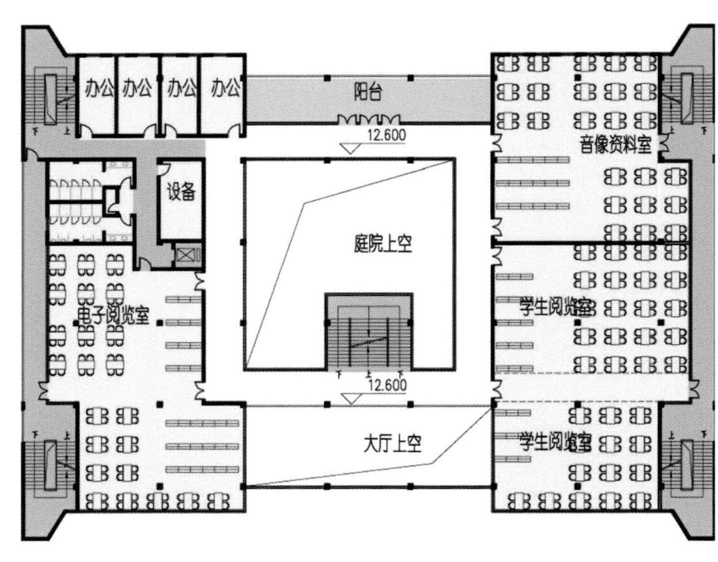

图书馆四层平面图

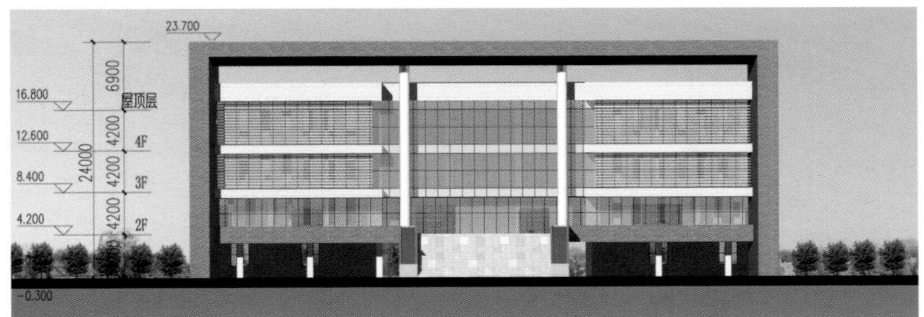

图书馆立面图 1

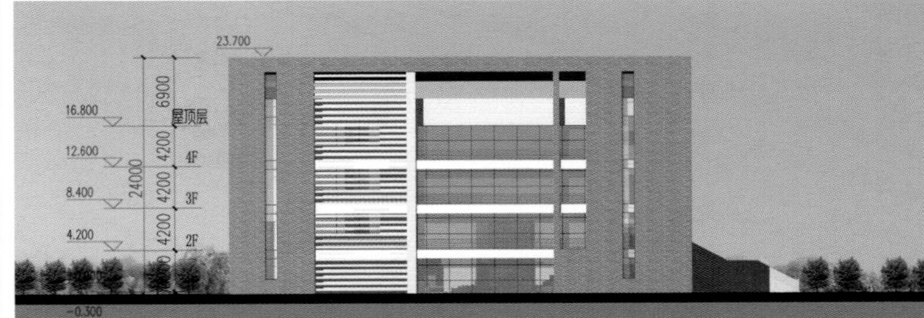

图书馆立面图 2

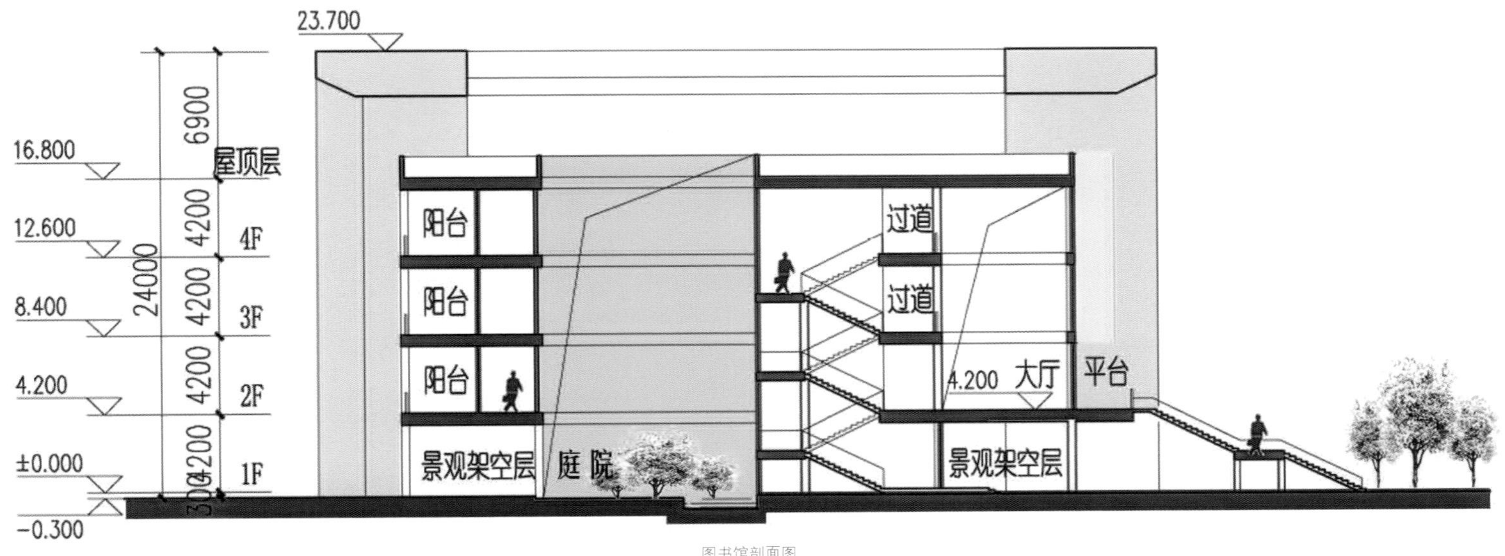

图书馆剖面图

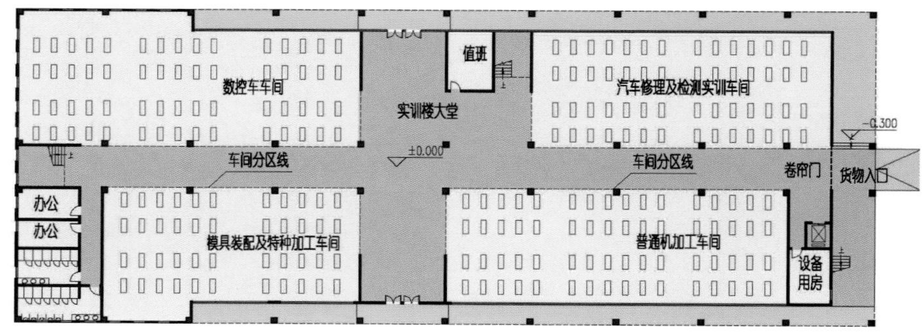

实训楼一层平面图

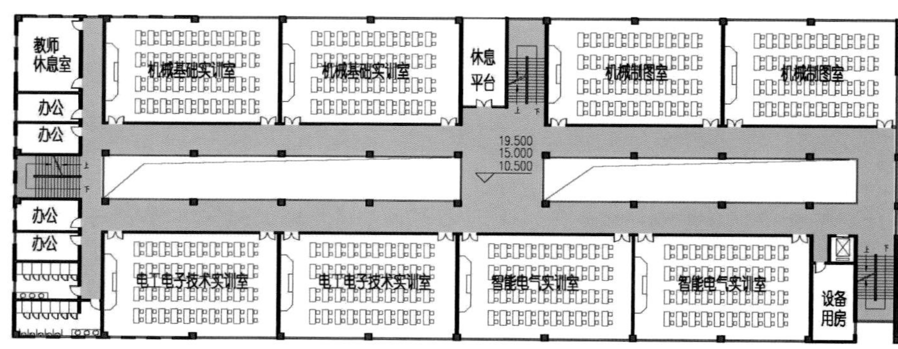

实训楼三至五层平面图

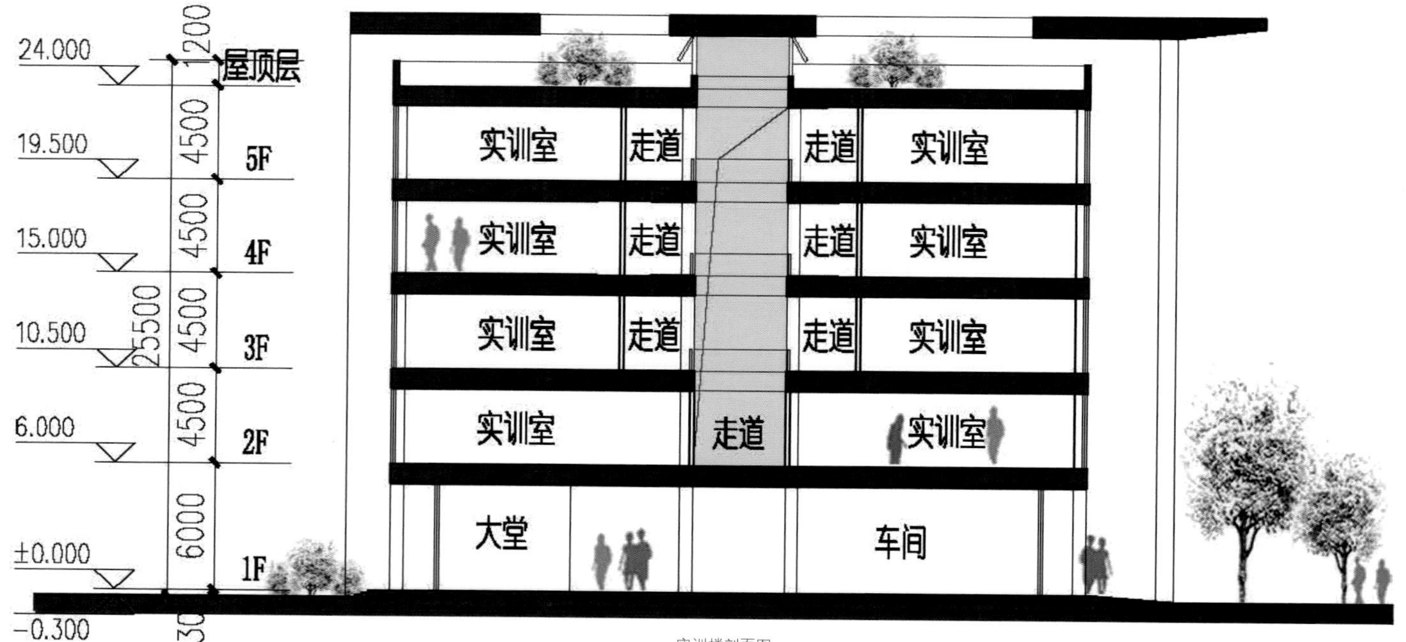

实训楼剖面图

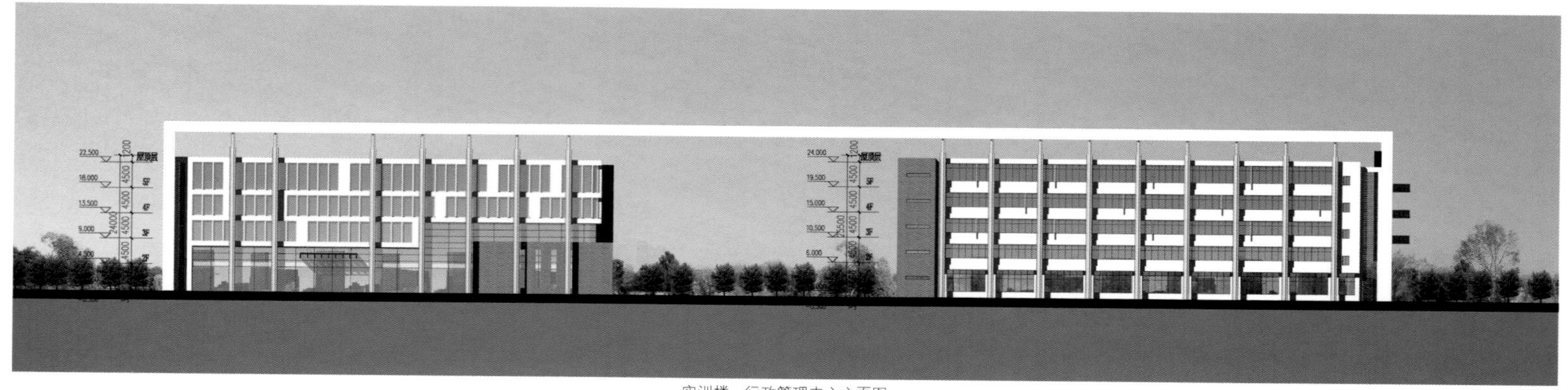

实训楼、行政管理中心立面图

学生宿舍立面图 1

学生宿舍立面图 2

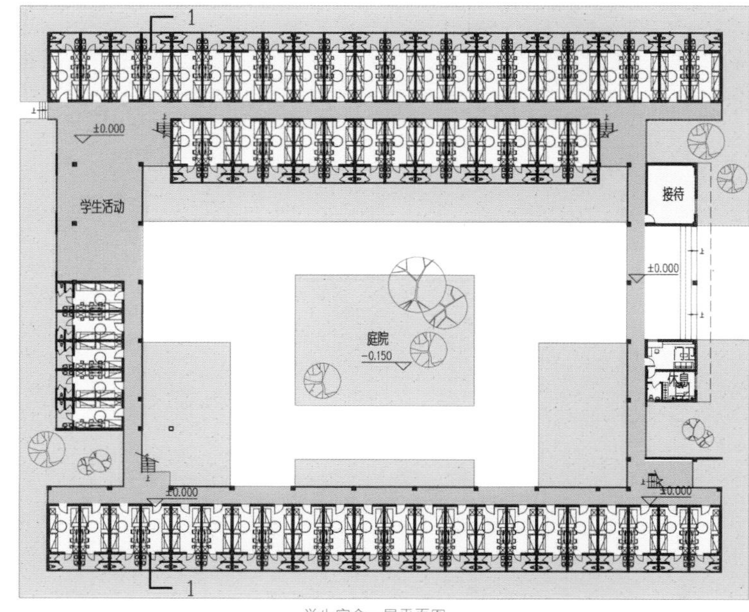

学生宿舍一层平面图

风雨操场立面图 1

风雨操场立面图 2

俭德堂
DINNING HALL
学习雷锋 从心做起 从小事做起

四川省仁寿第一中学新校区灾后重建项目

设计单位：深圳市清华苑建筑设计有限公司
主创建筑师：李晓华、卢扬、李维信
业　　主：四川省仁寿第一中学校
用地面积：238 800平方米
建筑面积：77 800平方米
获奖情况：2013年香港建筑师协会两岸四地建筑设计大奖赛提名奖

四川省仁寿县是2008年“5·12”四川汶川地震的重灾县之一。本工程为四川省仁寿第一中学新校区灾后重建工程及仁寿县体育场灾后重建工程合并建设项目。

仁寿一中是一所拥有近250年历史的国家重点中学。学校新校区建设规模为120个班、6 000名学生的中学；县体育场为10 000座丙级/乙级标准体育场，主要供学校教学使用，兼顾社会文化体育活动。

设计指导思想为传承历史文脉、先进教育理念、科学人文思想、绿色生态校园。

项目建设用地位于仁寿县城规划北新区核心区，北临仁寿大道，东临陵州大道，西、南面隔文林路为城市湿地公园。

规划将仁寿一中、县体育场、县文化中心（另建）整合成以仁寿一中为主体的文化街区。县体育场和县文化中心分踞街区的东北、西北隅，和仁寿一中北大门一起营造出城市礼仪大道的街景。学校教学区和生活区布置在街区南部，与南面城市湿地公园连成一片，形成清静祥和的教育园景。

校园中部保留了自然山体和部分农田，并将原有水泉、池塘整理成里仁湖，形成面积达4 000平方米的中心绿地，鲜明地体现了属地的乡土风情、地形地貌和“一草一木皆教育”的人文精神。校园的教学、行政、生活、运动四大功能区围绕中心绿地布置，分区明确，联系方便，呈现散漫有致的格调。设计还特别注重创建师生间、同学间多样互动的交流空间和有利于学生心、智、体全面发展，全面提升的设施和环境，为学校培养高素质学生打下坚实基础。

在贯穿校园中部的南北主轴线上，依次布置了北大门、行政办公楼（复原20世纪20年代学校建筑）、南坛、纪念钟亭、廊桥水井、教学综合楼等不同功能、不同时代风貌的建构筑物，体现学校历经清代、民国、新中国三个时代深厚的历史文化积淀和面向未来的青春朝气。

本项目设计在全国公开设计招标中胜出。设计单位将修建性详细规划全部设计费和51%的建筑工程设计费捐作项目灾后重建费用，受到各界好评。

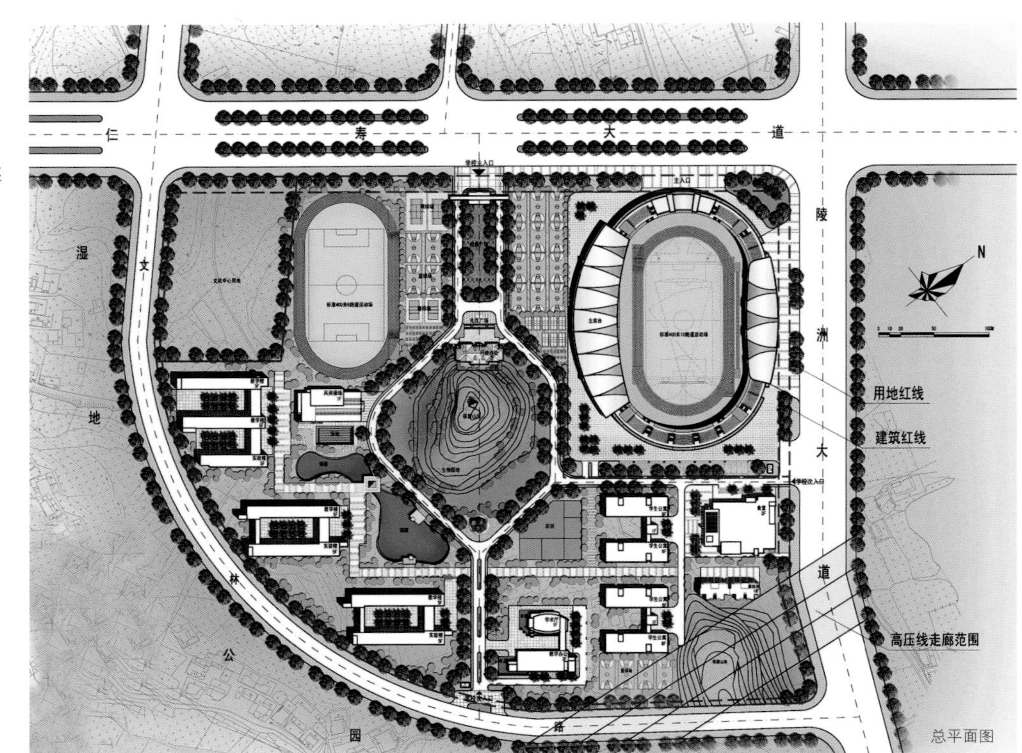

总平面图

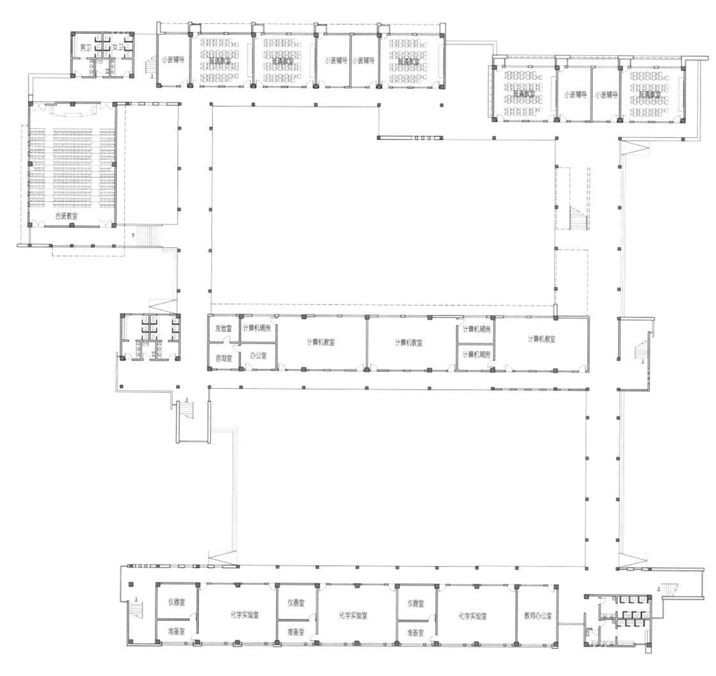

教学实验楼一层平面图

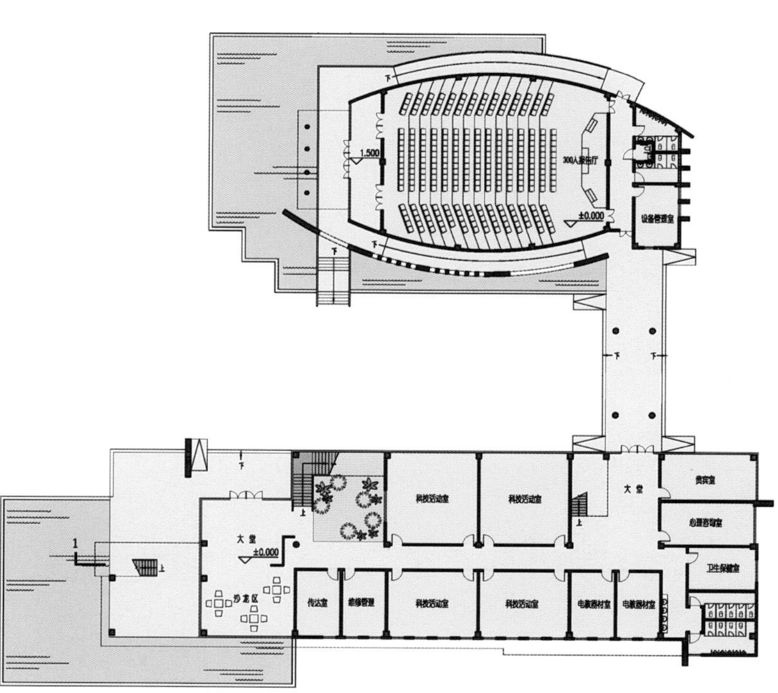

教学办公楼一层平面图

教学办公楼立面图 1

教学办公楼立面图 2

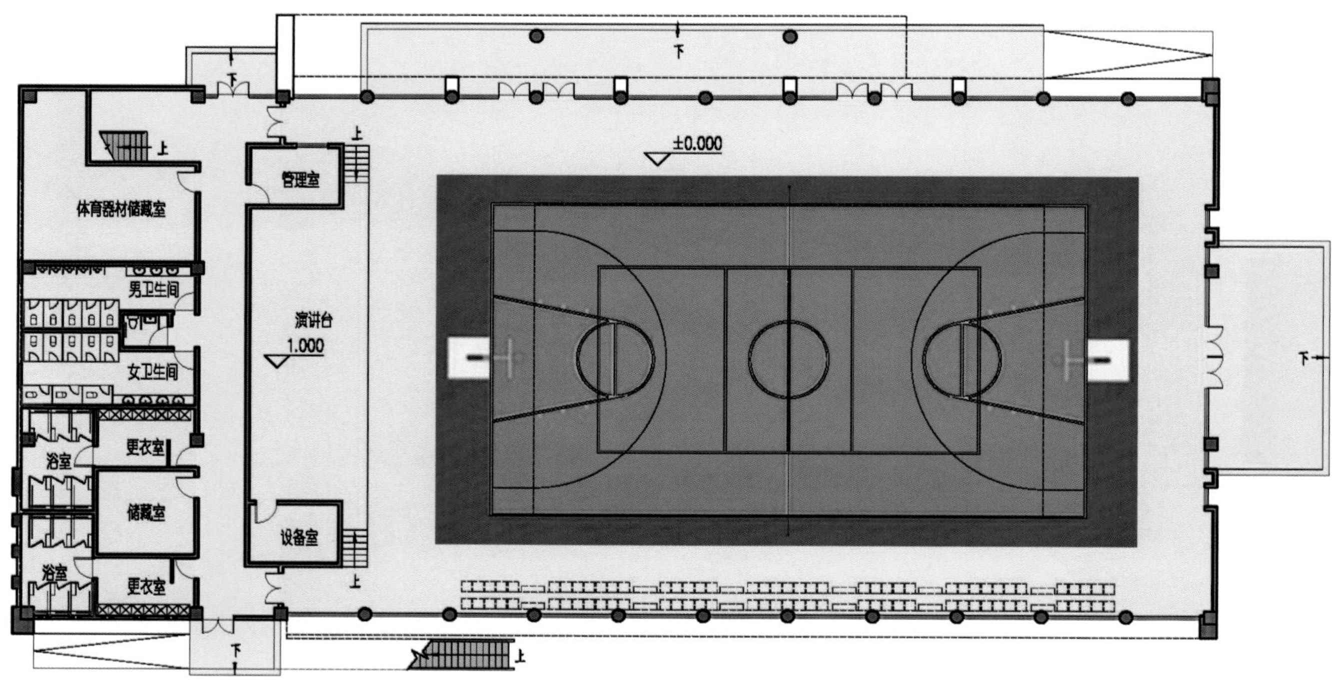

风雨操场一层平面图

风雨操场立面图 1

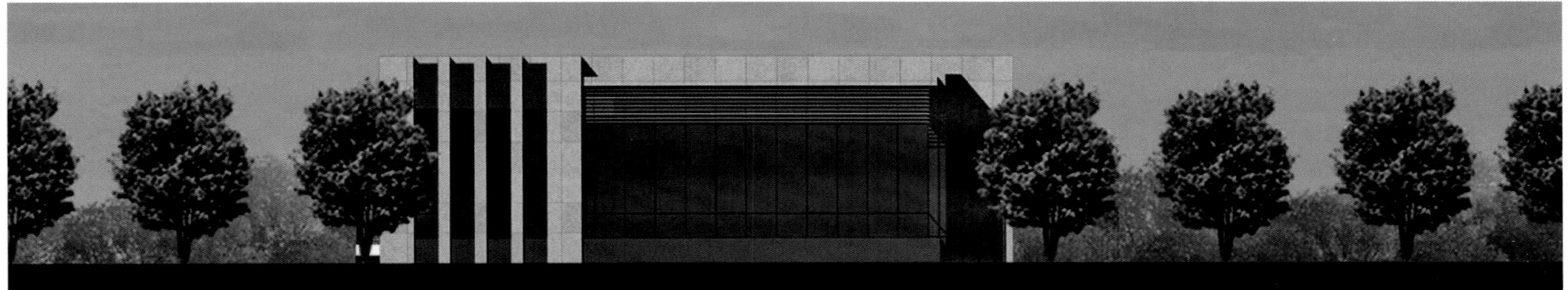

风雨操场立面图 2

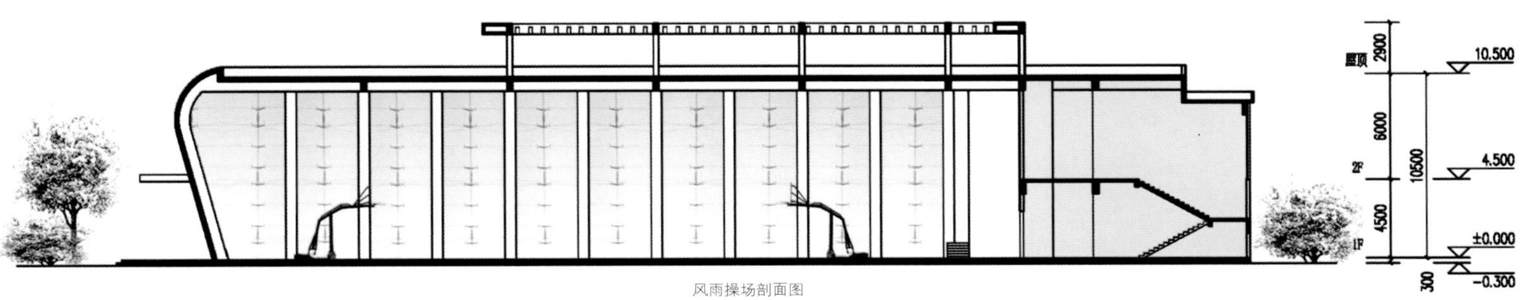

风雨操场剖面图

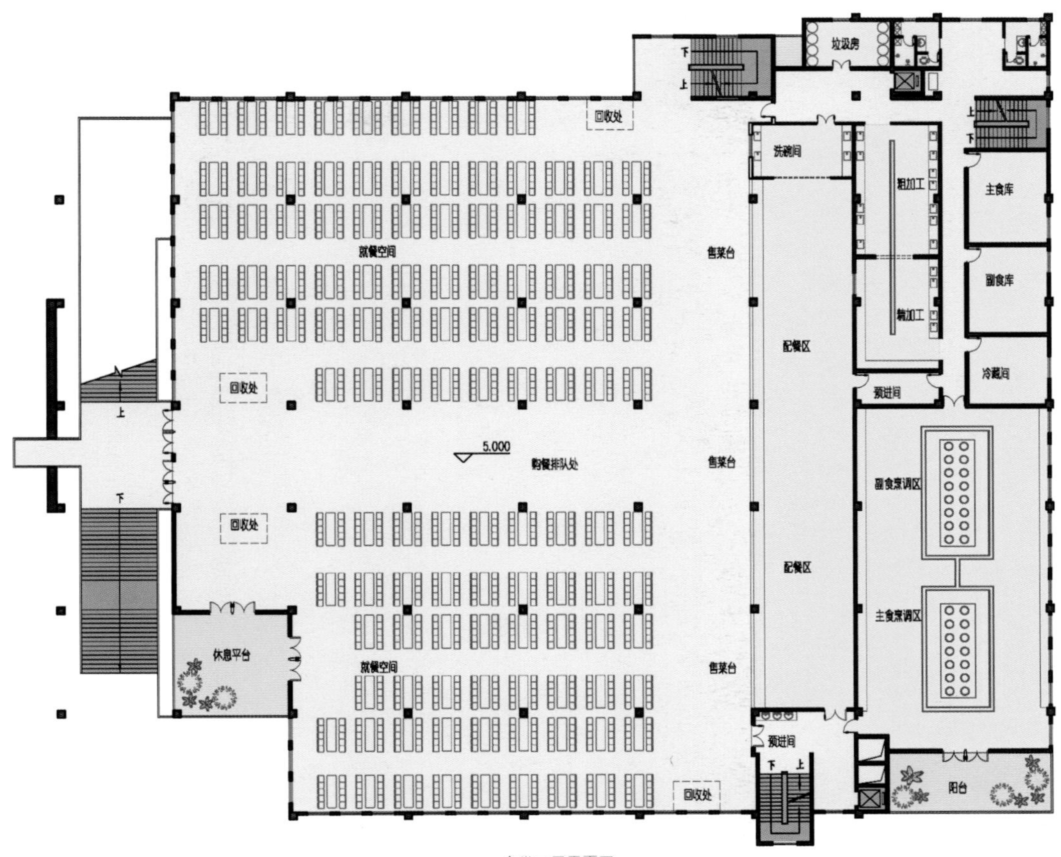

食堂二层平面图

食堂立面图 1

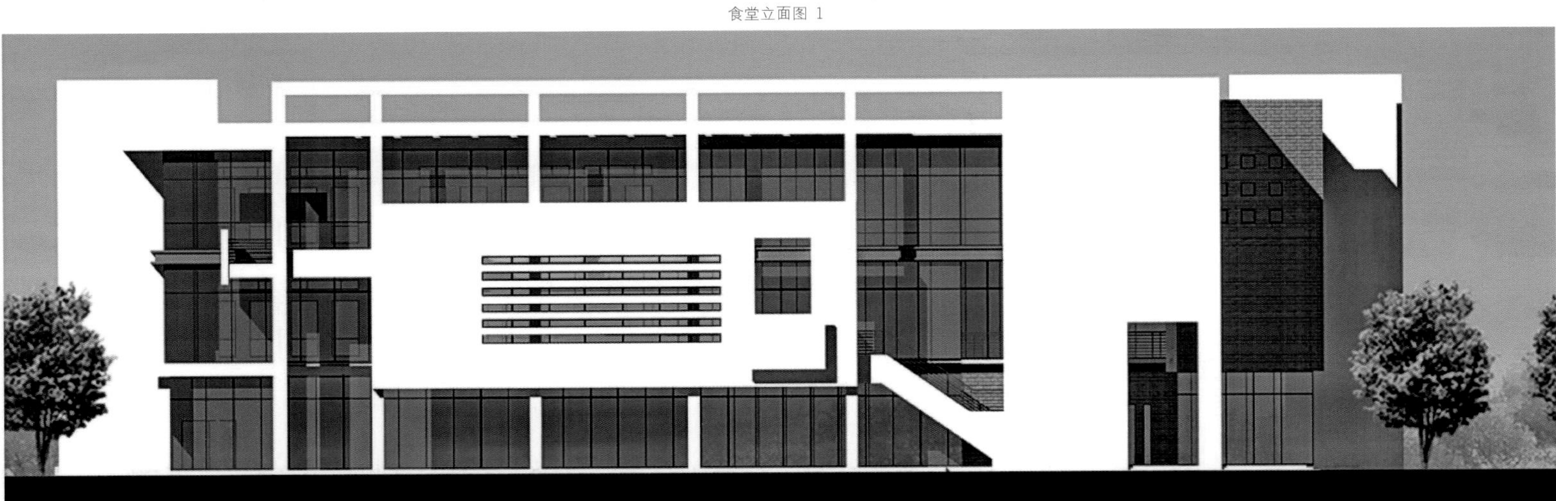

食堂立面图 2

宿舍立面剖面图 1

宿舍立面剖面图 2

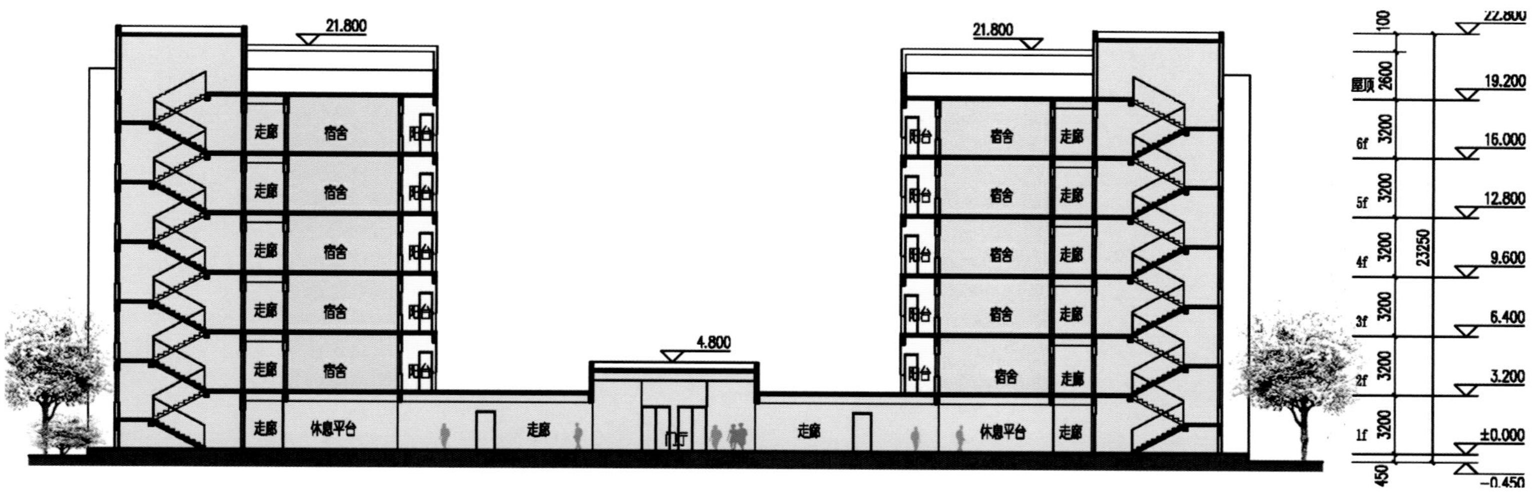
21.800
21.800
4.800
走廊
宿舍
阳台
休息平台
门厅
22.800
19.200
16.000
12.800
9.600
6.400
3.200
±0.000
-0.450
100
屋顶 2600
6f 3200
5f 3200
4f 3200
3f 3200
2f 3200
1f 3200
450
23250

宿舍立面剖面图

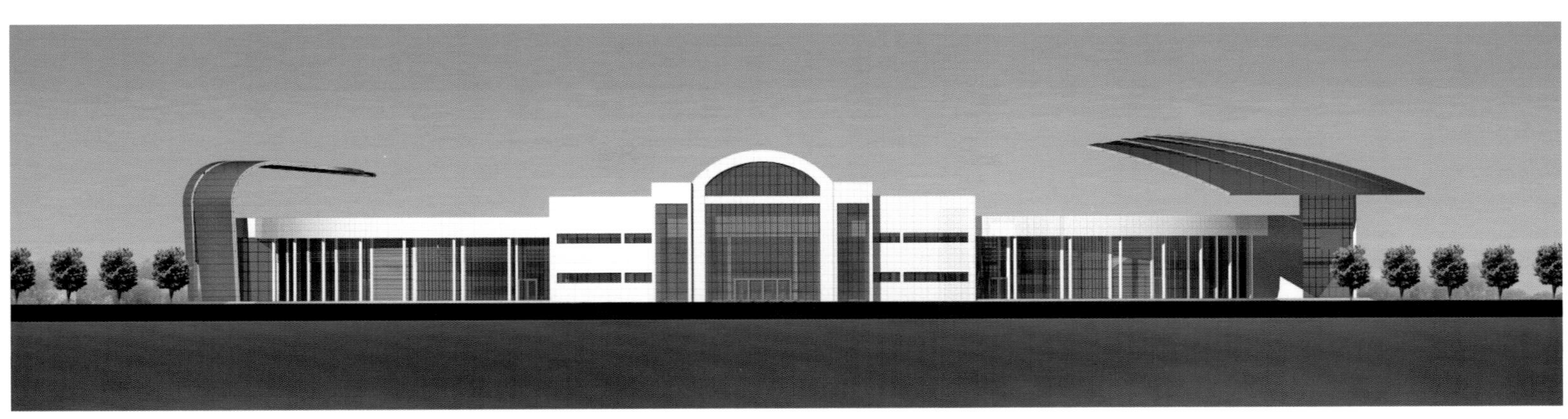

体育场立面图 1

体育场立面图 2

天津圆圈（远洋城D地块项目）

设计单位：迫庆一郎SAKO建筑设计工社
项目地点：中国天津市
用地面积：1 774平方米
建筑面积：4 308平方米

这所幼儿园是由自由曲线形成的，并且使用了R形圆角窗，营造了一种自由欢快的气氛。三层的每个活动室都对着阳台，孩子们跑上阳台的楼梯，可以到屋顶上玩耍，并且每个阳台的墙壁、地面、扶手都是彩色的。这也是这所幼儿园的特征之一。

走上正入口的大台阶，相当于在一层屋顶处，有个很大的室外内庭。各个教室都面对着这个室外内庭，整个内庭在大多数成人的视线范围内都可以看到。孩子们可以在这里活泼地追逐玩耍，这成为了一个可以接触户外空气的游戏娱乐场所。就在此室外内庭下面的一层处有个室内的内庭，它是个有各种用途的多功能室内空间。这个室内内庭有三个大小不一的圆形小院，能采到充足的自然光线，在盛夏、寒冬等室外气温不适宜时也可以作为游戏娱乐的地方。

各层的走廊天花，涂着18种不同的颜色还装了百叶。在走廊上，可以从百叶的缝隙感受到颜色变化。并且，对着内庭的柱子也用18种颜色涂饰，孩子们可以根据颜色来识别地方。

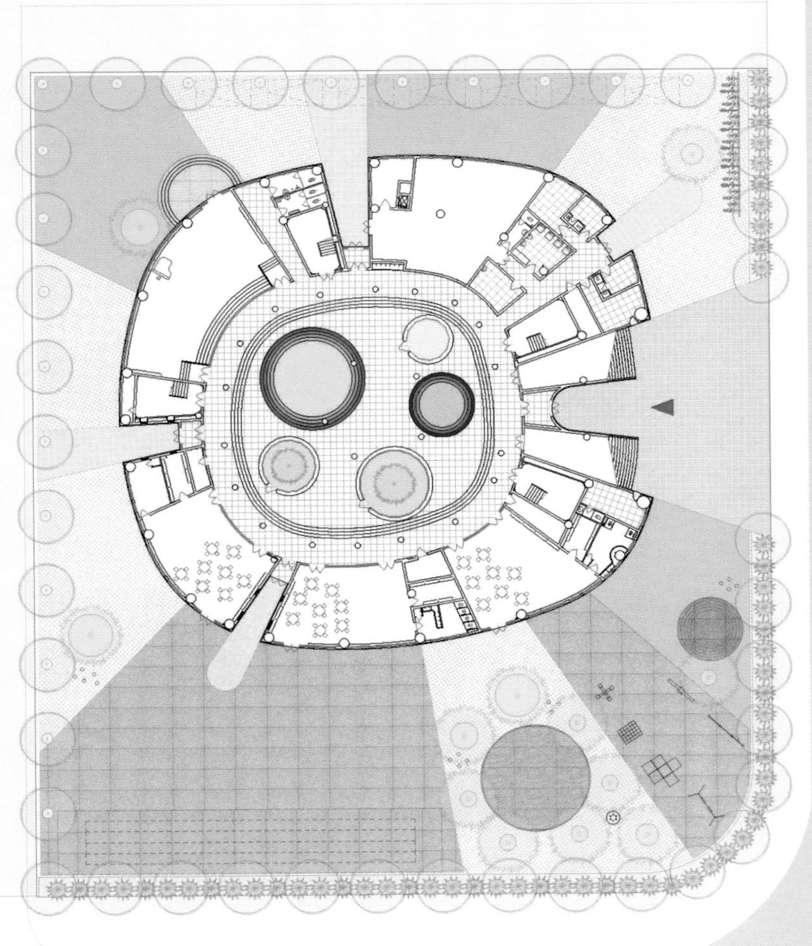

首层/总平面图

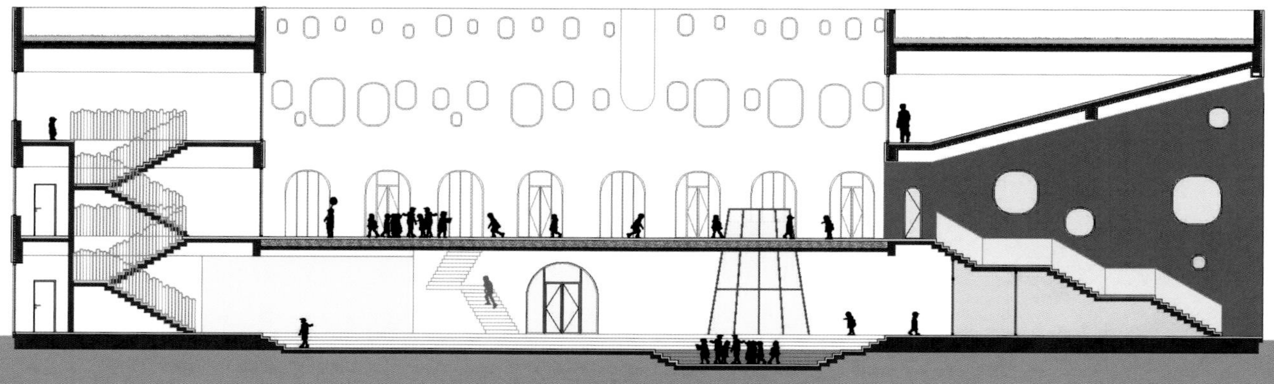

剖面图

四川省崇州市隆兴幼儿园

设计单位：德建建筑设计咨询（上海）有限公司
项目地点：中国四川省崇州市
建筑面积： 6 500平方米

隆兴幼儿园是在瑞士商会的领导及瑞士大使馆的支持下，由瑞士在华企业出资捐赠给崇州教育局的。

由瑞士德建建筑设计咨询（上海）有限公司设计的幼儿园，注重于给幼儿年龄段的孩子提供一个完美的室内外学习及游玩的环境。幼儿园总用地面积约6 500平方米，可容纳300多名学生，并考虑到为残障学生提供方便设施及通道。

该幼儿园的教室正是借鉴了瑞士及当地农村和小镇的风貌，设计的目的是为了将学校融入周围现有的环境，使其成为今后几年隆兴镇重建项目的一个亮点。用快速成长的竹子作为绿化及走廊的建筑材料，充分考虑了环保和可持续发展的因素。

隆兴幼儿园的大门位于北面道路边的两层行政办公楼底层。行政办公楼拥有警卫室、晨检室和卫生室，与入口处宽敞的有顶活动场所相连接，南面是多功能的音乐教室。

为了给孩子创造一种在行走中学习和探索的环境，同时又受到传统中国园林的启发，设计采用了游龙形走廊把整个校园区分成几个区域。在形似游龙的红蓝走廊的引导下，孩子们将被引导到各自的教室，由于每个教室的外墙都有不同的颜色和不同的动物，孩子们可以很容易地找到教室。

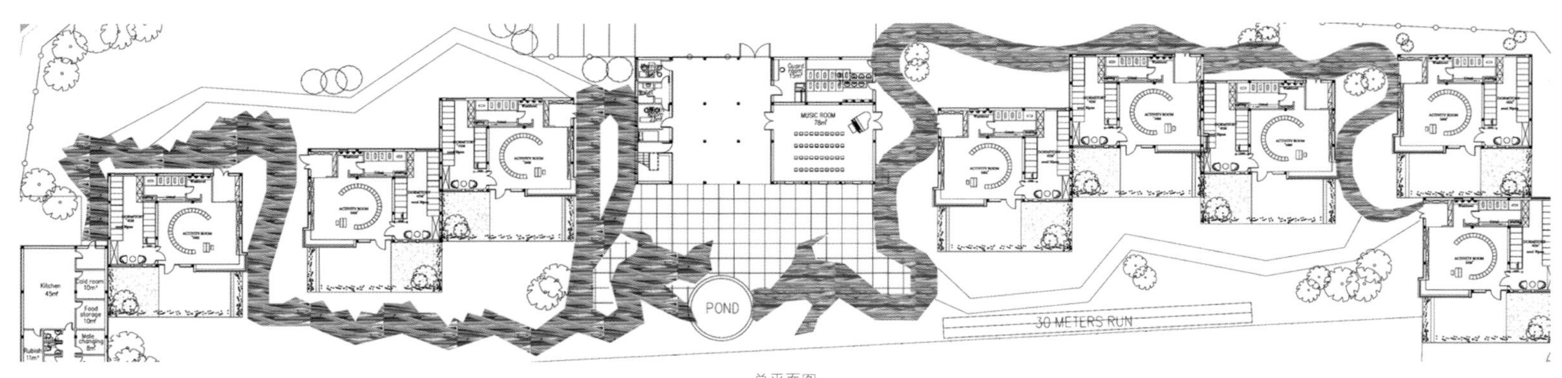

总平面图

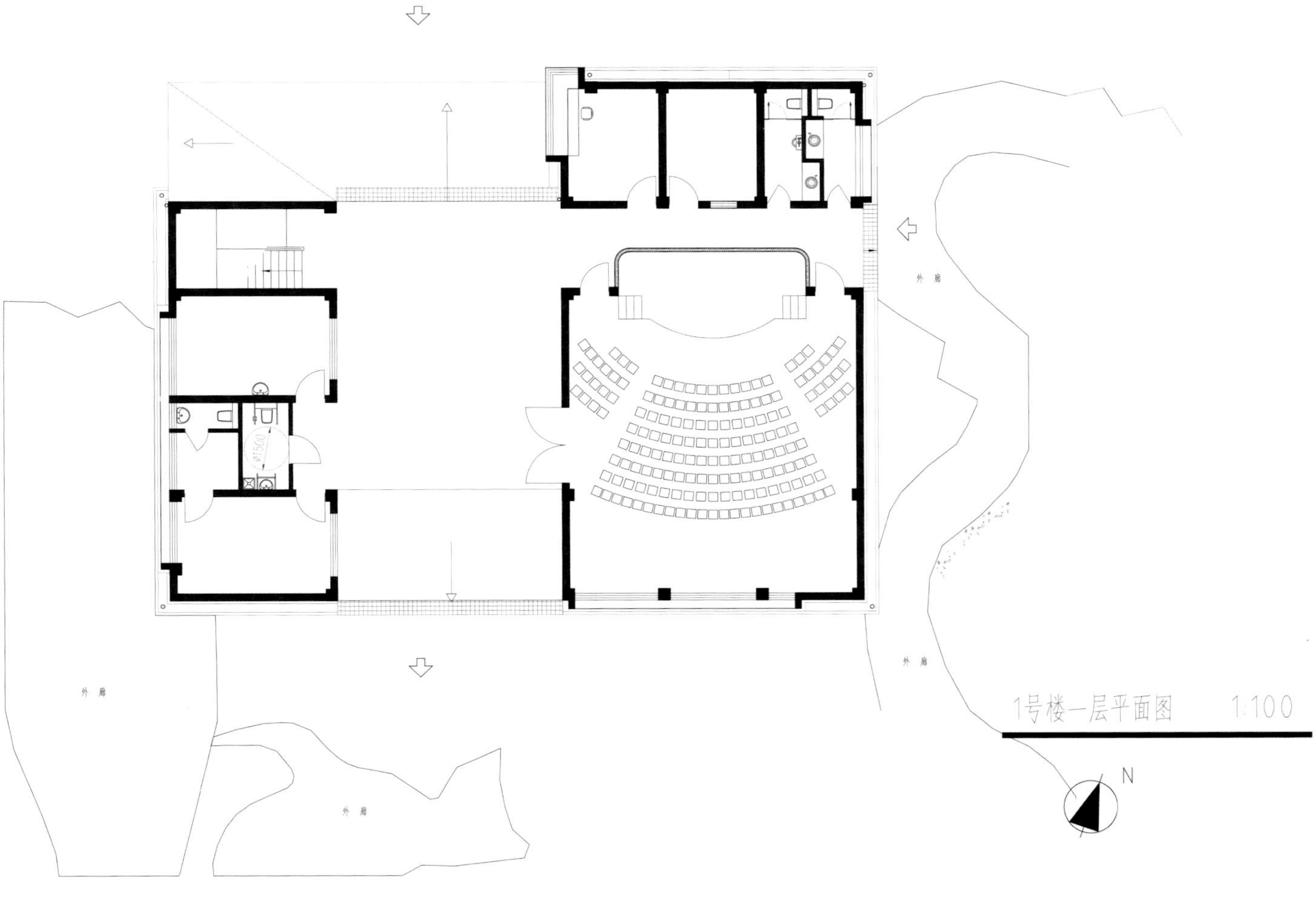

外廊

外廊

外廊

外廊

1号楼一层平面图 1:100

N

1号楼一层平面图

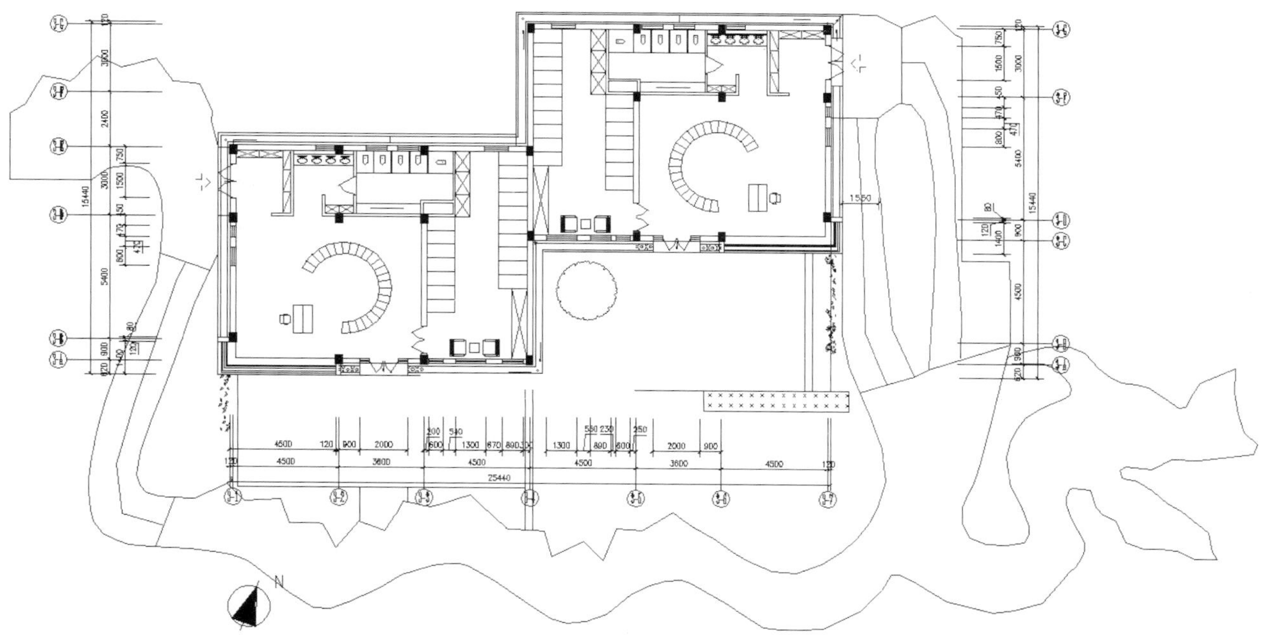

教室平面图1

教室平面图2

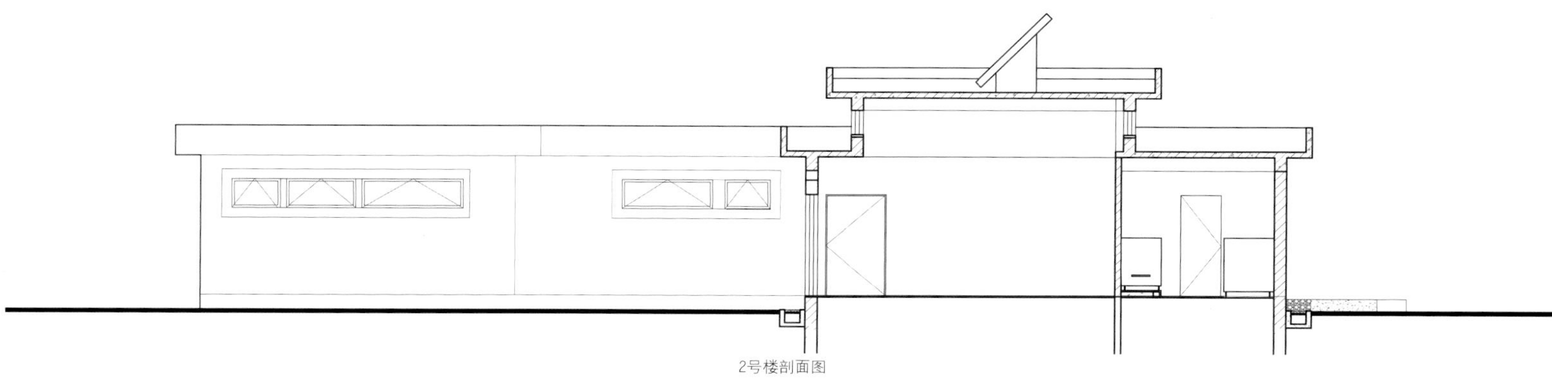

2号楼剖面图

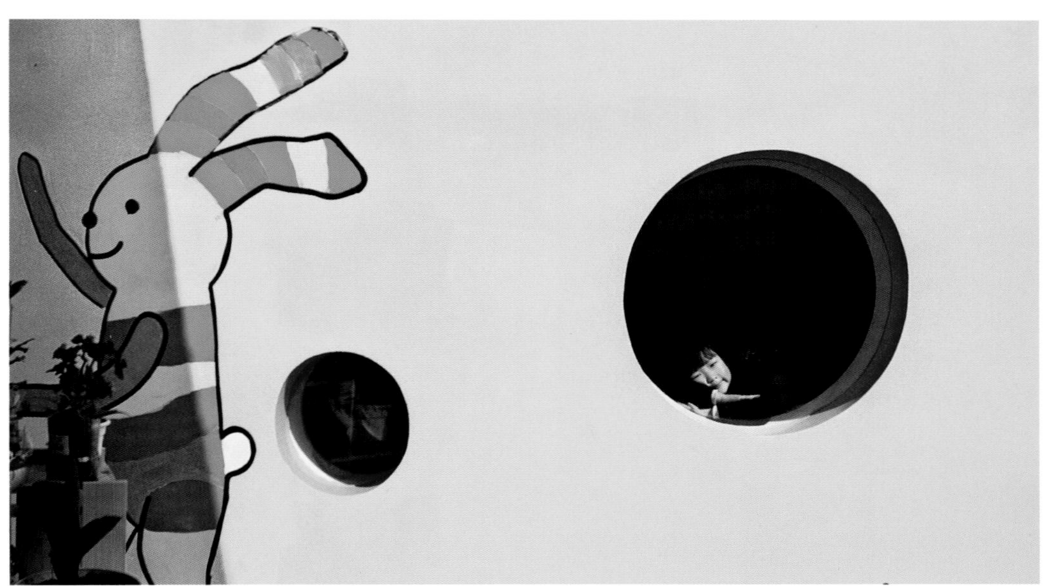

平和县金华小学分校

设计单位：厦门合道工程设计集团有限公司
设计团队：张嵩、陈志文、庄晓恒、李毅莹
业　　主：平和县教育局
项目地点：中国福建省漳州市
用地面积：22 416平方米
建筑面积：8 700平方米

本案针对建筑所处的地理环境，结合功能与形式要求，灵活、合理设置建筑，突出学校建筑的个性特色。同时，利用体形及空间上的变化，带给人耳目一新的感觉。

动静分区原则

将学校分为动区和静区两个区块。吵闹的动区布置在基地西侧，安静的教学区布置在东侧，两者之间通过景观步道和行政楼、体育馆的隔离，有效避免动区对静区的干扰。将动区布置在西侧，同时也可以缓解玉溪路的噪声影响。

以人为本原则

强调校园内外环境的融合与渗透，树立“校园社区”的理念，引入连贯的、多层次的交往空间体系，加强信息沟通、交流，营造具有归属感的人文环境，有效发挥空间环境构成的再创造价值。

生态性原则

强调与环境和谐共生。在充分尊重生态资源现状的同时，校舍建设并非是把自然化为人造，而是尽最大努力将人造建筑与自然环境相融合，把建筑与环境作为一个整体考虑，并注入更多趣味元素。

可操作性、经济性原则

建筑设计时充分考虑了可操作性和经济性原则，利于缩短建设工期，易操作，并能提高经济效益。

总平面图

厦门科技中学翔安校区方案

设计单位：厦门合道工程设计集团有限公司
设计团队：魏伟、张嵩、何燕青、陈志文
业　　主：厦门科技中学
项目地点：中国福建省厦门市
用地面积：90 003.86平方米
设计时间：2013年

厦门科技中学翔安校区拟建于厦门市翔安区洋塘公租房以北，洪钟大道西侧，是翔安新城内一所全日制的中学，是翔安南部重要的公共教育配套之一。该校区拟建地上地下两部分。地上总建筑面积77 379平方米，规划高中部48班，每班50人，全寄宿制；初中部24班，每班50人；另设有一个新疆部。地下总建筑面积8 000平方米，停车位200个。该项目主要将建设教学楼、专业教学及行政办公用房、食堂、教师宿舍及体育活动室等。

规划中采用“一轴三区”的结构模式。

“一轴”：通过两个校区入口广场展开中心空间轴线,组织校区功能布局;“三区”：于基地中间布置行政楼 、图书馆、体育馆、礼堂、实验楼等共享区;于北侧布置初中部，于南侧布置高中部。

设计手法运用

本案建筑风格上，将简约、现代与时尚作为主要的风格基调。通过对翔安新城建筑风格以及传统闽南建筑的研究，并运用现代主义的材料和造型手法，打造出厦门科技中学翔安校区独有的新闽南风格即“闽南印象•科技校园”的理念。

各建筑单体设计

建筑单体设计上，运用“包裹”的形态处理手法,由外围的屋顶和立柱嵌套内部的方盒子实体,形成关系明确的体块组合;材料运用上通过砖红色面砖不同色调的拼接，形成对传统建筑表皮的再现。

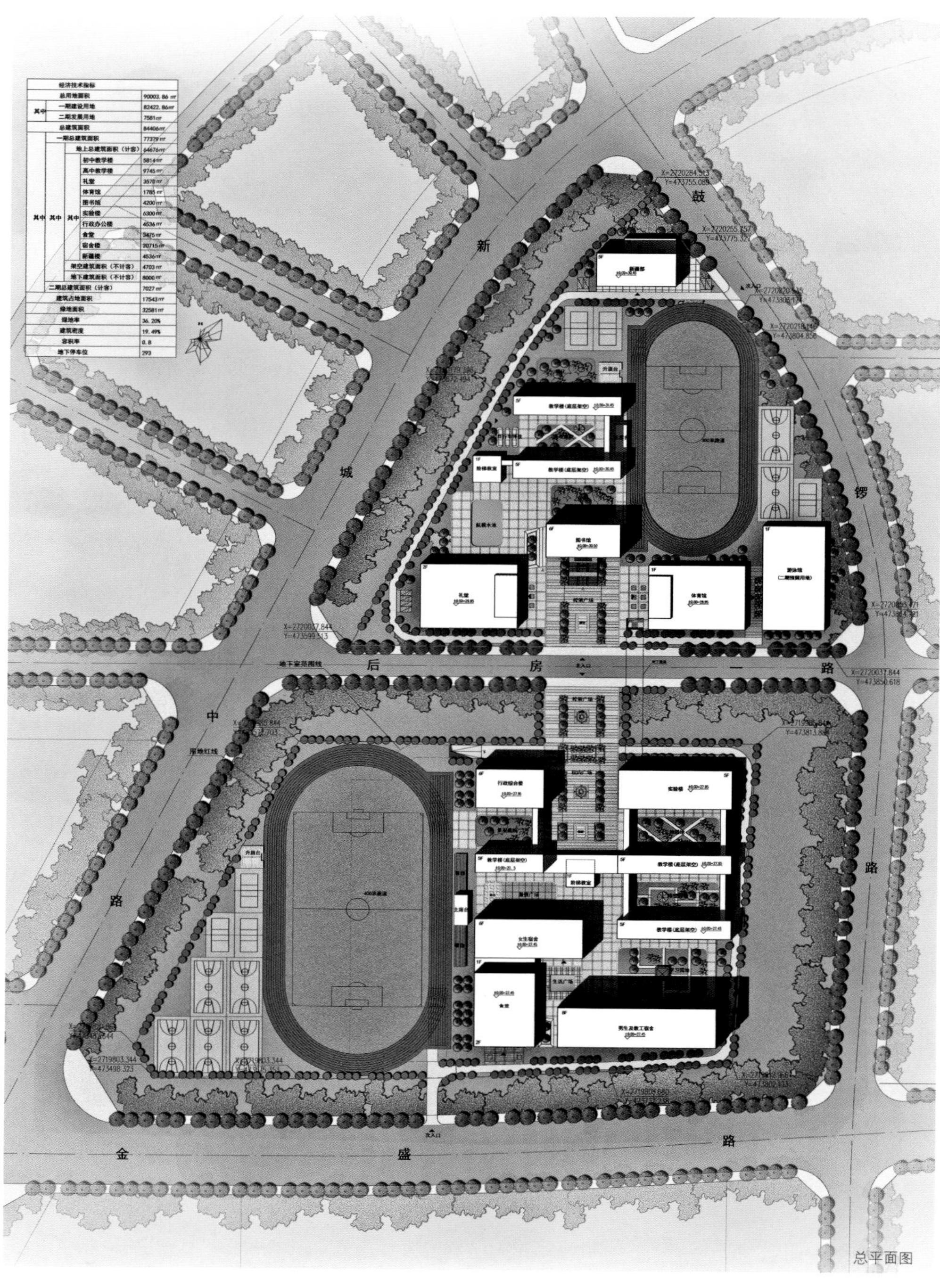

总平面图

厦门科技中学高中部

礼堂
图书馆
厦门科技中学初中部
体育馆

中国哈尔滨继红小学及少年宫

设计单位：ZNA|泽碧克建筑设计事务所
业　　主：哈尔滨哈西老工业区改造建设投资有限责任公司
项目地点：中国黑龙江省哈尔滨市
用地面积：45 000平方米
建筑面积：29 113平方米

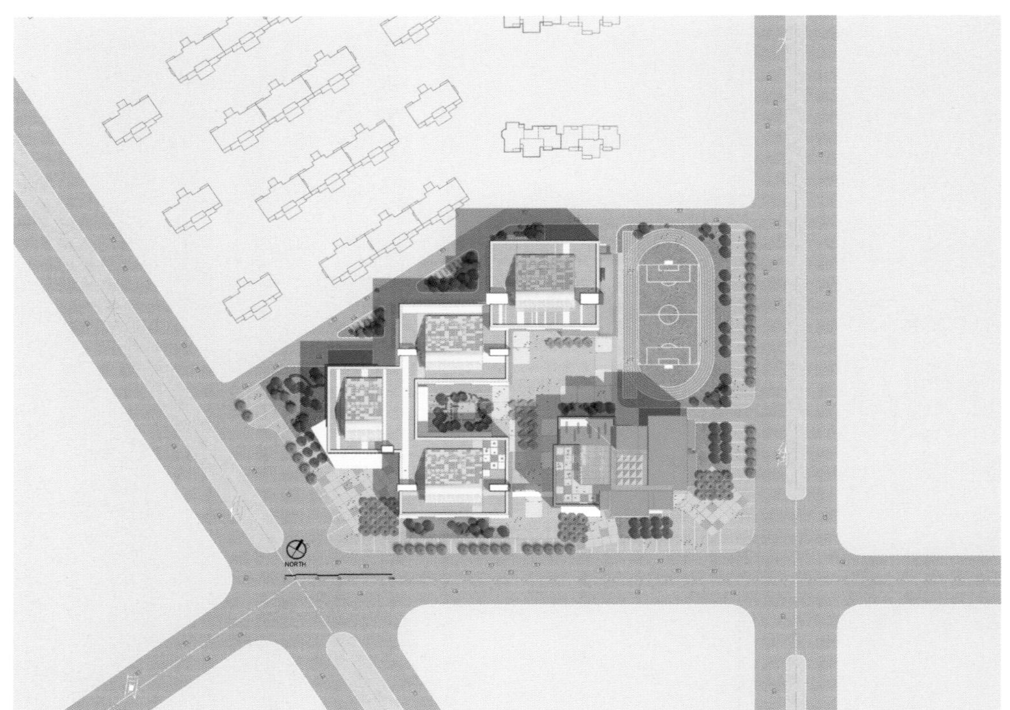

本项目位于哈尔滨哈西老工业区开发区，东临哈西大街，西接哈尔滨大街，南临同济路。建筑功能包括50班的小学部（共2 500名学生）、南岗区少年宫、体育馆及标准200米跑道的操场，并有篮球场、游戏设施等。项目旨在针对小学阶段的儿童创造一个清新、简约、功能性强的学校建筑，创建成具备标志性及区域影响力的绿色示范学校，并兼顾具有安全性及凝聚性的社区氛围，校园本身同时能成为绿色节能设计的教育基地。

小学学校建筑以中庭式的“小社区组团”概念为出发点，由四个中庭串联组合，分为高、中、低年级区以及行政办公区。每个中庭室内空间布局各具风格，强调了高、中、低年级组的“小社区”概念，为不同年级组的学生创造具有归属感的学习娱乐场所。少年宫则是中庭形式的变形，与学校群体造型同中求异。

小学采用模数化设计方式，由一系列的中庭单体组合而成，占据了基地的西北边，保证了哈尔滨大街沿街的立面延续性。少年宫作为一个标志性的单体建筑，布置在地段的东南角，成为哈西大街和同济街交口的标志物，与小学建筑群最北的中庭单体界定了哈西大街的沿街立面。

行政办公中庭作为小学的主要入口，联系南边的低年级中庭和北边的中年级、高年级中庭。绝大部分普通教室位于中庭南侧，保证充足日照，其他专用教室、办公室及辅助用房则按比例分布在中庭的东、西、北侧。建筑体量以3层为主，每个中庭空间的设计意在为学生提供丰富的室内交流活动空间和安全的课外学习环境，并同时有接近自然的机会。各个中庭相互串联，保证学生在冬季仍可轻易、安全地到达学校每个角落。行政区中庭作为小学的主要入口，以展示集会为主题，室内设计采用简洁大方的设计风格；低年级中庭以趣味活力为主题，中庭室内地面采用软质的塑胶地面，布置小规模游戏器械，为低年级的学生提供更丰富的课间游戏场所；中年级中庭以自然体验为主题，联系行政中庭和高年级中庭，在中庭平面上考虑对角线的流线通畅，西北角和东南角布置以室内盆栽植物为主，并结合其他木质休憩桌椅；两层的高年级中庭，位于双层空间的体育活动室上方，以交流互动为主题，三角形轻质结构的大台阶，既为学生提供了第二课堂的活动集会场所，又围合出一个相对私密的小空间，可作为图书角、英语角等。

立面造型强调“魔方”的色彩化、模数化、体块感，塑造简洁轻快的韵律感;朴实的涂料立面与局部的玻璃幕墙和外墙格栅结合，创造出校园整体一致的立面风格，又通过不同年级组的代表颜色，强调不同的年级社区的个性，显示出校园活泼又有活力且丰富多彩的氛围。

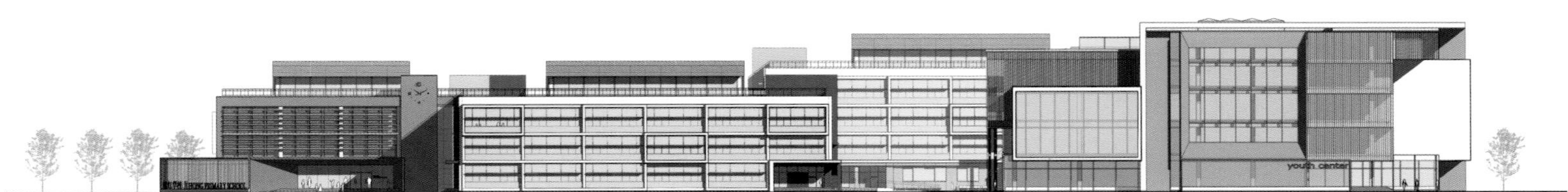

立面图 1

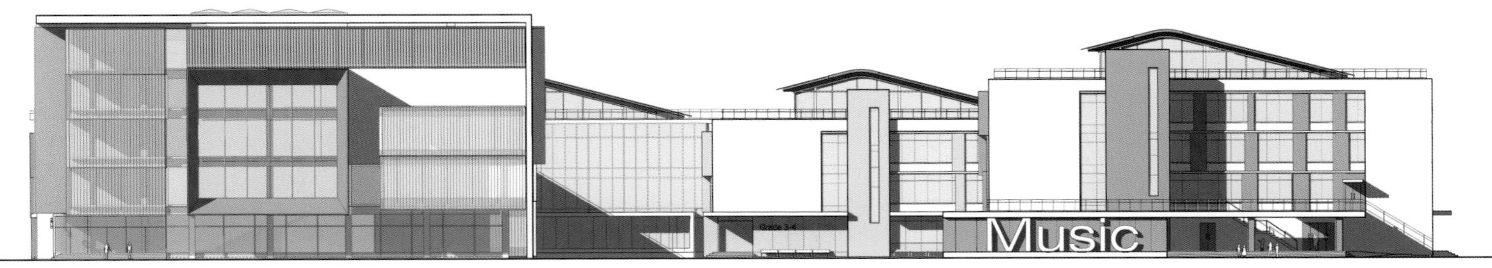

立面图 2

立面图 3

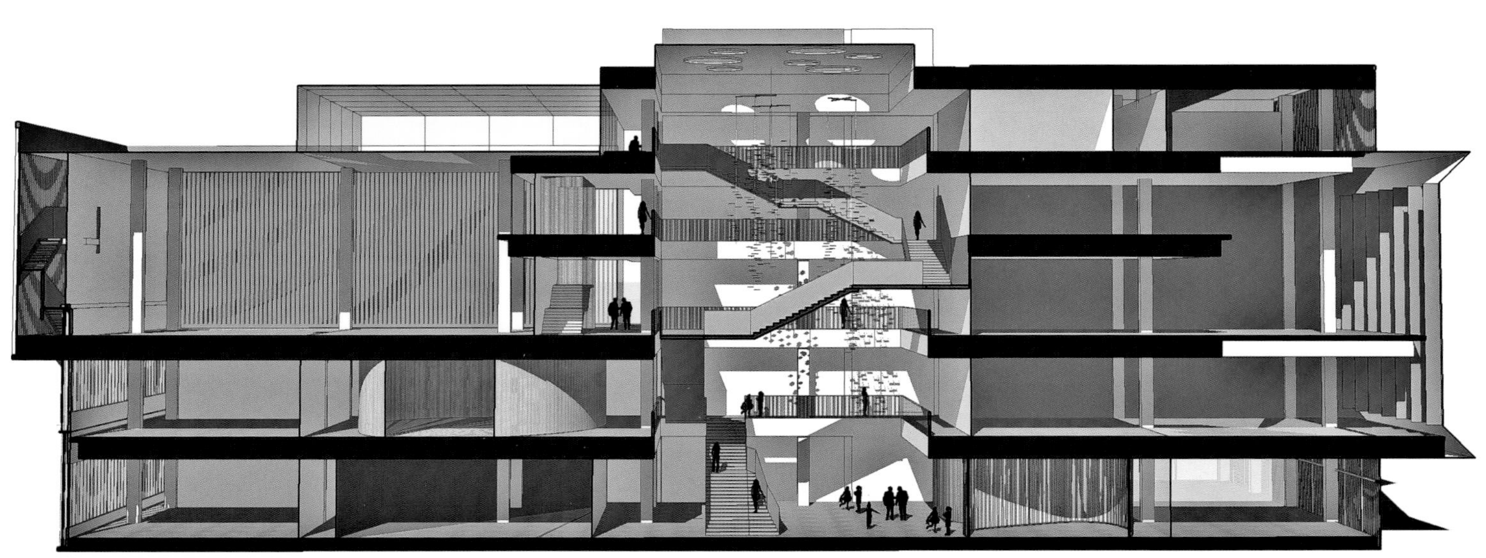

剖面图

平面图 1

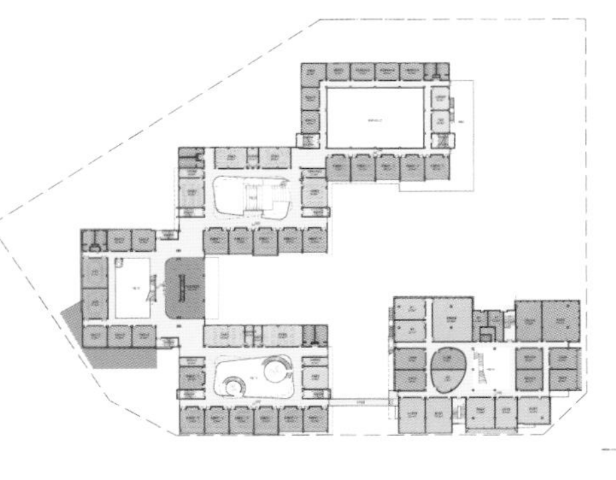

平面图 2

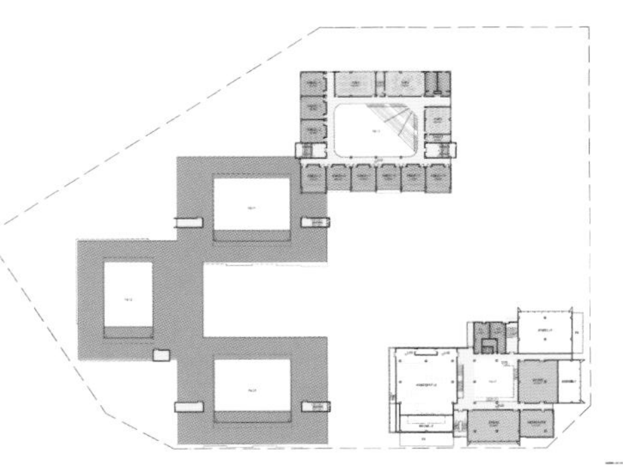

平面图 3

濮阳市卫生学校

设计单位：泛华建设集团有限公司河南设计分公司
项目地点：中国河南省濮阳市
用地面积：345 346.22平方米
建筑面积：177 666.03平方米
建筑密度：11.59%
容 积 率：0.51
绿 化 率：45.6%

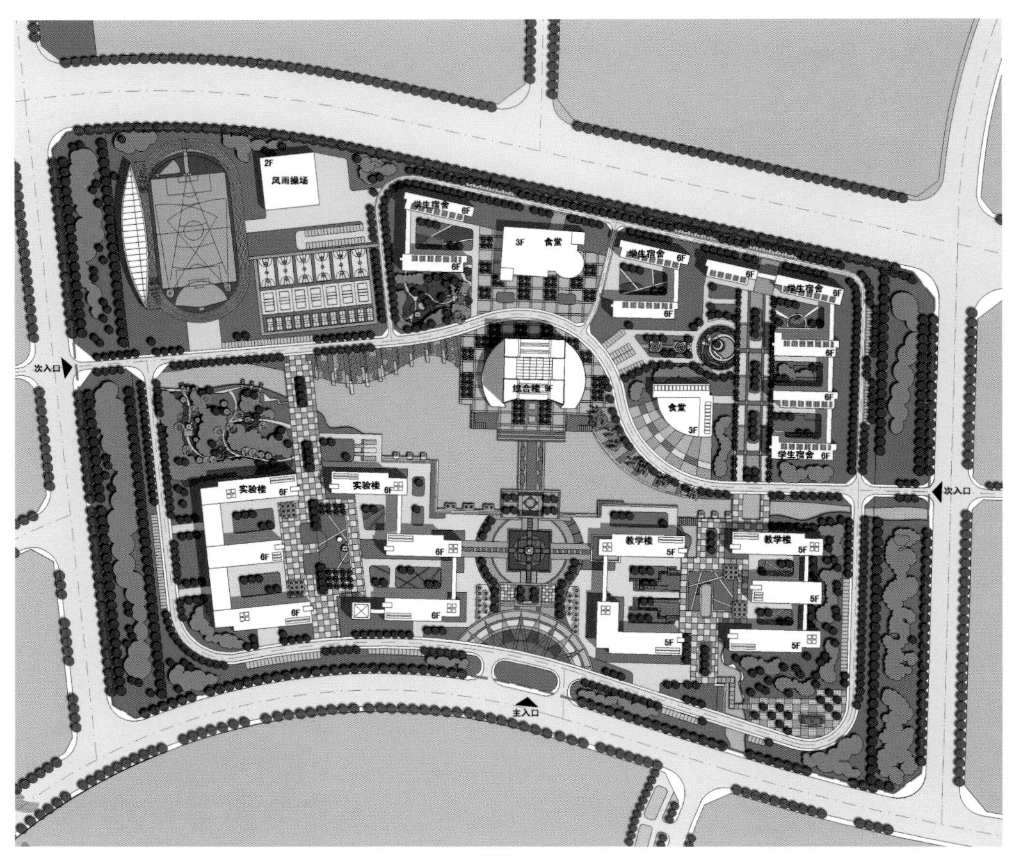

总平面图

濮阳市卫生学校迁建项目坐落在濮阳市新区教育园区，高阳大道中段以南，文耀路以北，龙智路以东，张仪路以西，用地面积约345 346.22平方米（518.02亩）。设计内容包括：1#教学楼、2#教学楼（5层框架结构）；1#实验楼、2#实验楼（5层框架结构）；1#宿舍楼（6层框架结构）；1#食堂（3层框架结构）；综合楼（9层框架剪力墙结构，地下1层）；青年教师公寓（6层框架结构）；后勤服务楼（6层框架结构）；风雨操场（2层框架结构、屋面网架结构）；燃气锅炉房（1层框架结构）；看台1座、400米标准塑胶田径场，篮球场6片、室内篮球场1片，排球场12片，网球场1片，景观桥五座。本项目总建筑面积为177 666.03平方米。

规划用地所处的空间布局均是以教育园区中心广场为放射性展开的。为体现场地特征，规划设计中形成了双轴的空间框架。第一轴为“联系轴”，此轴从纵向方向穿过学校地块，将学生生活区、学校行政区、教学区和中心大广场有机串联起来，并指向整个教育园区的中心。第二轴为“景观轴”，此轴以横向流过地块的河流水体为主，主要景观在河流两侧排布，形成了一个景观轴线。总体上，两轴在地块中心位置，即综合楼处相交，体现了综合楼在此地块的主体性。1860年，弗洛伦斯·南丁格尔在英国圣托马斯医院内创建了世界上第一所正规护士学校——弗洛伦斯·南丁格尔护士学校。护士学校的建立与西方的基督教文化有直接的沿承关系。我国第一所公办护士学校——天津长芦女医学堂建筑就采用了古典优雅的拱券形式。

本项目建筑设计力图创造出一种融合中国传统风格和西方现代风格的建筑风格，建筑形式典雅沉静，细节丰富统一，力求打造出新时代的经典卫生学校建筑形式。本案中，建筑共分为三个组团，分别为行政组团、教育实践组团和生活组团。行政组团作为卫生学校的核心，其建筑设计以厚重、敦实、大气、开放为原则。整个建筑以围合的内庭院为体形、建筑主外墙面采用大尺寸石材贴面，使整体感觉统一、大气、简洁、明快，并通过大面积的玻璃、柱廊形成虚实对比。主综合楼包含了图书馆、信息中心、办公楼等，设计为南北楼相结合的形式，建筑风格接近现代，西式古典的设计元素与教学楼相呼应，弧形的建筑裙房屋顶设计为草坪，既隔热节能又美观，还可起到调节建筑局部小气候的作用。

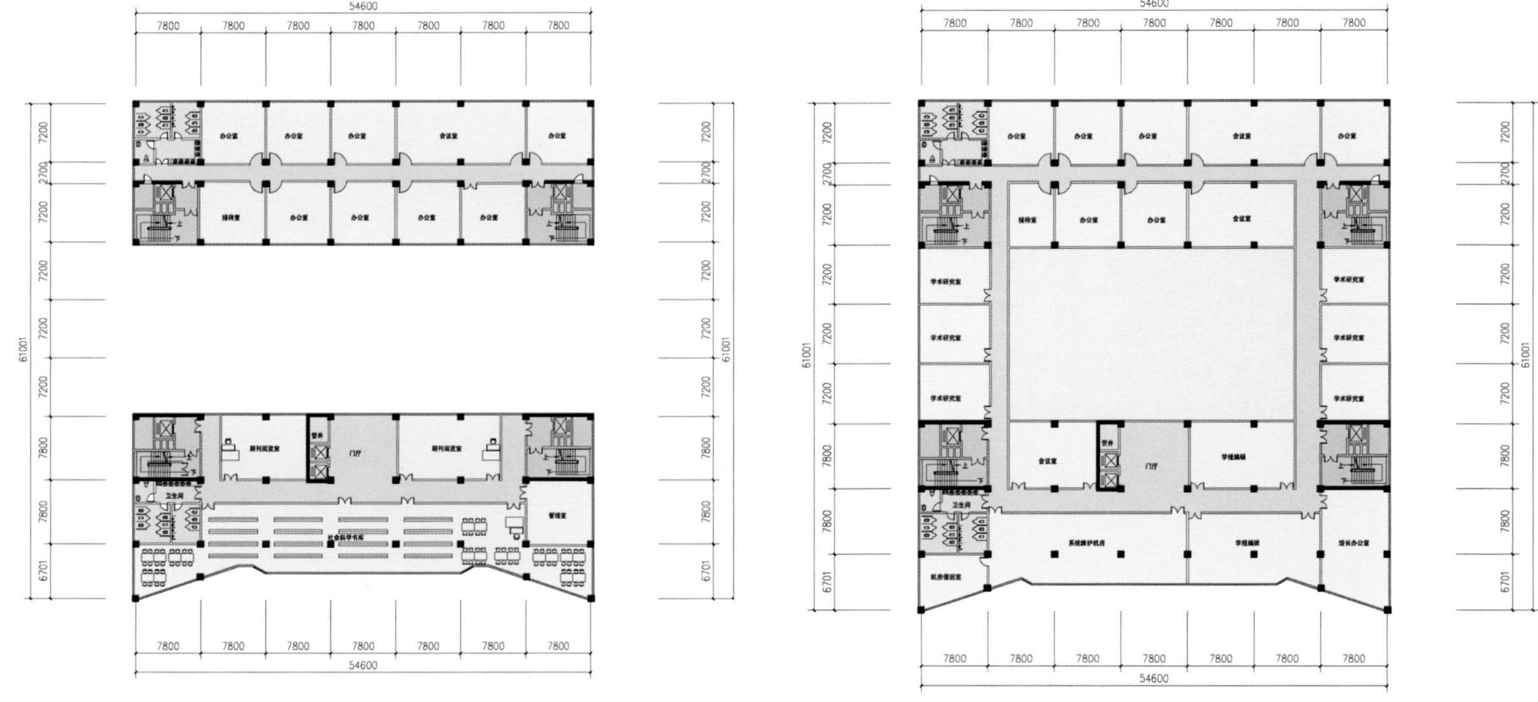

综合楼五、六层平面图

综合楼八层平面图

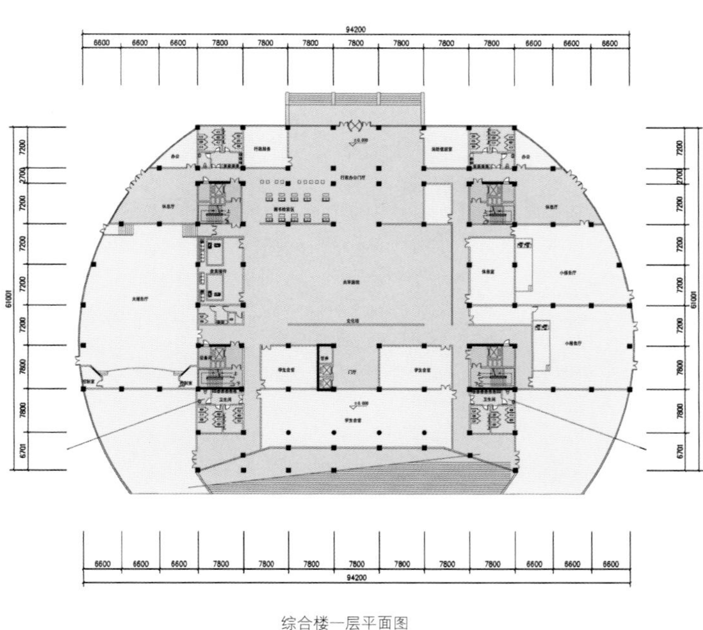

综合楼一层平面图

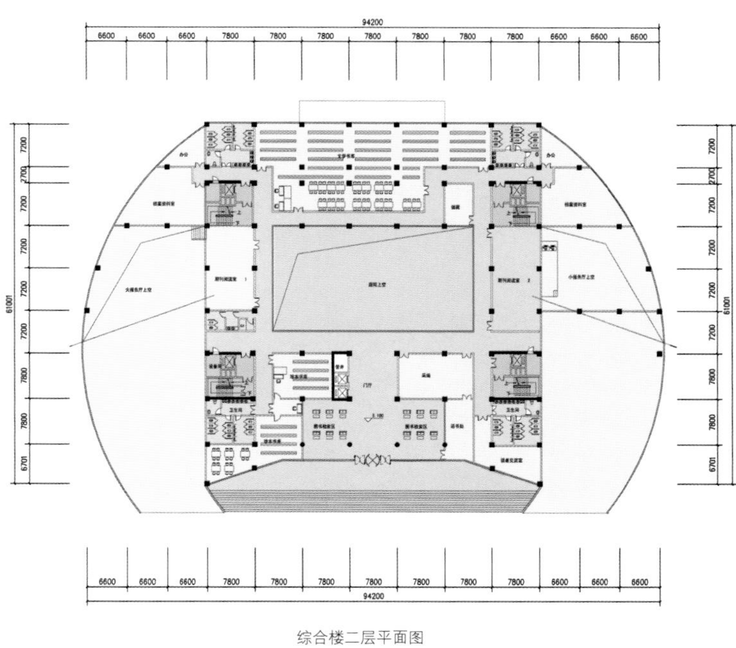

综合楼二层平面图

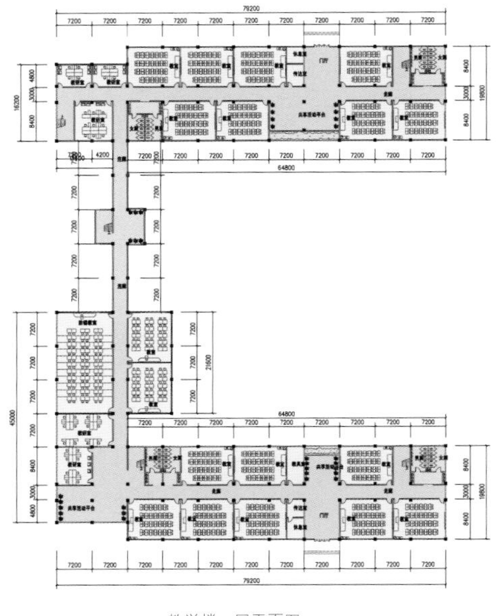

教学楼一层平面图

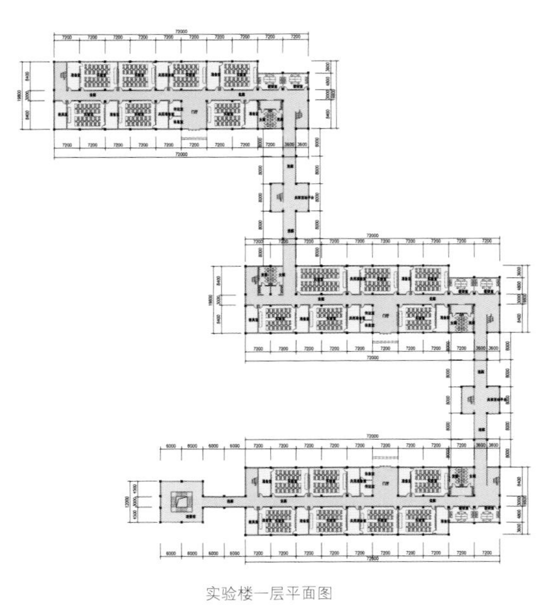

实验楼一层平面图

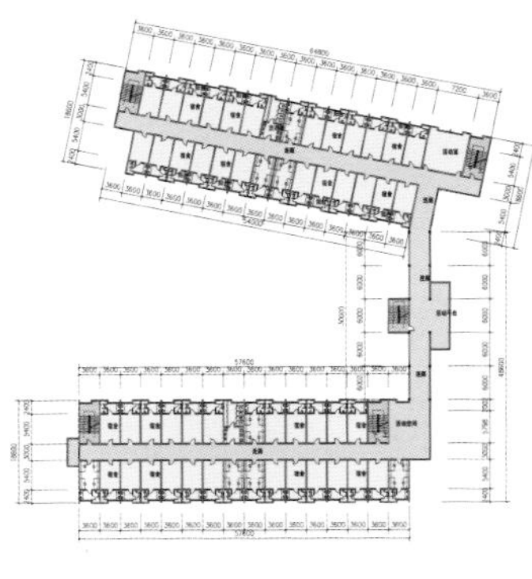

宿舍标准层平面图

宿舍二层平面图

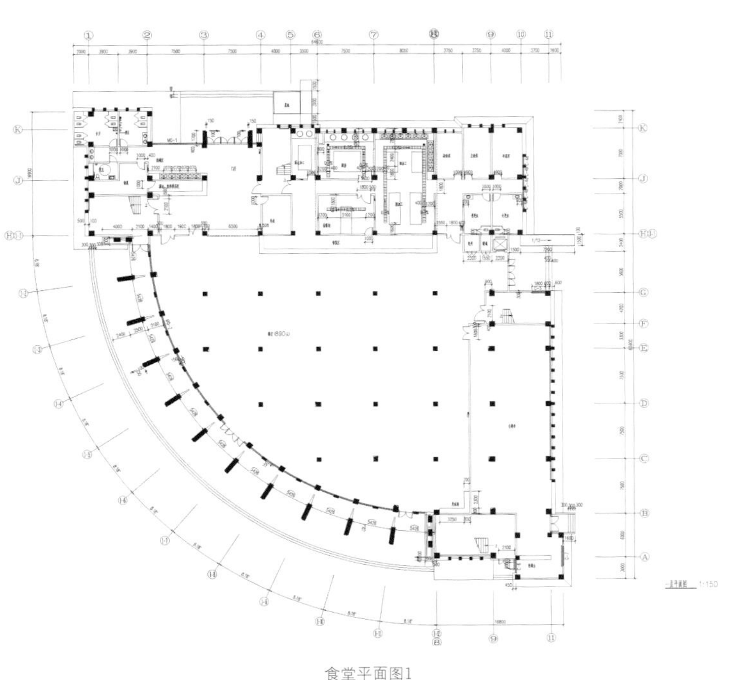

食堂平面图1

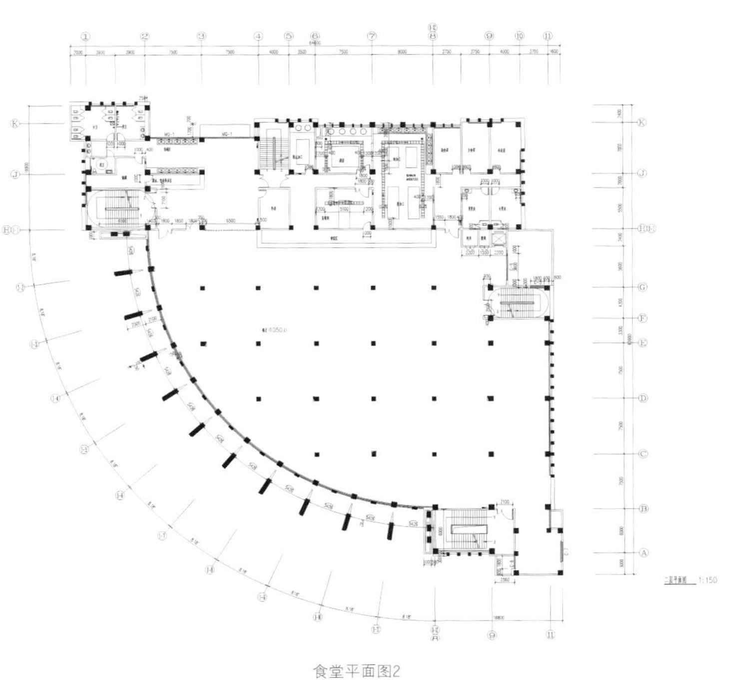

食堂平面图2

医疗建筑

海南省肿瘤医院

设计单位：CANNON DESIGN
坤龙建筑设计咨询（上海）有限公司
项目地点：中国海南省海口市
用地面积：230 000平方米

设计师将海南肿瘤医院定位为一个世界尖端的治疗研究中心。为了使其成为世界一流的医院典范，从用户体验，到功能设计，再到建筑逻辑和施工，设计师都力争将东方和西方的专业知识和感知力进行融合，并纳入整个设计过程的方方面面。

为患者及其家属提供一种可以不受外界干扰而专注于治疗恢复的环境，已经成为一种越来越宝贵的资产，然而随着海口市对医院地块周围的开发进程，这项工作也将成为一项非常具有挑战性的工作。设计师的首要设计目标是营造一种内部花园氛围，使其与嘈杂的城市环境相隔绝，成为一个温柔和自然的康复中心。在这里，开放式的庭院设计将指引访客及家属到达各自的目的地。设计中驾驶路线的概念也引起了设计师的注意。整个医院及其所环绕的各种元素都围绕着一个核心宗旨进行，即为人们提供一种归属感，转变患者及其家属的传统就医体验，进而创造一种清新自然的治疗和恢复环境。这一概念同时在整个设计过程的各个细节也得到了充分体现。

住院楼位于地块北部的裙房之上，与地块南部布置的康复中心、酒店和宿舍遥相呼应，形成了对整个地块的一种包围感。功能分区及流线也进行了清晰的划分，其中机动车流线主要位于地块的外围专用道路上，从而使人行道可以自由分布于地块的中心区域，通过这种方式，在整个园区的内部空间内，人们所看到的将不是传统的“医院”感觉，而是突出患者和访客所处的庭院环境，最大程度地避免由于医院的运营而对患者的康复所产生的负面影响。后勤交通以及大部分停车场都位于地下，同时对于清洁物品和医疗废物的接入点都进行了明确的区分。

医院的一层以及其他辅助功能都围绕着“入口”这一主要功能进行布置，以便使建筑的大部分功能可以轻巧地分布于景观之中。这种布局使设计师在一个庞大复杂的建筑功能系统中，成功地嵌入了一个宁静安逸的绿色庭院。通过一系列的人行天桥，人们可以轻松地到达建筑以及各个功能分区中，在保留了花园式治愈体验的同时，又为到达医院的各个功能分区提供了高效的流线系统。

从局部来看，医院环绕庭院的布局方式同时也在各个独立单元之中得以延伸，酒店、康复中心、宿舍以及住院楼都配备了各自的绿色空间。

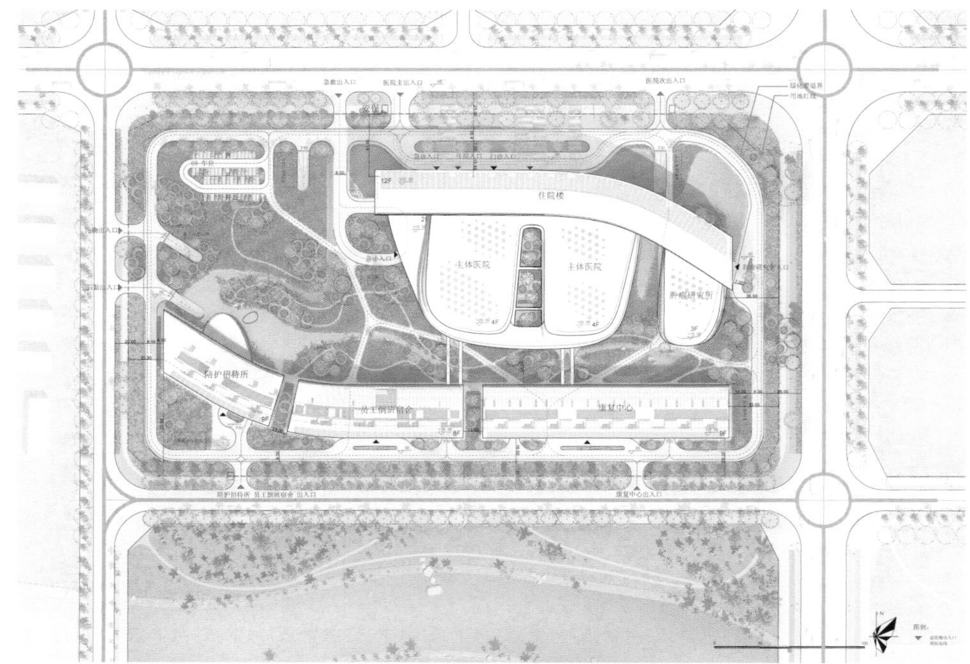

总平面图

剖面图 1

剖面图 2

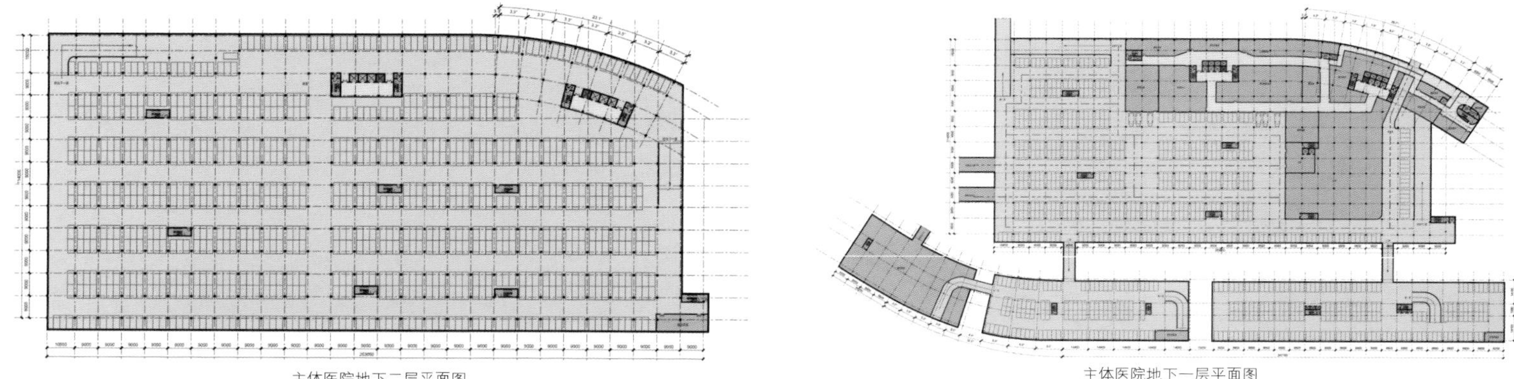

主体医院地下二层平面图

主体医院地下一层平面图

立面图 1

立面图 2

立面图 3

立面图 4

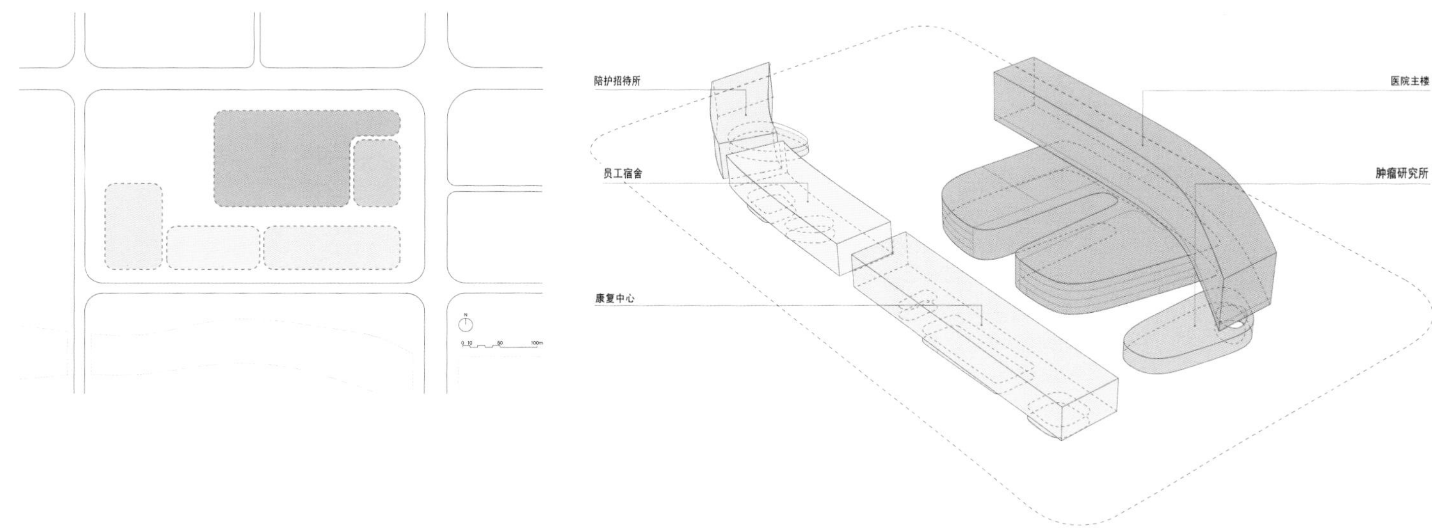

平面图

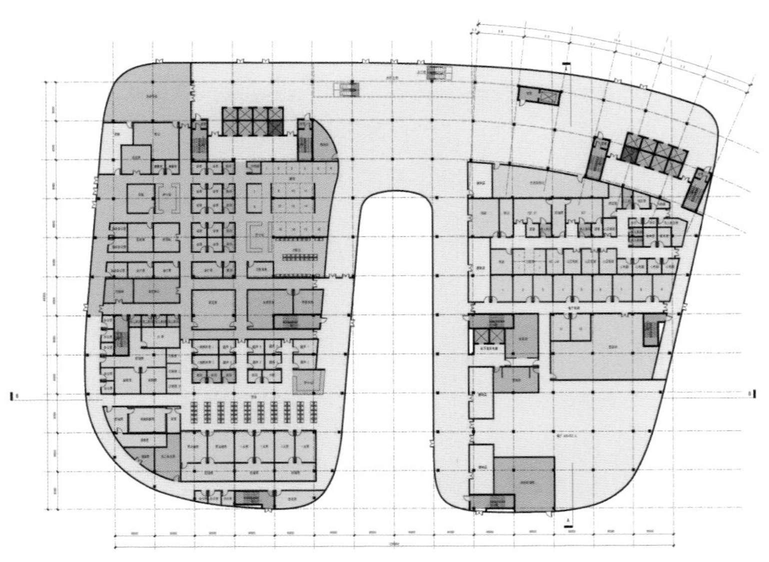

主体医院一层平面图

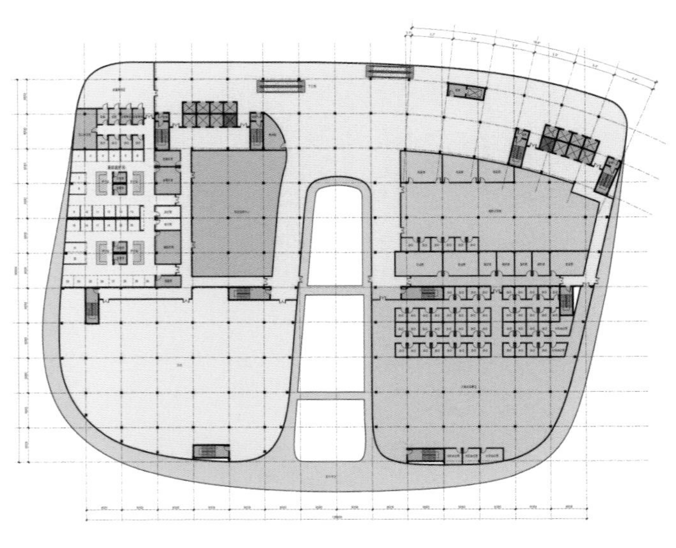

主体医院二层平面图

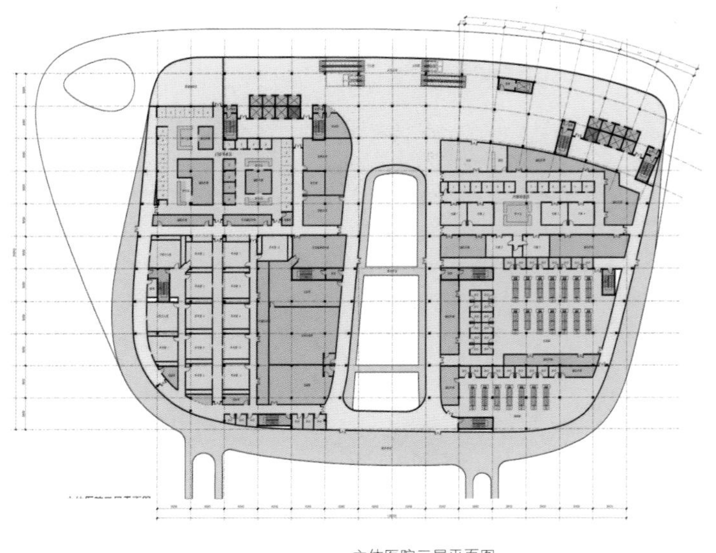

主体医院三层平面图

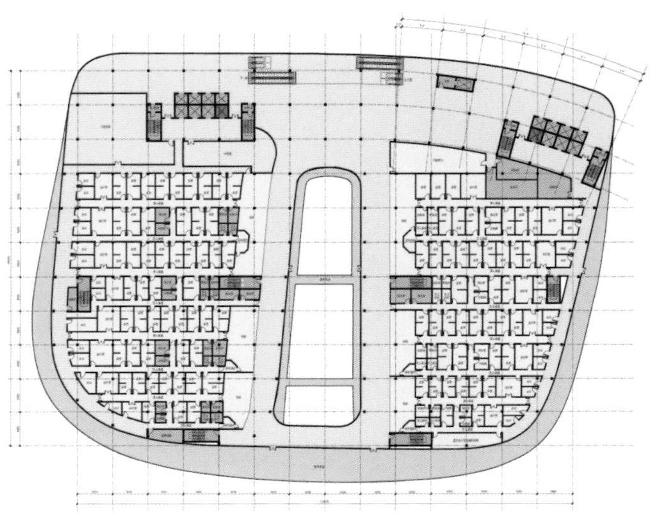

主体医院四层平面图

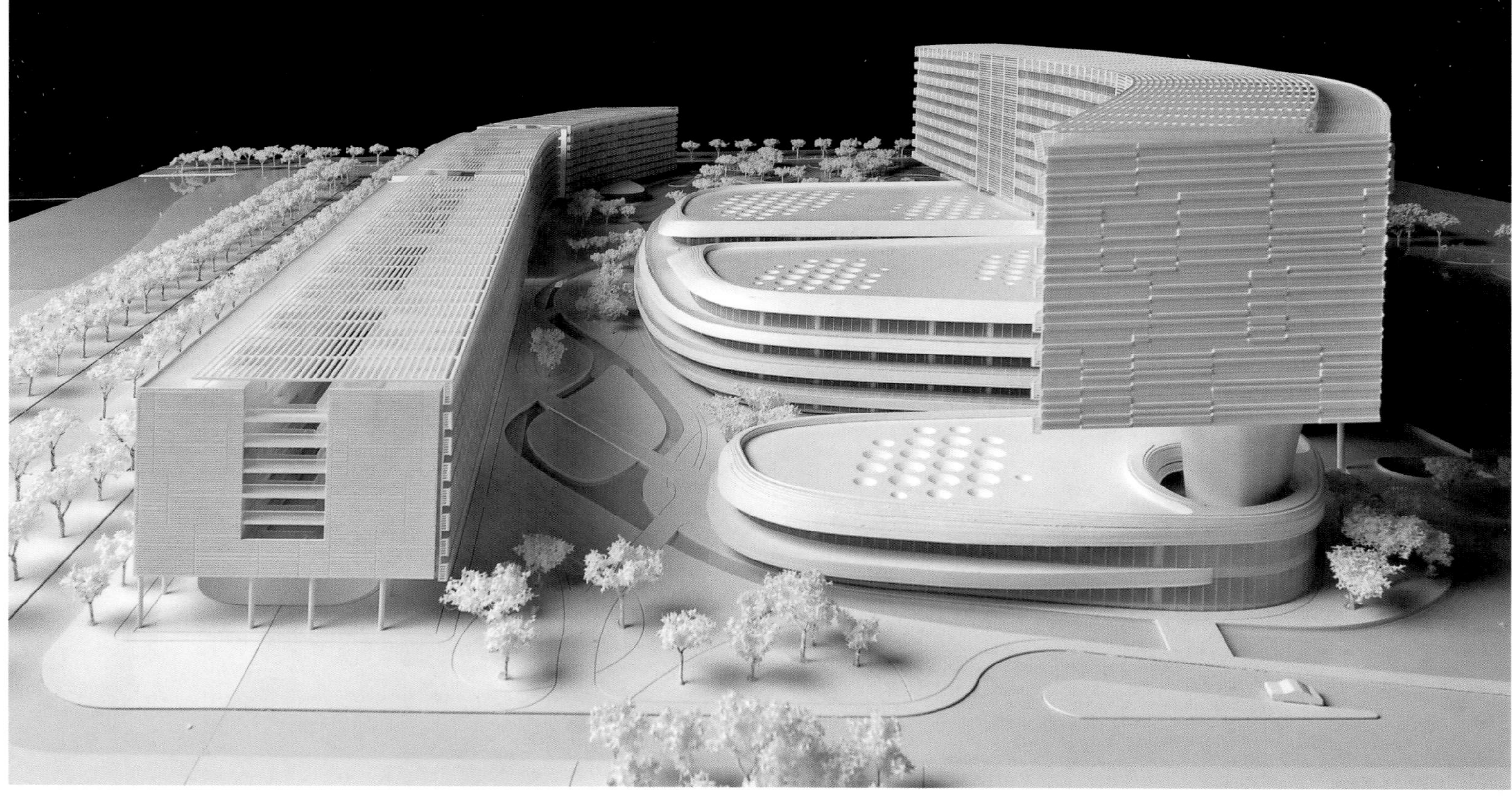

天津市人民医院三期建设项目

设计单位：CANNON DESIGN
坤龙建筑设计咨询（上海）有限公司
项目地点：中国天津市
用地面积：84 700平方米

天津市人民医院三期项目的设计主旨是为医院打造一个强有力的视觉冲击，同时在不影响美观的前提下保证与已有医院建筑的和谐统一。设计完美地实现了拥抱自然景观的同时结合原有的建筑元素。主要机动车和行人都由现有的南侧主入口进入医院，并垂直于中央广场形成一个强有力的轴线。三期建设提供了一个在视觉上赏心悦目的入口。总体效果是当人们来到医院时，首先看到一个郁郁葱葱的广场。现有的广场通过新加的南楼及新住院楼和基地西面毗邻津河的“津河公园”，得到了全新的诠释，以一种健康的生活平衡科学与自然的同时又致力于可持续发展的建筑设计理念。这个地标性塔楼的设计灵感来自于周边繁荣的建筑以及海河景色。塔楼的形式兼顾了横向和纵向的各种元素。已有的龟形延伸出来后，在平面上继续形成裙房后向上拔地而起，转换成为连贯的垂直形式，进而使这个朝南的塔楼更加突出。连贯的L形平面一直延伸到地块的西侧边缘，成为这一地块的主轴线。这种有机的地面形式象征着对大地灵气的吸收，并且优雅的灌输到北侧的龟形已有建筑中。这个巨大的层叠的裙房构成了一个公共大厅的功能体块为医疗服务提供了各种空间和设施。无论是从平面还是从剖面来看，扩建部分的各个功能分区和已有的医院建筑都通过一种简洁的方式进行连接，确保医院的各种功能都围绕着一个主要核心大厅布置，使访客、患者和医护人员都可以围绕着这一核心区域从事各项工作。

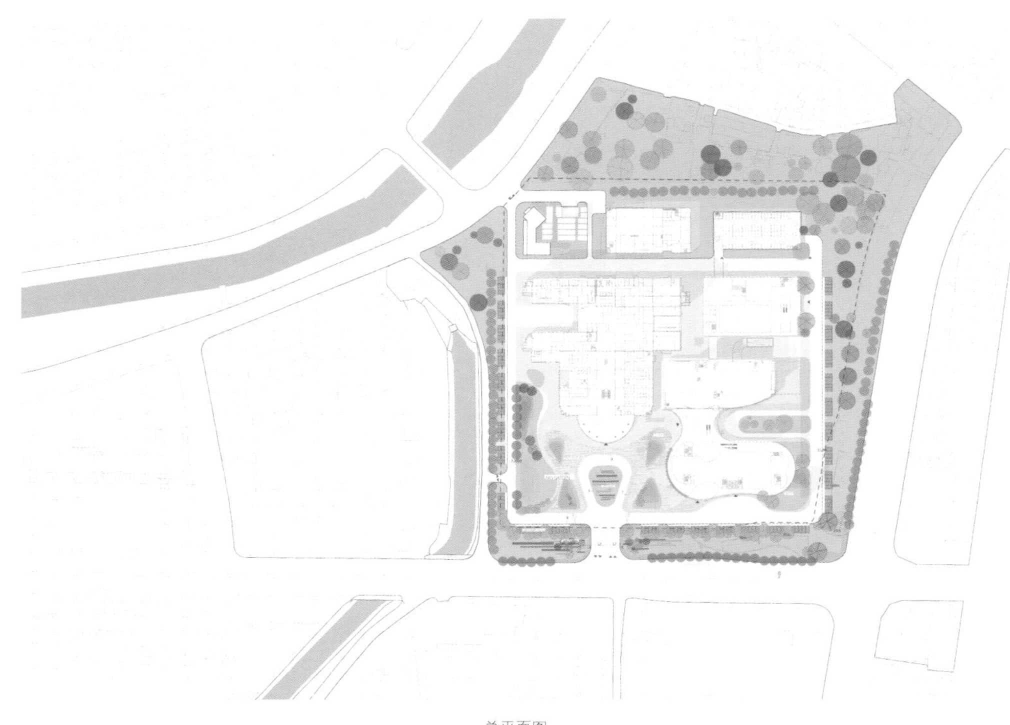

总平面图

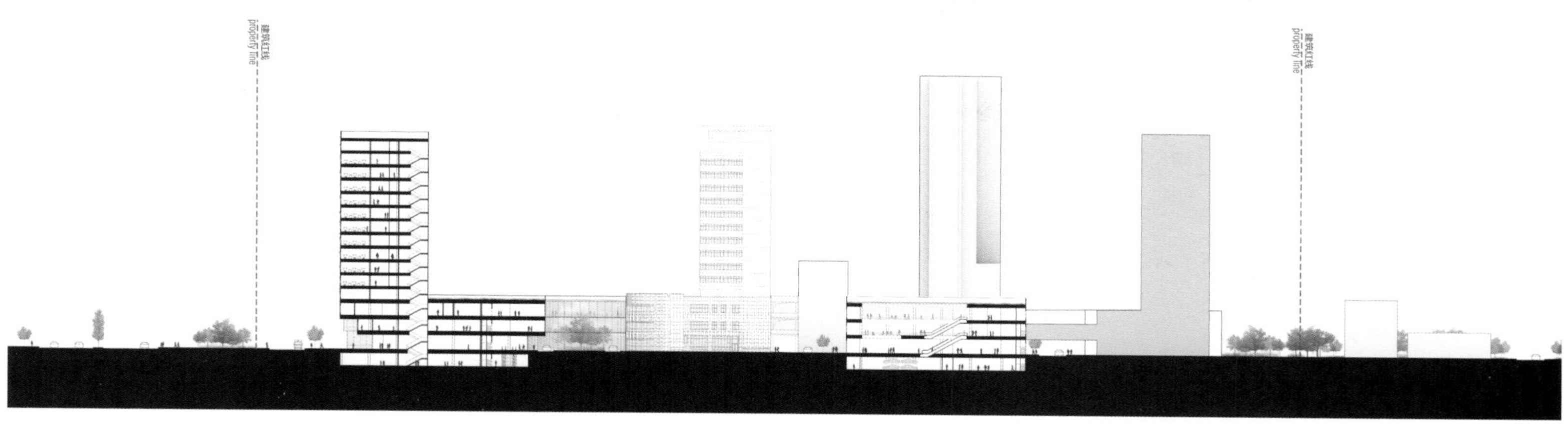
建筑红线
property line
建筑红线
property line

剖面图 1

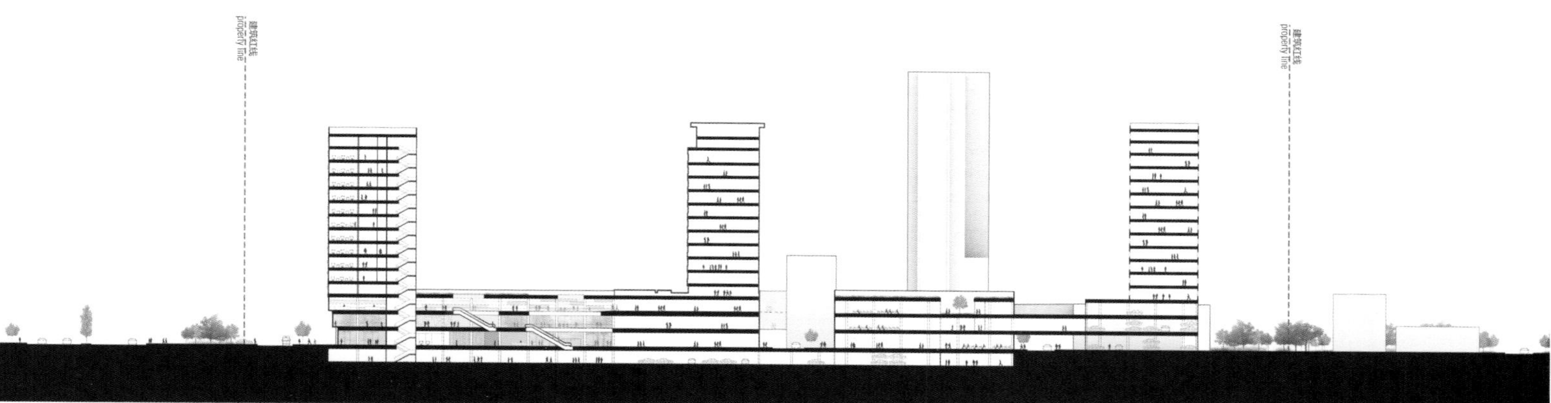
建筑红线
property line
建筑红线
property line

剖面图 2

东立面图

西立面图

南立面图

北立面图

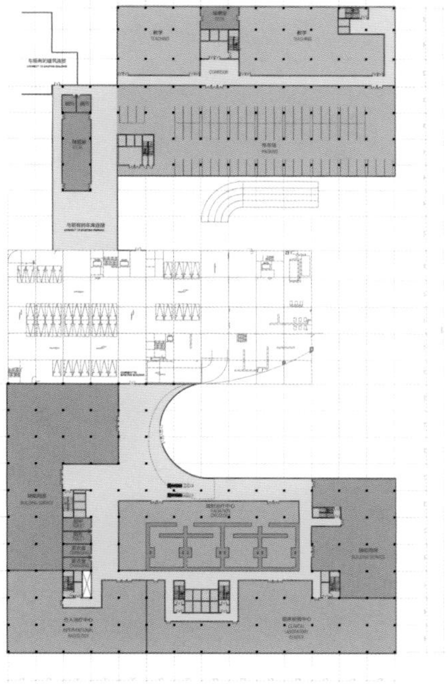

地下一层平面图

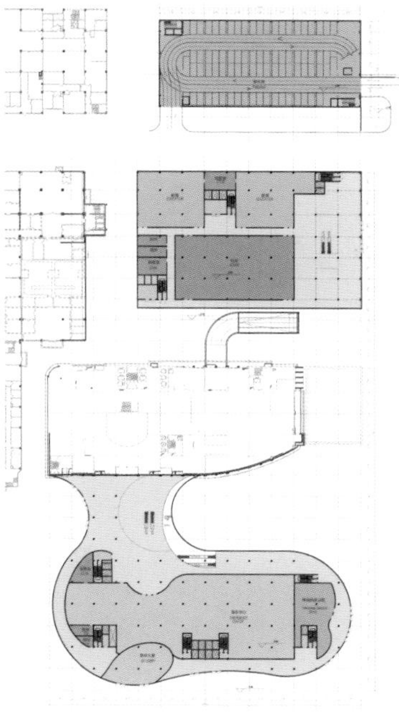

一层平面图

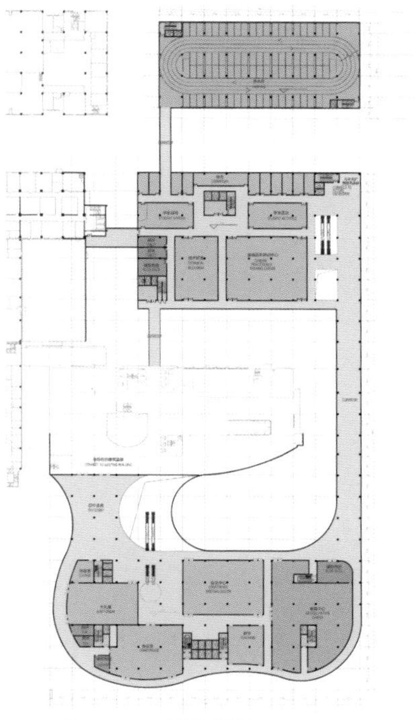

二层平面图

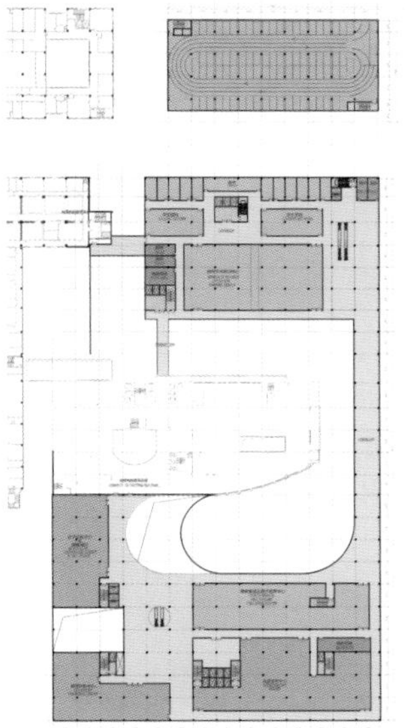

三层平面图

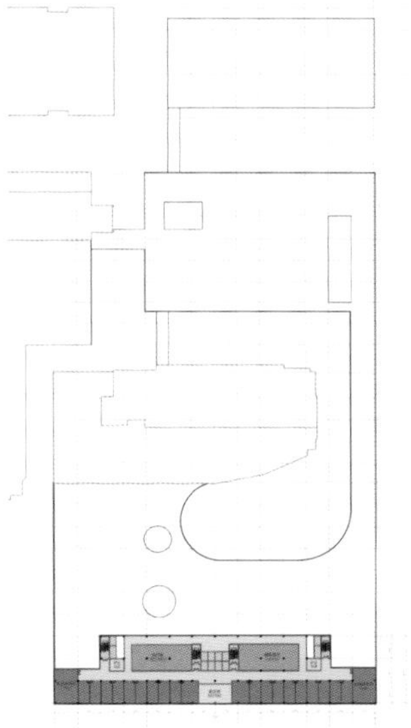

标准层平面图

苏州工业园区公共卫生中心

设计单位：苏州工业园区设计研究院股份有限公司
项目地点：中国江苏省苏州市
用地面积：27 855平方米
建筑面积：30 828平方米

空间结构

园区公共卫生中心整体由综合业务楼、检验楼、体检中心和应急中心四部分组成。

综合业务楼、检验楼组合成一个整体布置在地块南侧，起到点明形象的作用。

体检中心布置在地块西北侧，靠近地面停车场，方便使用。应急中心布置在东北侧，共同围合成花园。

建筑造型

建筑造型设计采用直线倒角的圆润手法，流畅、自然，避免生硬、呆板，给使用者带来了愉悦的心理感受。

立面设计中采用条形窗，避免玻璃幕墙的使用，从而减少周围噪声对室内环境的影响，方案设计从基地环境和基地与城市关系入手，希望创造一座内向型的花园。

立面设计

立面中条形窗的变化，依据对建筑外表面热辐射量的模拟分析，根据建筑外表面热辐射量的多少形成宽窄不一的丰富变化。

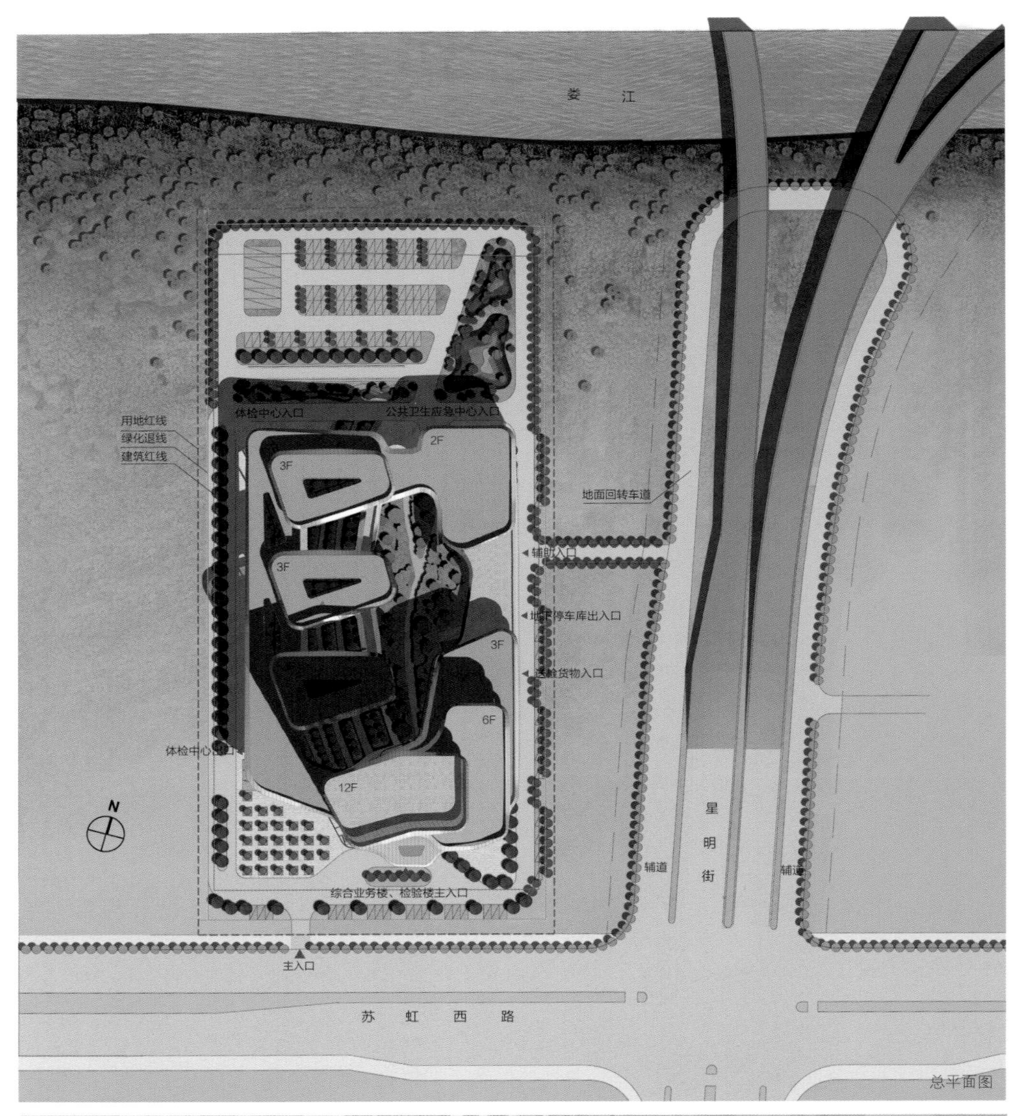

总平面图

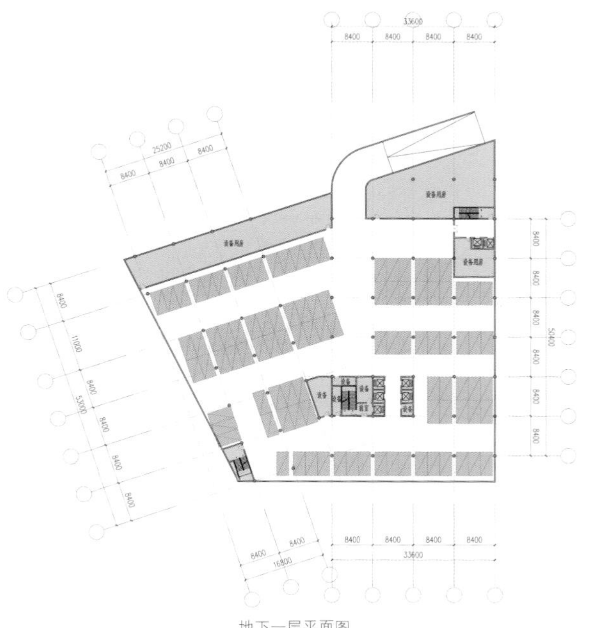

地下一层平面图

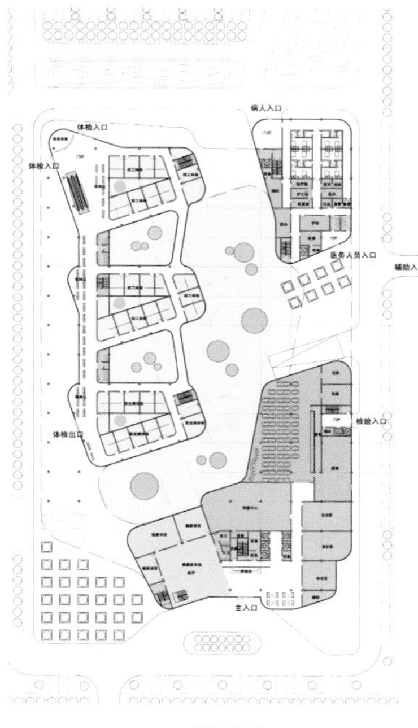

一层平面图

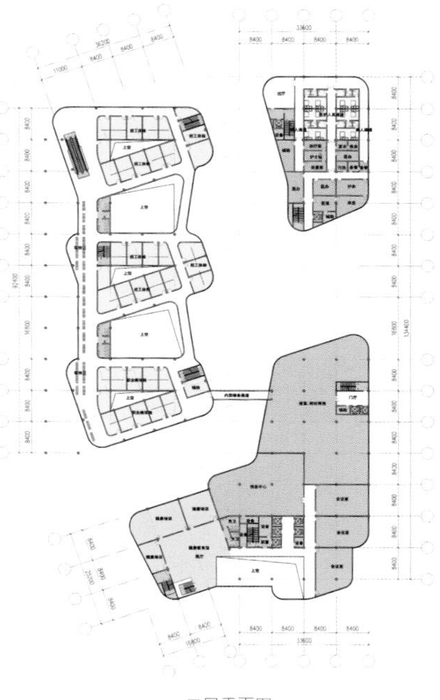
二层平面图

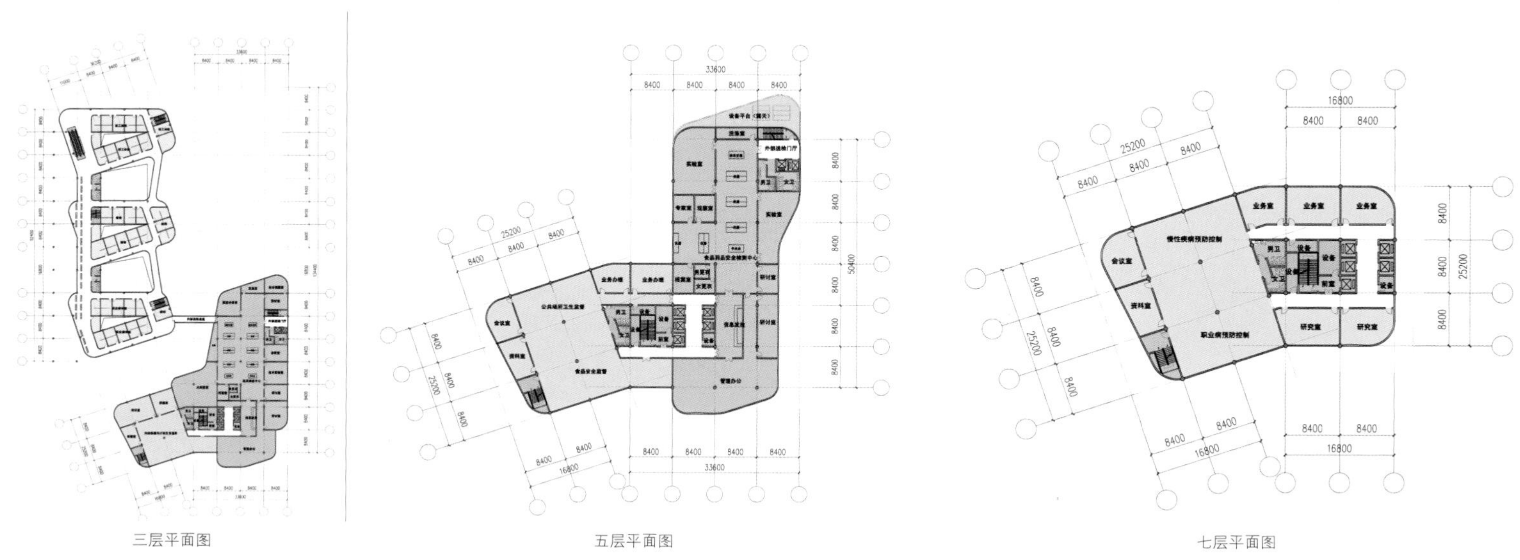

三层平面图

五层平面图

七层平面图

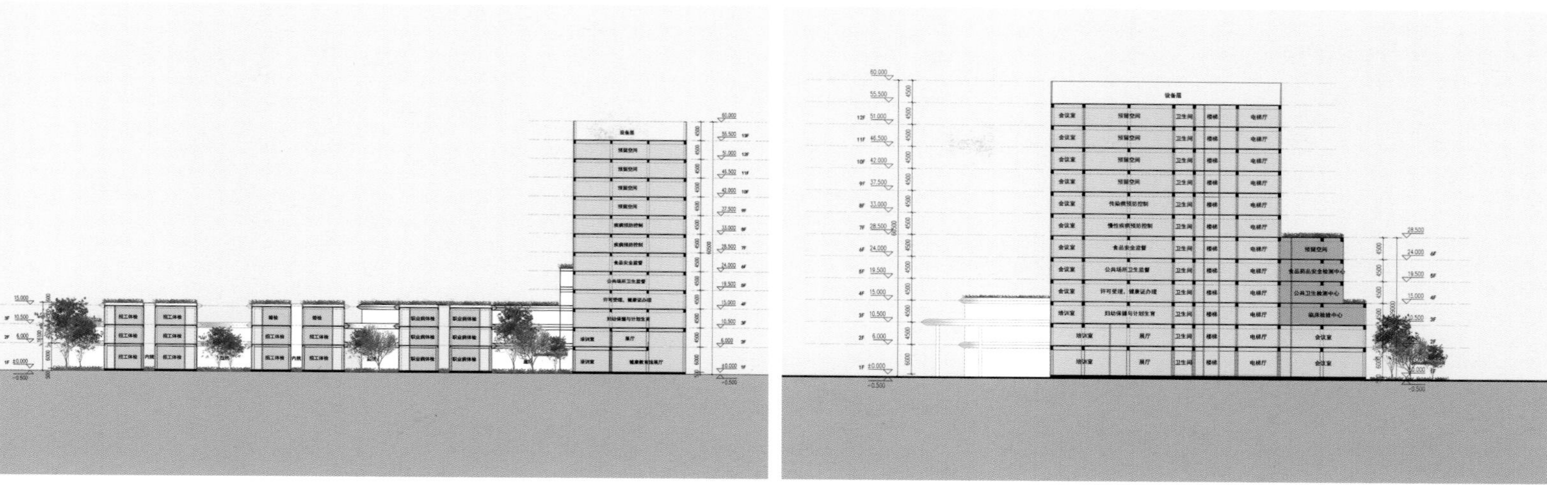

剖面图 1

剖面图 2

苏州高新区人民医院

设计单位：苏州设计研究院股份有限公司
合作单位：美国HKS设计事务所
设 计 师：杜晓军、徐贝、章伟、Luhrs、Dan、Ella、袁陈悦
项目地点：中国江苏省苏州市
建筑面积：90 098平方米
设计时间：2011年

项目位于苏州高新区华山路95号，是一项原址改扩建工程，用地面积43 969平方米，建筑面积90 098平方米。该项目的设计理念根植于苏州及其历史传承，采用了苏州印象中的基本元素——水作为设计主题贯穿于整个项目，并最终选取鲤鱼作为水的具体表现形式。运用与鲤鱼的联系，不仅可以让建筑表达和谐、冷静、平衡、好运等美好的寓意，更是可以让人们通过建筑所使用的环境，感受到建筑传达出来的坚定和韧性。

为体现大型综合医院对患者的关怀，设计中充分尊重医疗流程，合理规划各功能分区的位置布局，使联系紧密的科室尽量相邻布置，通过合理地动线设置来保证就诊秩序。各功能区做到医患分区、节污分流，将面向患者的公共区域和非公共区域分开，为各类患者固定流程路线，减少交通压力和交叉感染。此外，设计中还根据不同科室的功能特点和需求，分别采用国内、外不同的设计手法，力求打造出舒适、明亮的医疗环境，为医护人员提供便捷舒适的工作环境，为病患及家属提供一种平静心灵的就医探访环境。

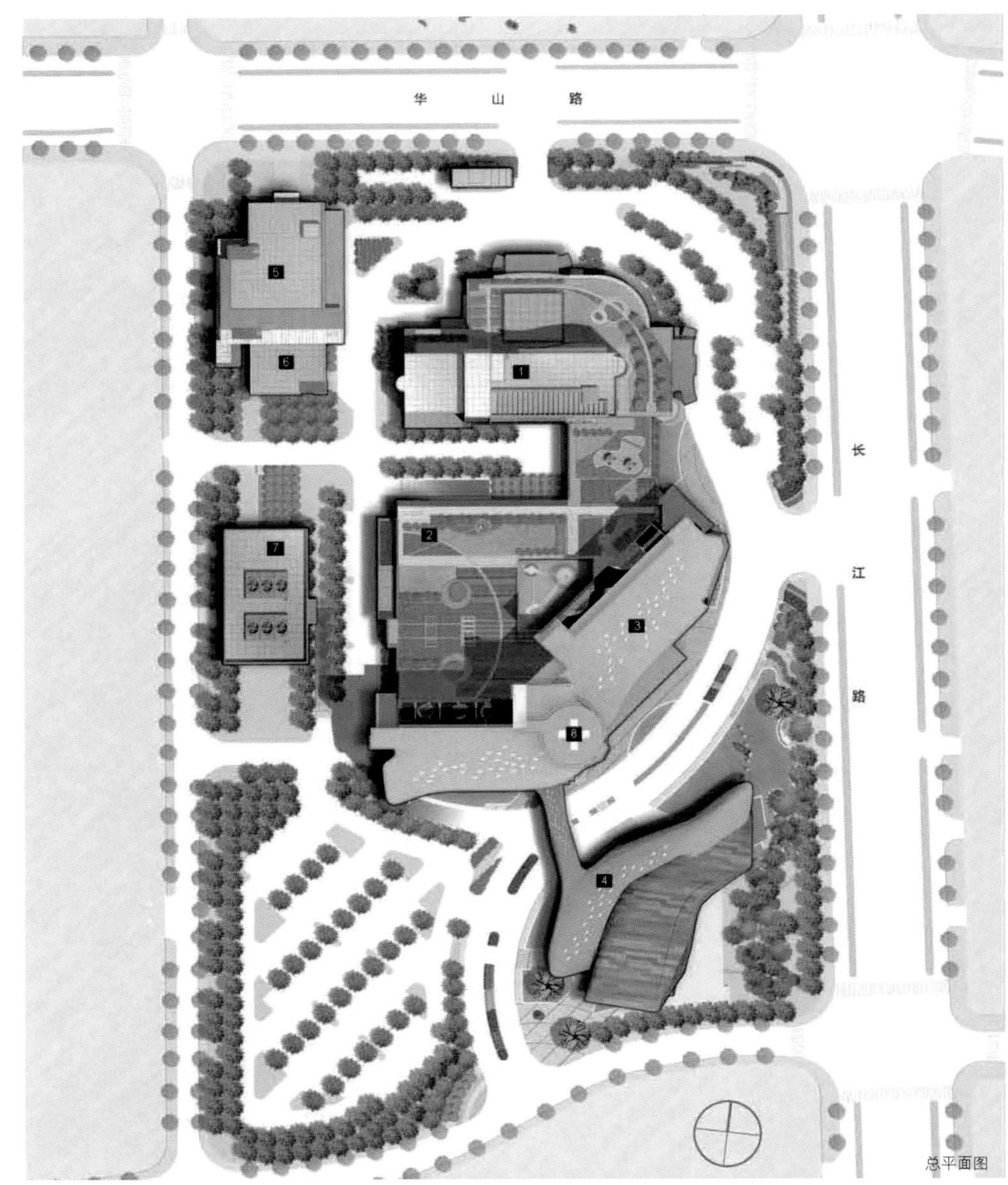

总平面图

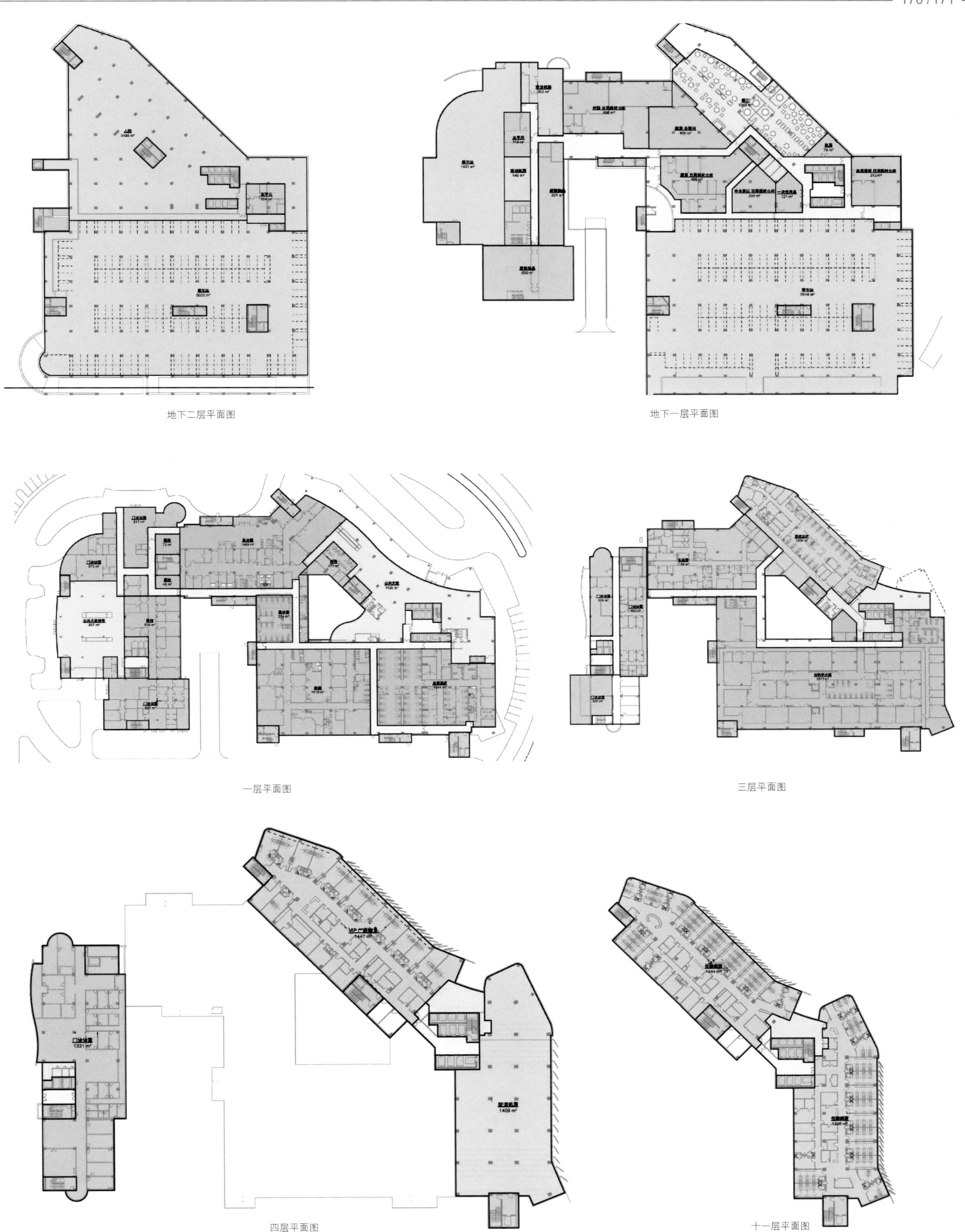

地下二层平面图

地下一层平面图

一层平面图

三层平面图

四层平面图

十一层平面图

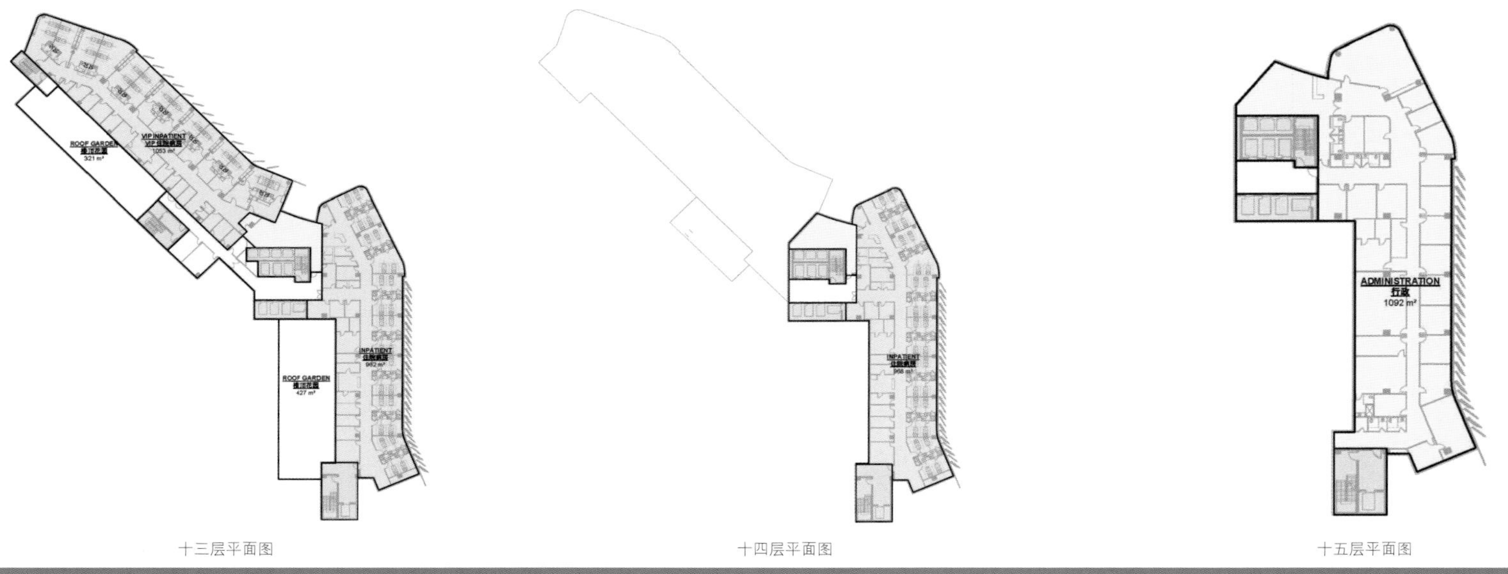

十三层平面图　　十四层平面图　　十五层平面图

剖面图 1

剖面图 2

剖面图 3

立面图

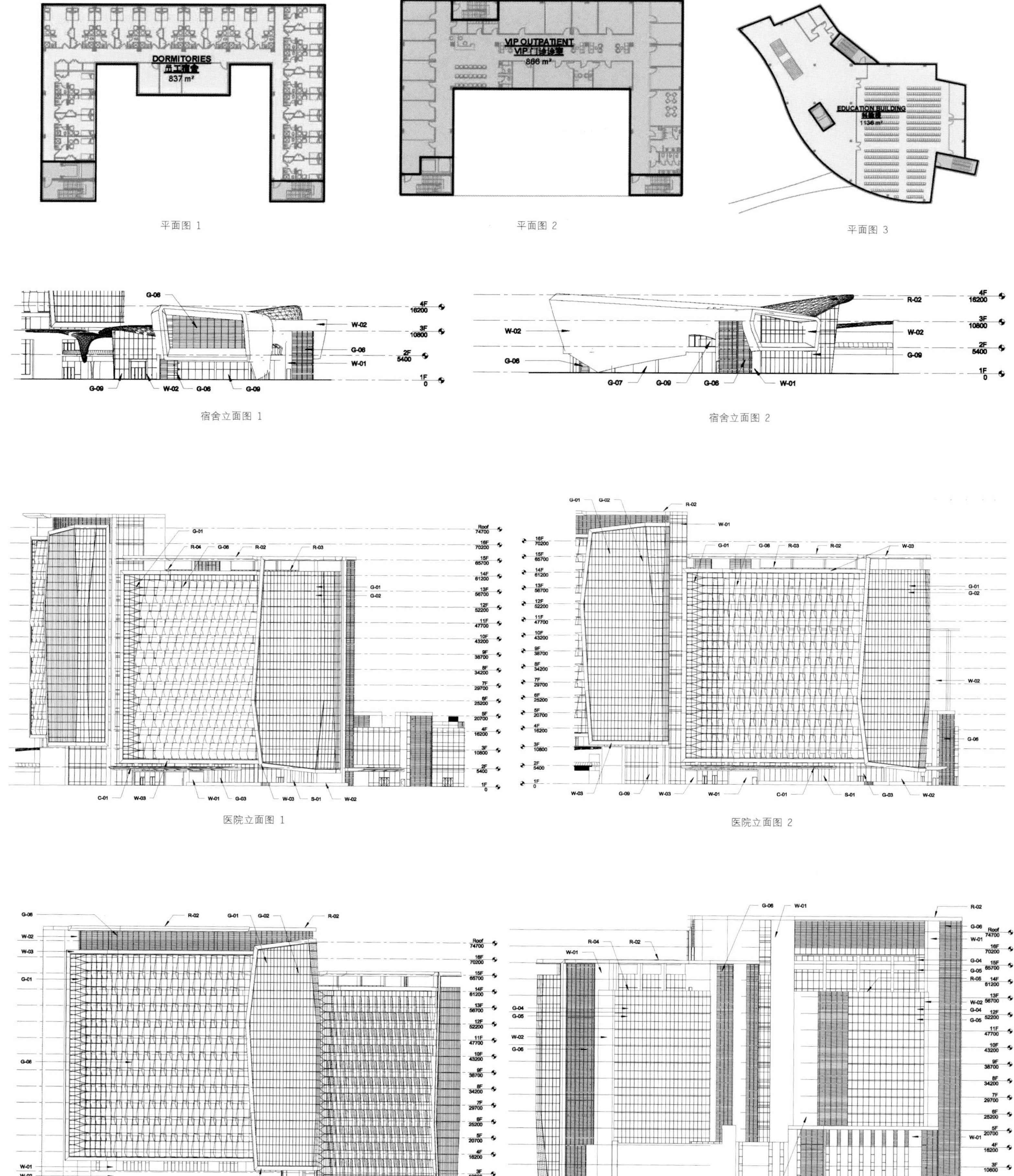

平面图 1

平面图 2

平面图 3

宿舍立面图 1

宿舍立面图 2

医院立面图 1

医院立面图 2

医院立面图 3

医院立面图 4

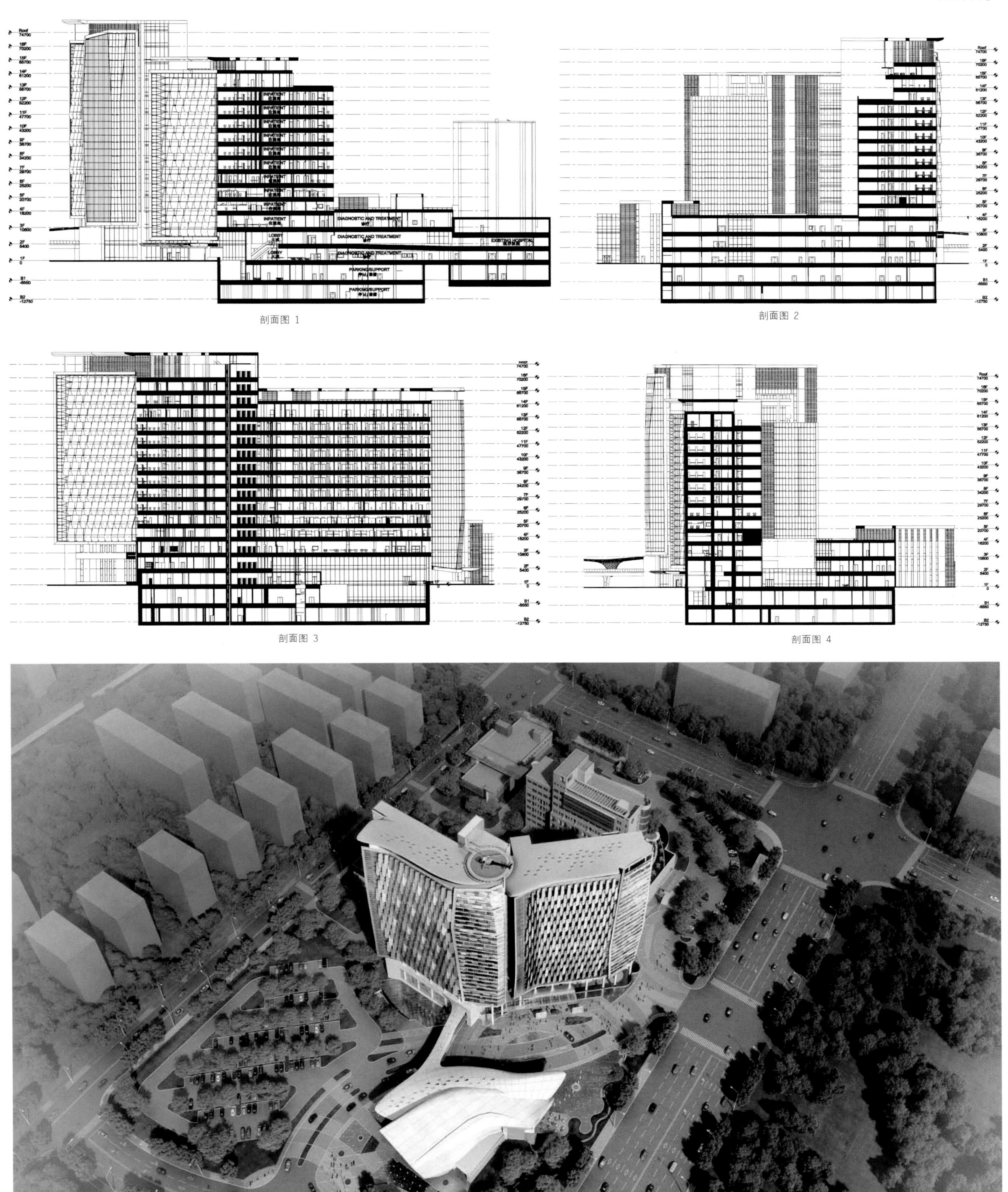

剖面图 1

剖面图 2

剖面图 3

剖面图 4

太仓市港城医院

设计单位：苏州设计研究院股份有限公司
建 筑 师：查金荣、蔡爽、吴卫保、张斌
项目地点：中国江苏省太仓市
建筑面积：70 505平方米
设计时间：2012年

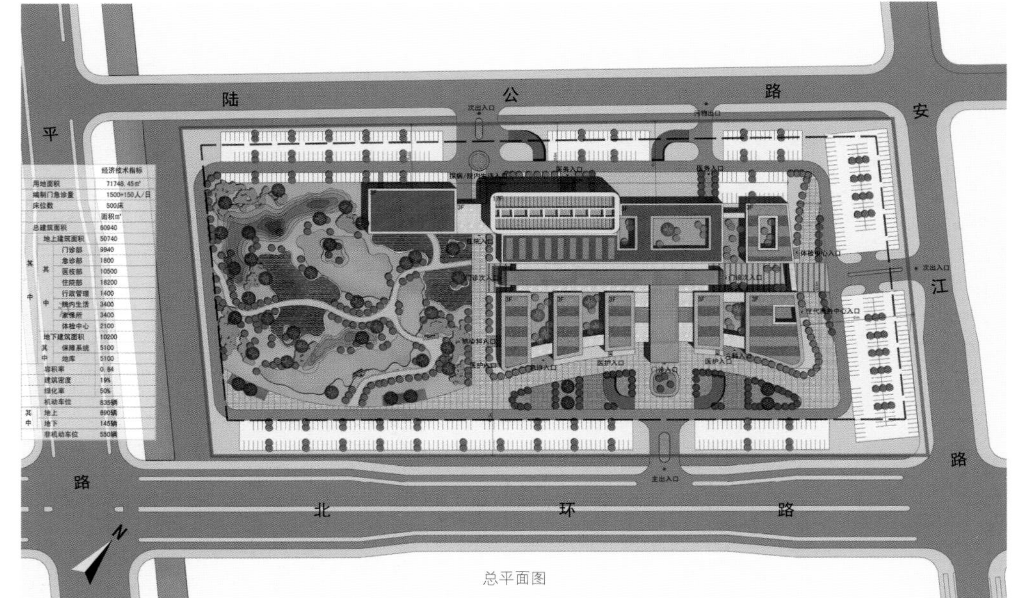

总平面图

本工程位于太仓市港城区核心地带，在北环路以北、平江路以东、陆工路以南、安江路以西。整个建设用地面积71 674平方米，设计床位500张。项目总建筑面积70 505平方米，其中地上建筑面积59 144平方米，地下建筑面积11 361平方米。项目建设主要内容为门急诊、医技、病房、行政、会议、后勤保障、院内生活、世代服务及其他公共卫生配套设施的二级甲等综合性医院。

以科学合理的宏观流程整合全院功能分区。强调医院各功能区域的适应性、灵活性。以人为本，为病人、家属、医护、后勤和管理人员提供优良的室内外空间环境。

设计引入“自由呼吸式建筑”的概念，内庭院设计一个个绿色、新鲜、阳光的庭院单元，使其贯穿于整个规划设计中，像一个个肺泡在整个医院院区内起到“呼吸”作用，不仅提高了院区的空气质量，而且保证了建筑内部的自然采光，给予病人、医护人员以从视觉到心灵感受上的舒适阳光感。从而加快病患的康复，并提高医护的工作效率。

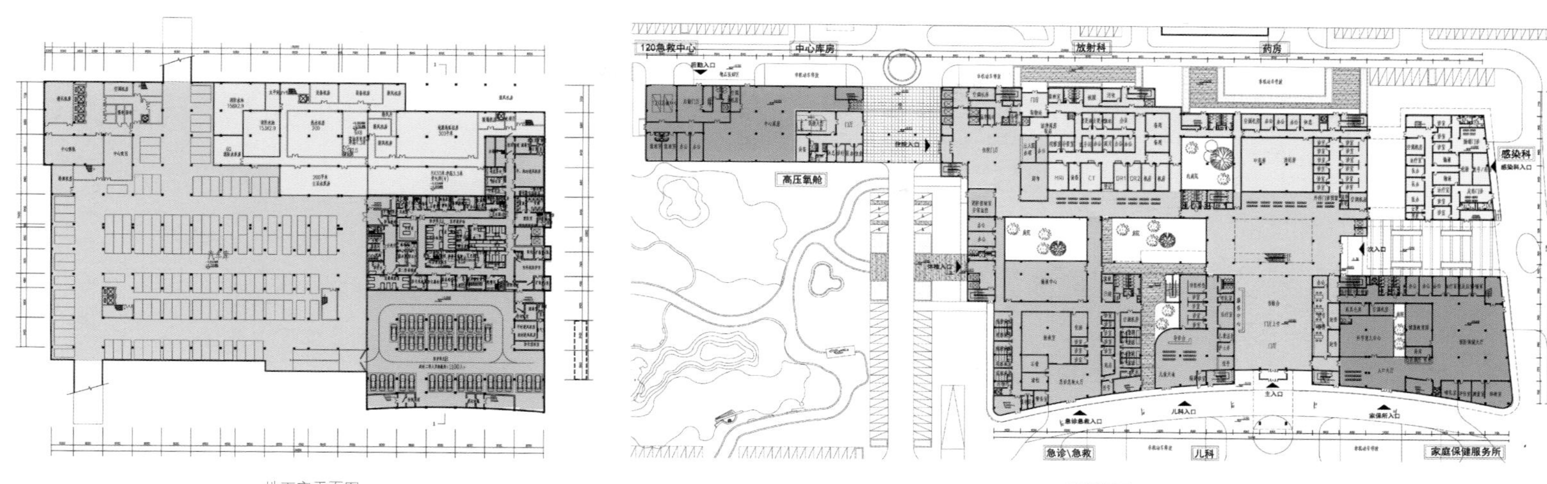

地下室平面图

一层平面图

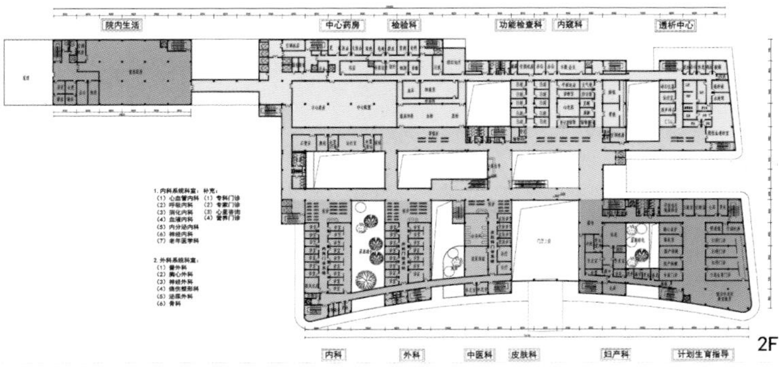

院内生活 中心药房 检验科 功能检查科 内窥科 透析中心

内科 外科 中医科 皮肤科 妇产科 计划生育指导

2F

二层平面图

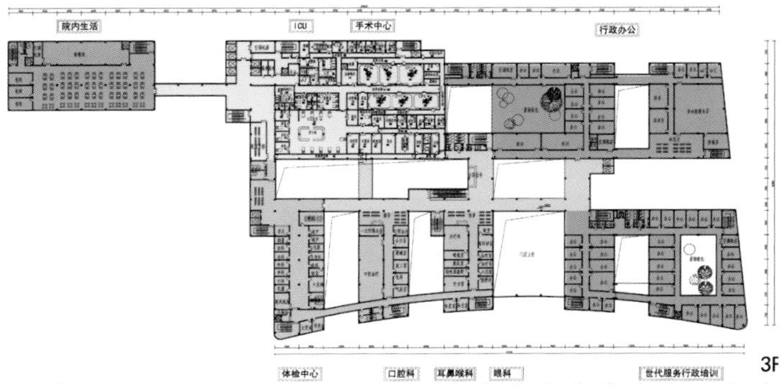

院内生活 ICU 手术中心 行政办公

体检中心 口腔科 耳鼻喉科 眼科 世代服务行政培训

3F

三层平面图

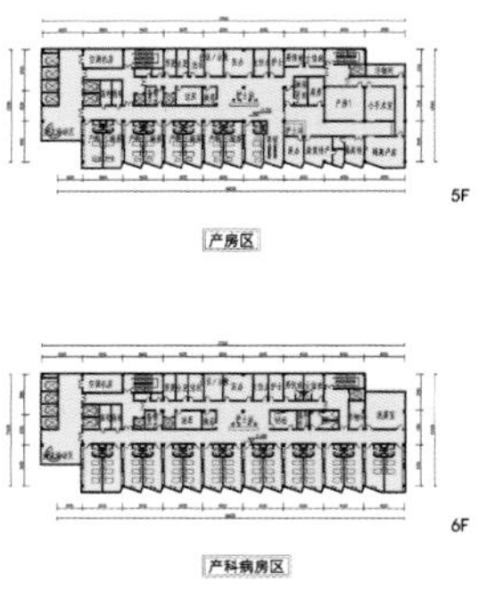

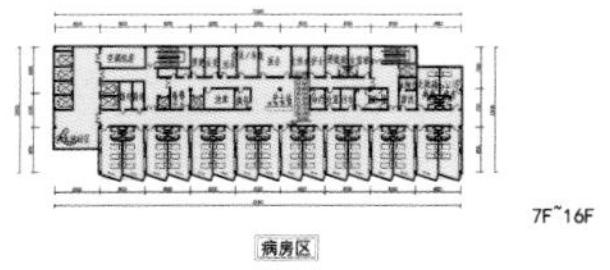

5F

产房区

7F~16F

病房区

6F

产科病房区

标准层平面图

宿舍区 设备区

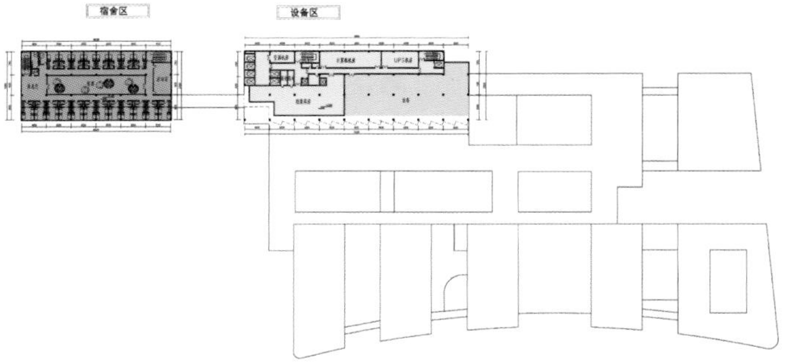

四层平面图

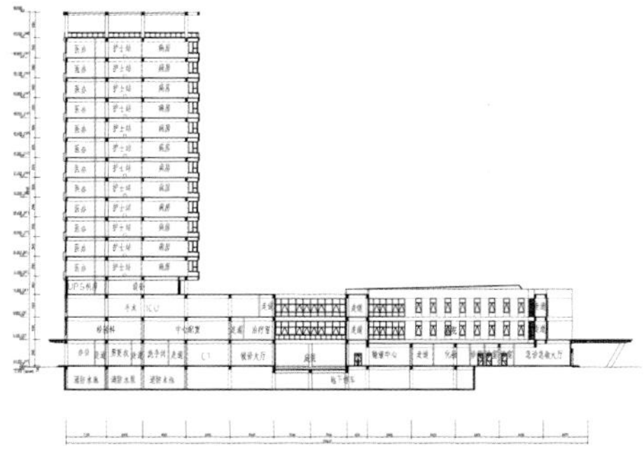

1—1剖面图

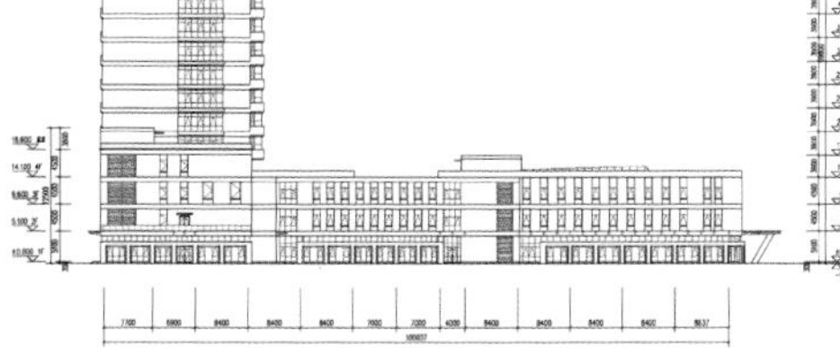

2—2剖面图

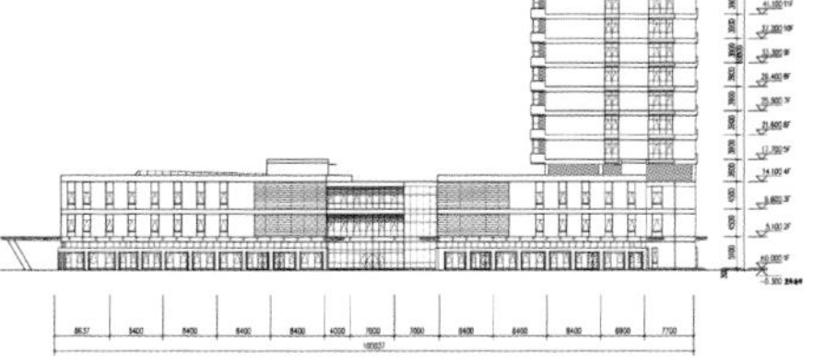

3—3剖面图

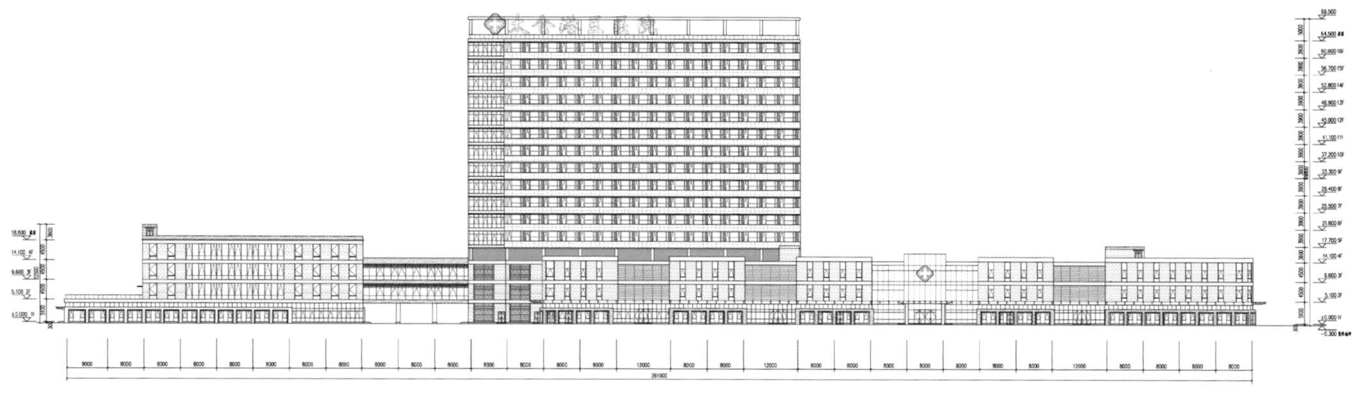

立面图 1

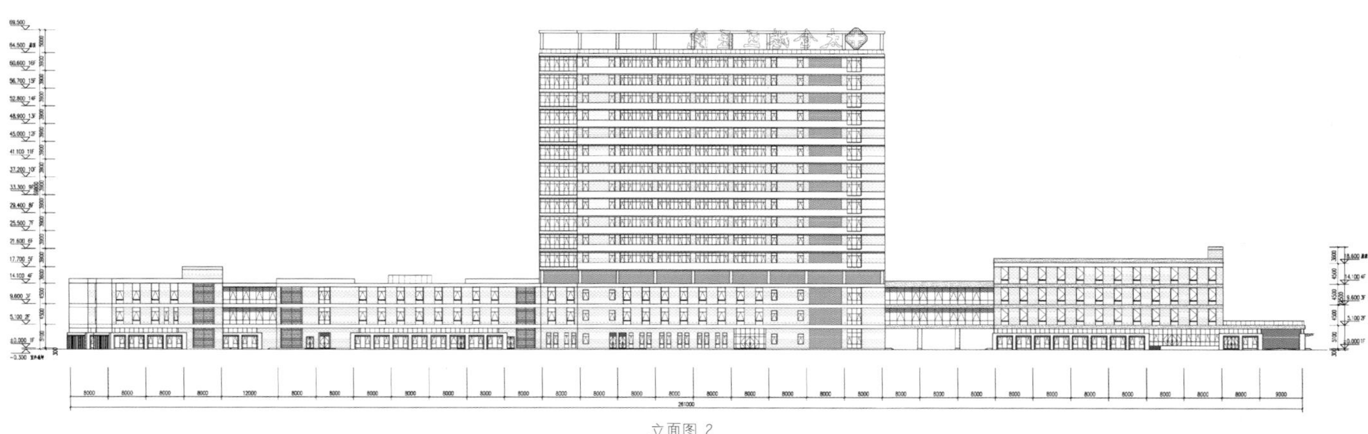

立面图 2

泰州市中医院

设计单位：苏州设计研究院股份有限公司
建 筑 师：查金荣、蔡爽、吴卫保、张斌
项目地点：中国江苏省泰州市
建筑面积：148 600平方米
设计时间：2012年

泰州市位于江苏省中部，是一座拥有2 000多年历史的文化名城。经过十多年的发展，泰州市已成为一座新兴的现代化城市。本项目为满足人民群众日益增长的医疗服务需要，拟规划用地面积为116 953平方米，建筑面积达148 600平方米，目标是建成一座集医疗、教学、科研、预防保健为一体的综合性三级甲等中医院。

针对用地现状，将周边资源进行整合，在规划布局、建筑造型以及景观设计中采用多样化手段予以呼应，着力打造绿色生态园林环境，且具有中医文化特征的地标性现代中医院建筑。

中医独特的治疗体系反应的是一种平衡、循环、取法自然的诊疗方式，这种特性和可持续发展的绿色生态设计具有相同的本质，所以在规划布局上希望利用合理的建筑布局和适度的园林绿化设置带来更加自然生态的医院环境。

深刻挖掘中医文化以及中医诊疗特色，合理布局中医院特征功能区，并设计中医文化特征的建筑形式，打造独特的建筑主入口形象。中心绿化区的百草园就是用园林手法设计的中医药草展示生态园，兼具中医文化展示的功能。

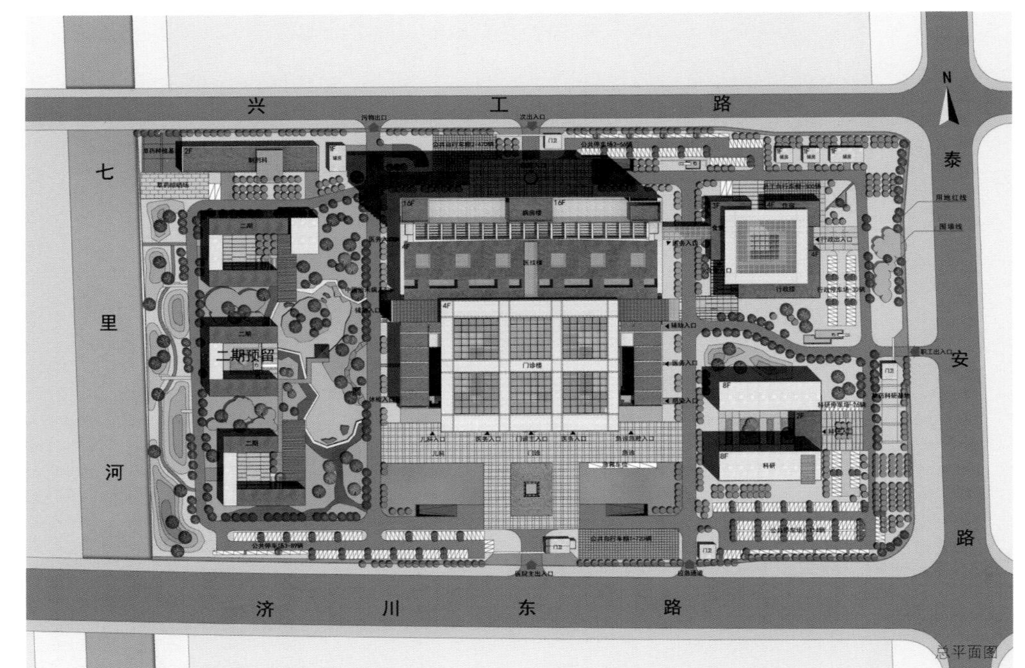

总平面图

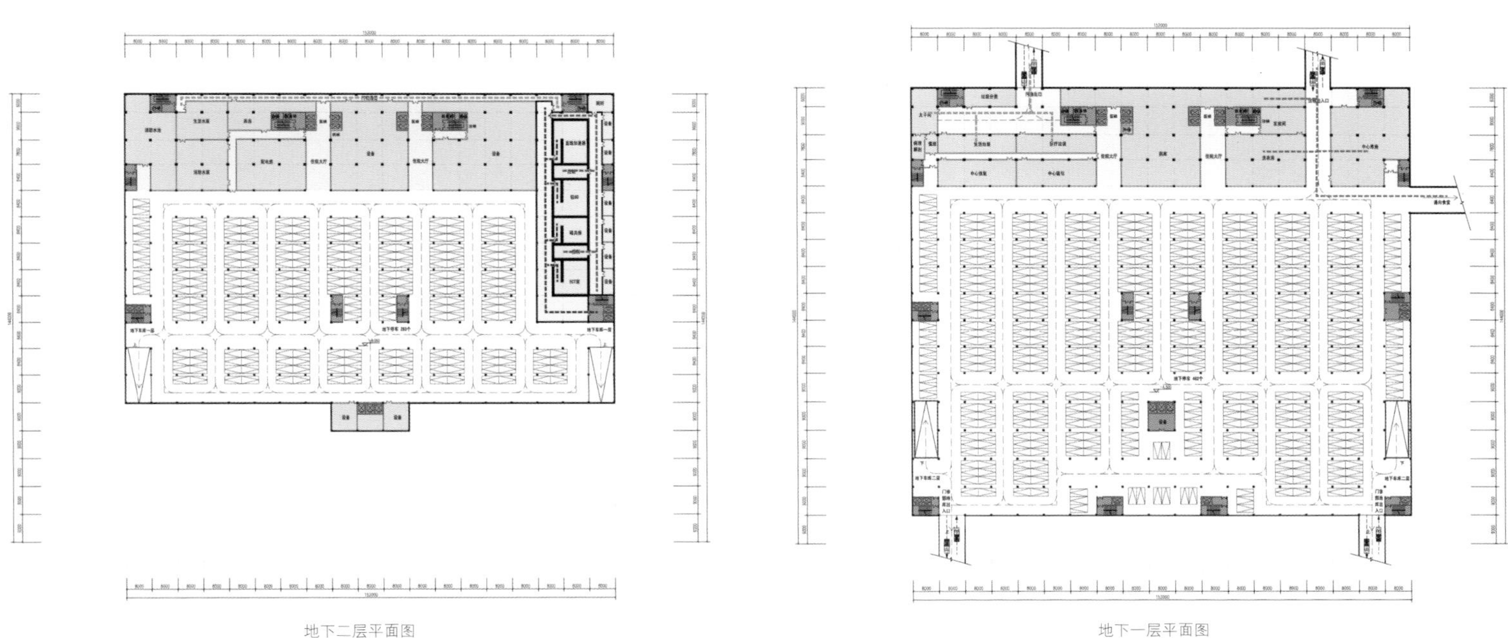

地下二层平面图　　　　地下一层平面图

鸟瞰图

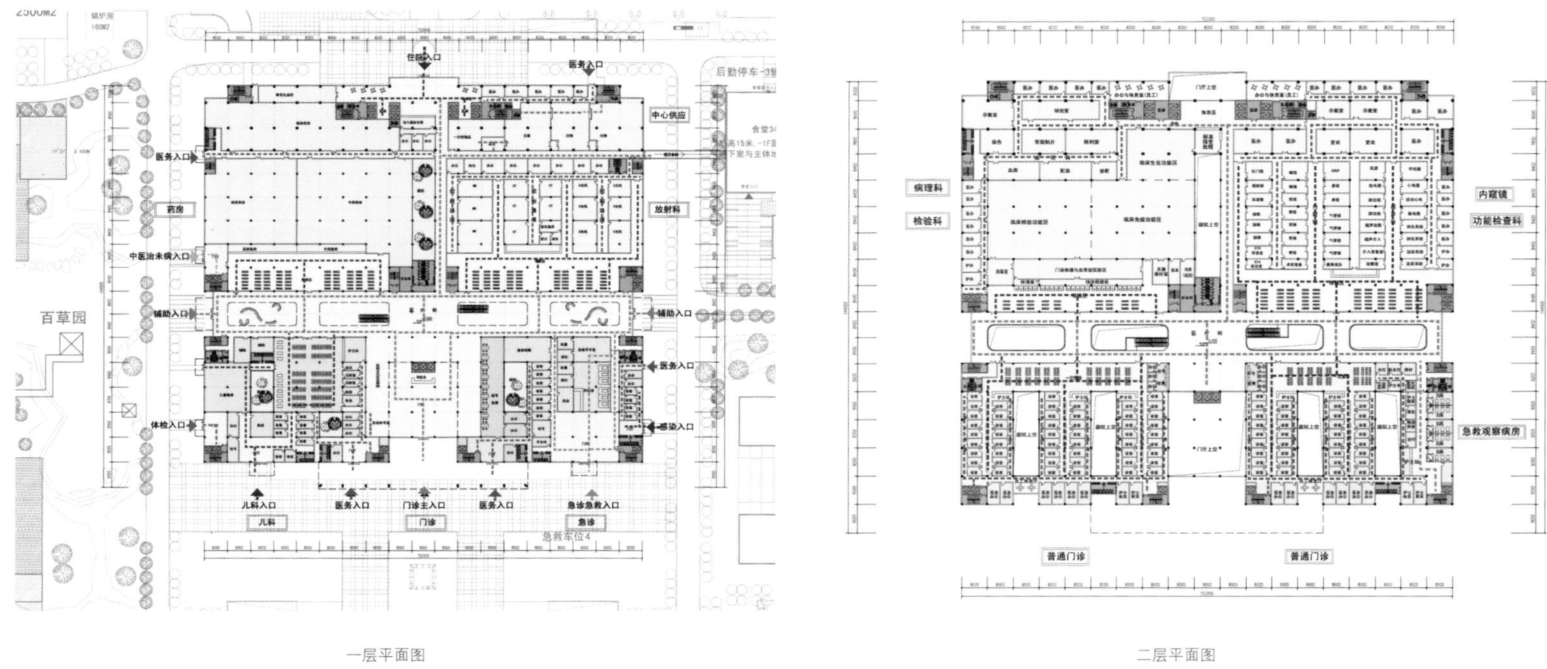
住院入口
医务入口
中心供应
医务入口
药房
放射科
中医治未病入口
辅助入口
辅助入口
百草园
医务入口
体检入口
感染入口
儿科入口
医务入口
门诊主入口
医务入口
急诊急救入口
儿科
门诊
急诊
病理科
检验科
内窥镜
功能检查科
急救观察病房
普通门诊
普通门诊

一层平面图

二层平面图

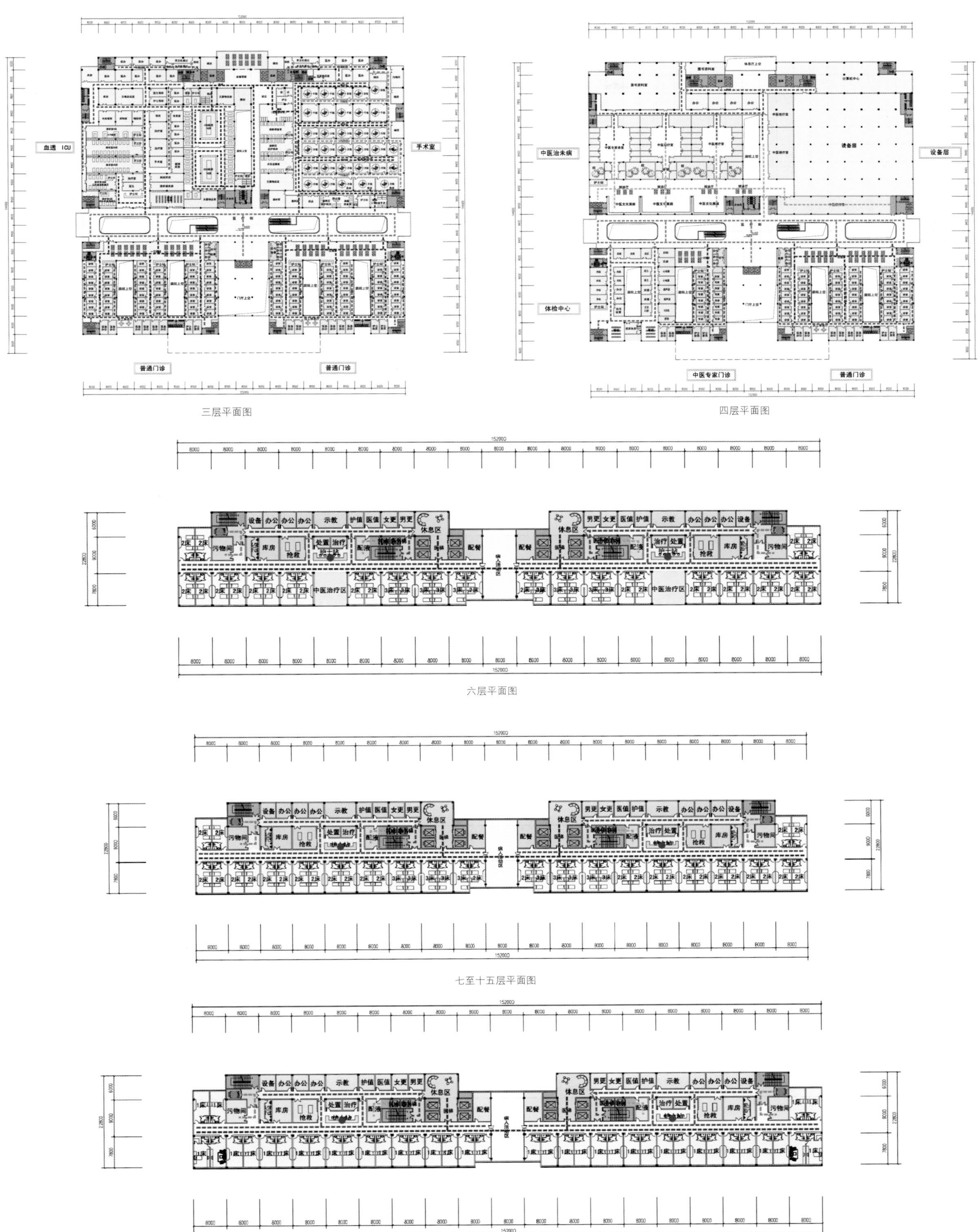

三层平面图

四层平面图

六层平面图

七至十五层平面图

十六层平面图

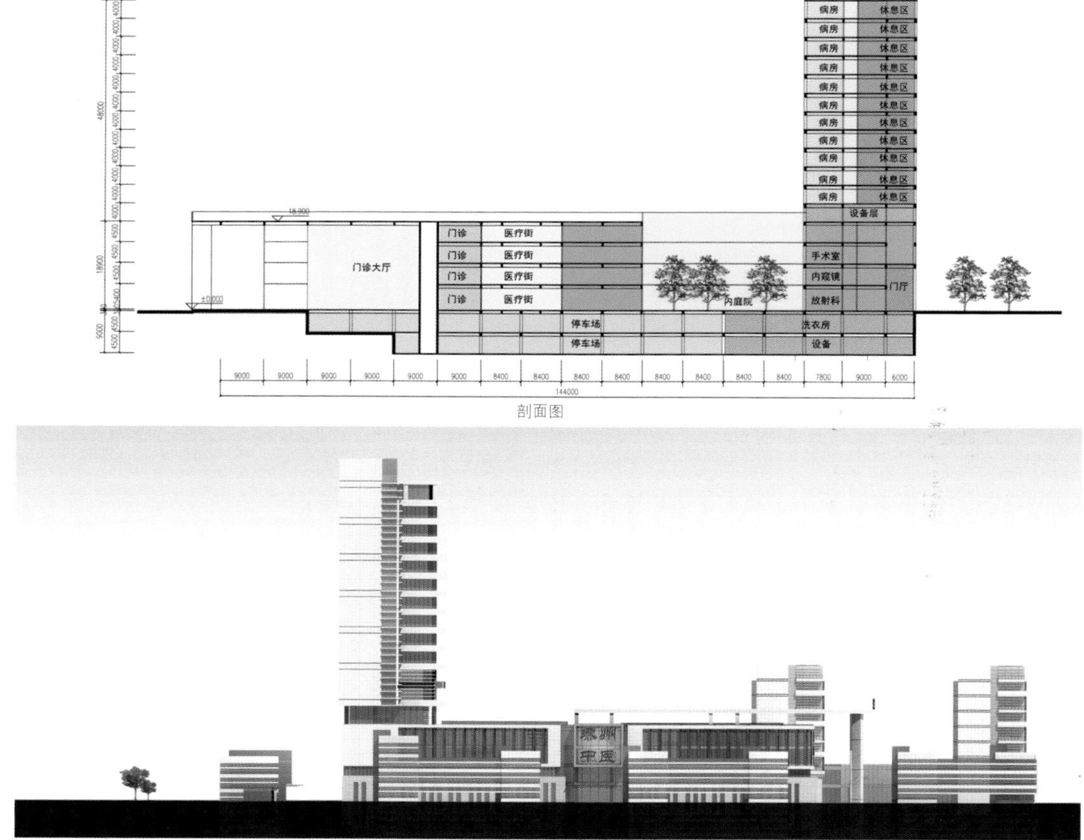

剖面图

立面图 1

立面图 2

立面图 3

铭琪癌症关顾中心

设计单位：吕元祥建筑师事务所
项目地点：中国香港
建筑面积：350平方米

铭琪癌症关顾中心坐落在屯门医院的花园之中，是除英国美琪凯瑟克癌症关顾中心以外首间提供癌症辅导服务的中心。中心是为了纪念死于癌症的美琪凯瑟克而建，成立的目的是为受癌症影响的人士提供多元化的服务，给予支持和鼓励。透过充满心思的建筑设计，为中心营造一个开放、关怀、平和的环境，让癌症患者、康复人士及其亲友得到专业的辅导和支持，更重要的是得到社区人士的支持和关爱。

吕元祥建筑师事务所与Gehry Partners携手合作，中心位于医院的花园之中，让访客享受宁静舒适的自然环境。中心规模小巧，建筑上贯彻英国美琪凯瑟克癌症关顾中心的小屋特色，并加入现代美学的设计，中心设有多个活动室，方便进行不同的活动。

中心的建筑设计亦以公园为概念，一系列分馆式小平房就如桥梁般，贯通整个花园及池塘，令室内空间和户外相连，并可自由穿梭其中。一个宁静的图书馆设在池塘的另一边，并以小桥相连，而花园部分外围建起了围墙，隔开旁边的马路。清幽的园林环境布置，为访客创造一个舒适的地点。

肇庆市第一人民医院

设计单位：广州市科城建筑设计有限公司
业　　主：肇庆市第一人民医院
项目地点：中国广东省肇庆市
用地面积：115 006平方米
建筑面积：191 807平方米

美观、经济、科学是指导肇庆市第一人民医院新院设计的第一宗旨。

肇庆市第一人民医院新院建设用地位于肇庆市城东新区星湖大道东侧，南临东岗东路，东临信安路，西临星湖大道。其中星湖大道和信安路为城市主干道，为应对周边道路和主入口的关系，设计了一环两轴的规划结构。两条主轴分别为内轴和外轴。其中，内轴连通南面主入口，是门诊、医技、住院等功能区的联系主轴；在医院的内轴，设计了公共空间系统，通过四层高的中央大厅、半开敞的绿化休闲空间、多个形态不同的庭院，塑造医院充满阳光、绿树、清风的诊疗环境，使患者就医成为一种舒适的生活体验。第二条轴线为外轴，与医院次入口连接形成环路。由于诊疗活动的特点，行政辅助区和医院区既要密切联系，又要相对分开。通过这条外轴将医院分为西侧的行政辅助区和东侧的医疗区，在医疗区和行政区之间引入绿化带、水景，形成天然的景观隔离，又在必要的节点设置连廊，保持流线通畅。

作为服务大众的医院建筑，需要的不是哗众取宠的外表，而是符合医院功能和使用要求的纯净的现代建筑形象。通过富于韵律感的遮阳百叶，建筑体块的虚实变化，局部点缀的色彩律动，表现建筑立面规整的效果。

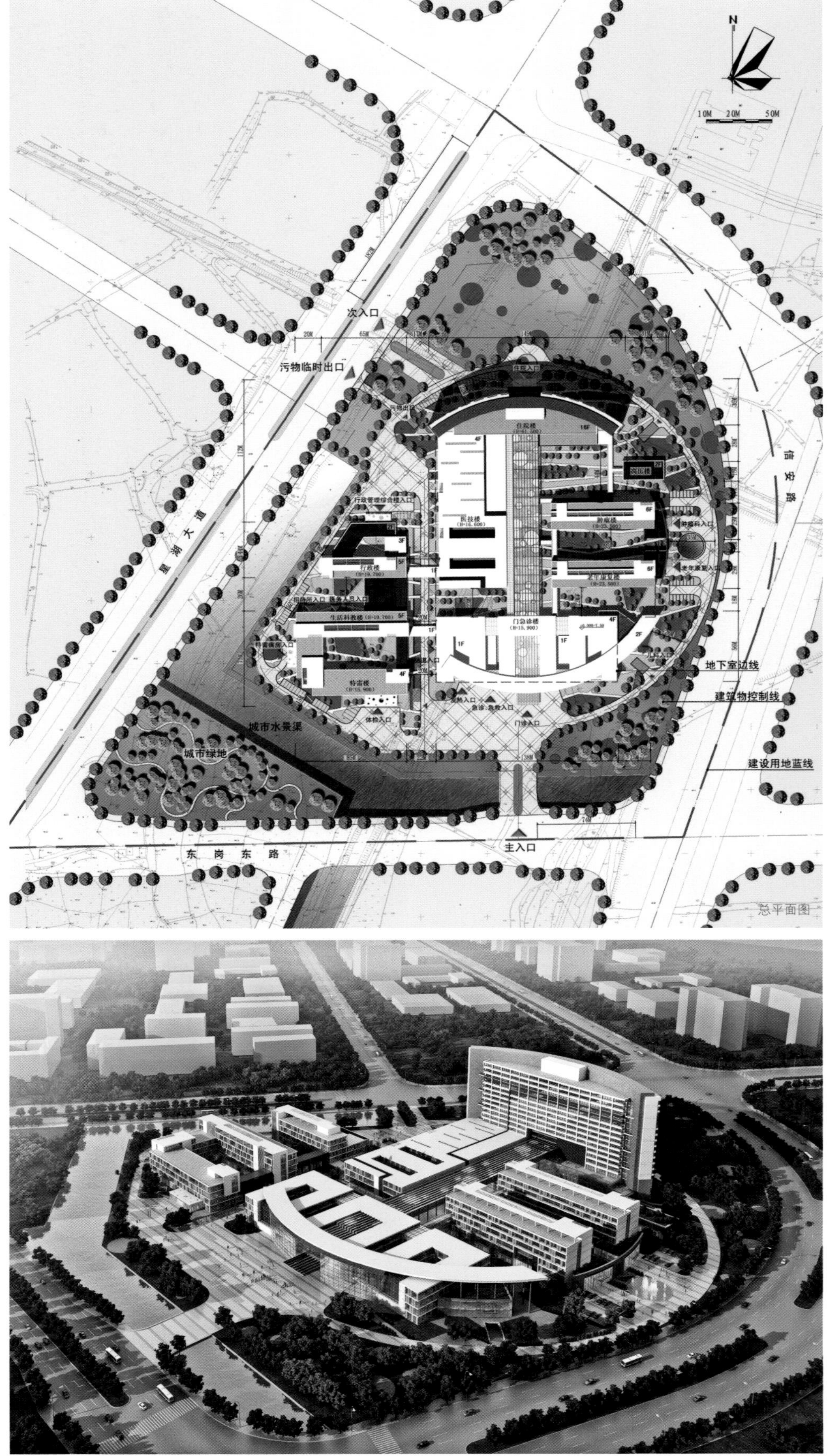

总平面图

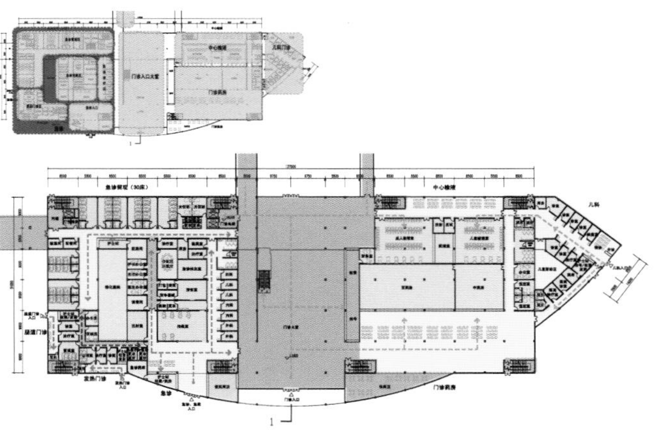

门诊楼一层平面图

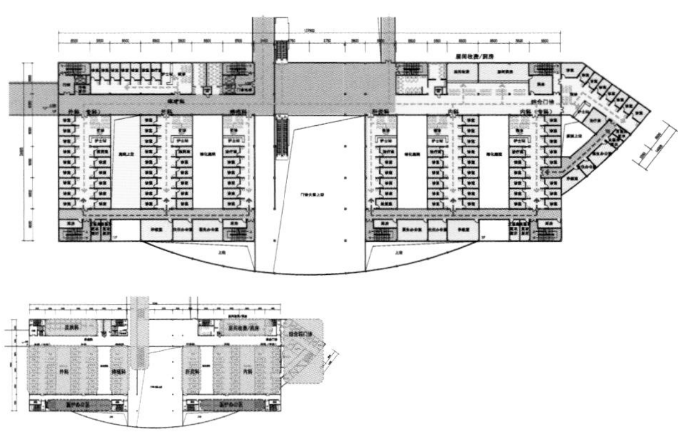

门诊楼二层平面图

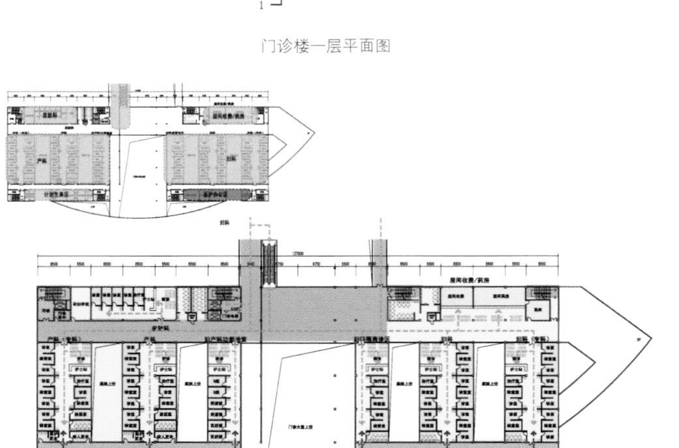

门诊楼三层平面图

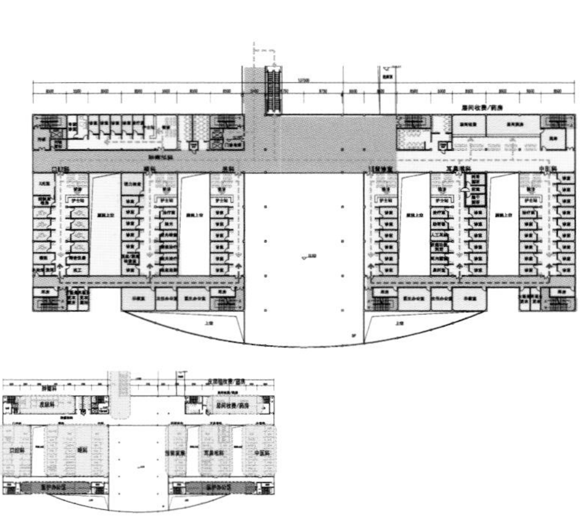

门诊楼四层平面图

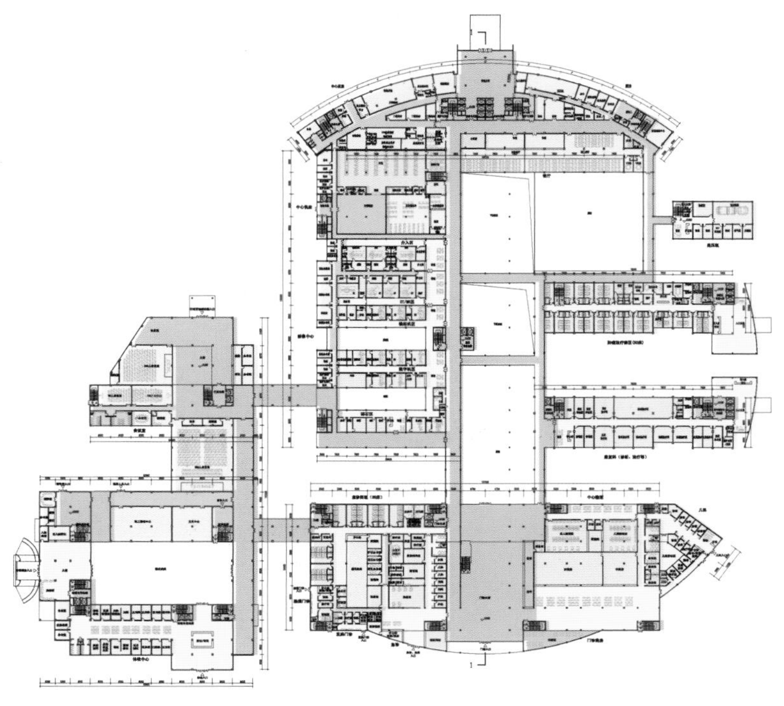

一层组合平面图

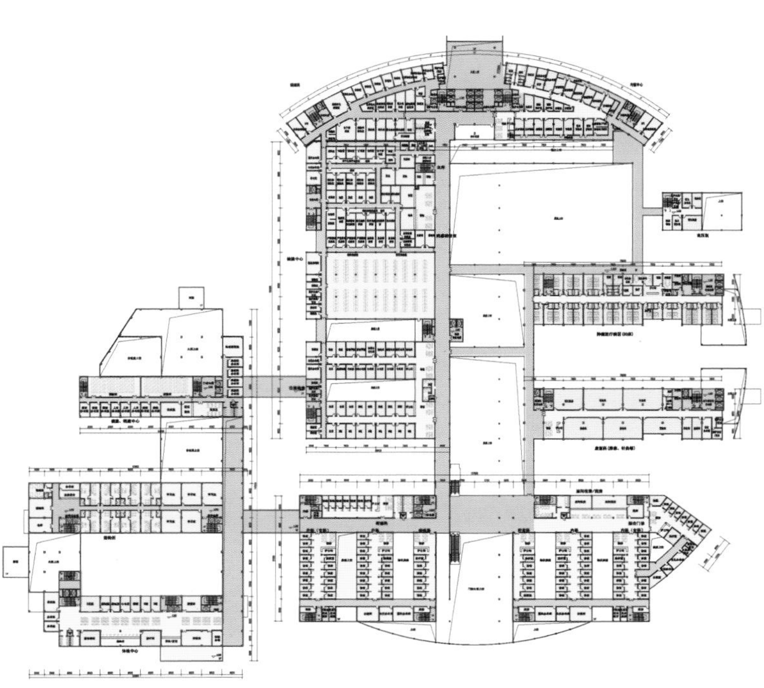

二层组合平面图

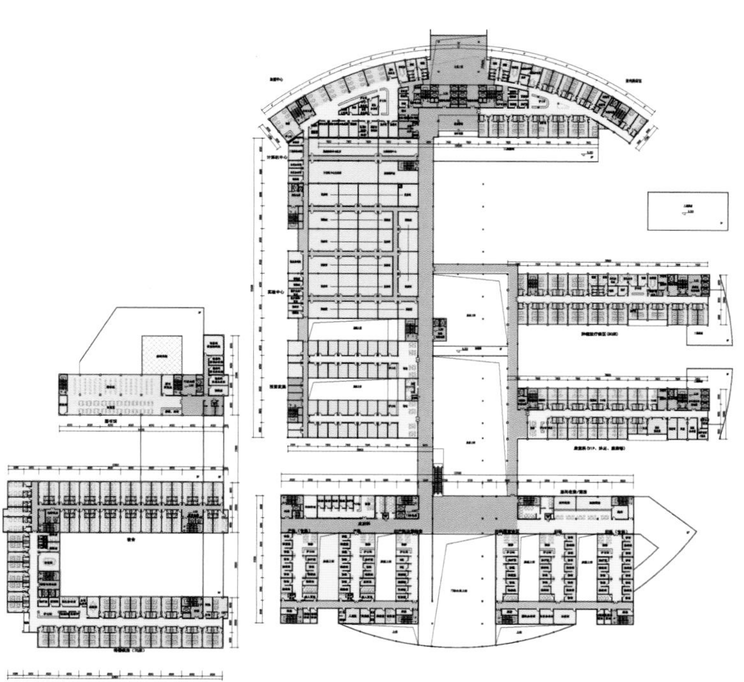

三层组合平面图

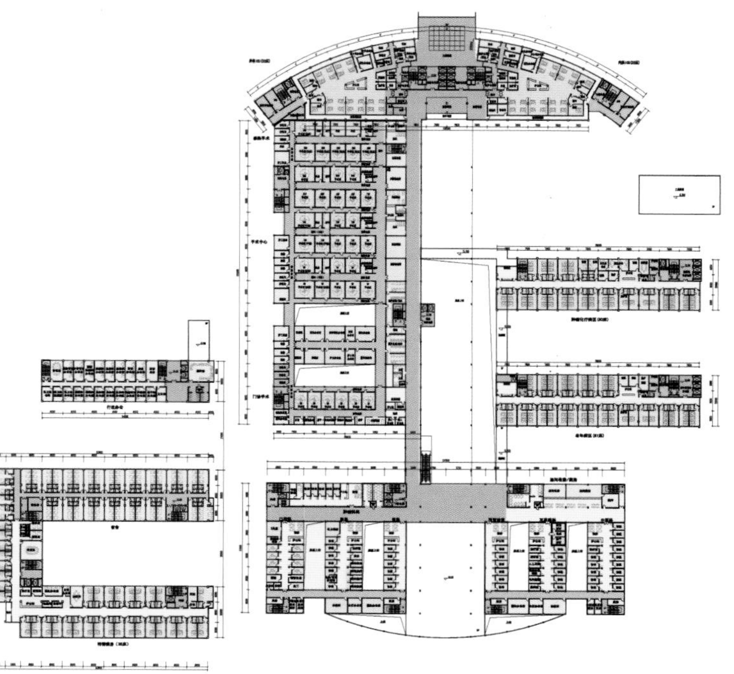

四层组合平面图

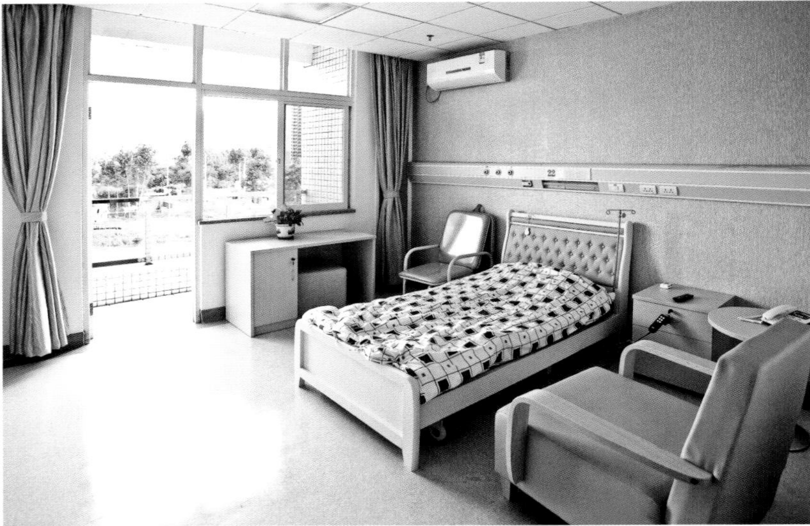

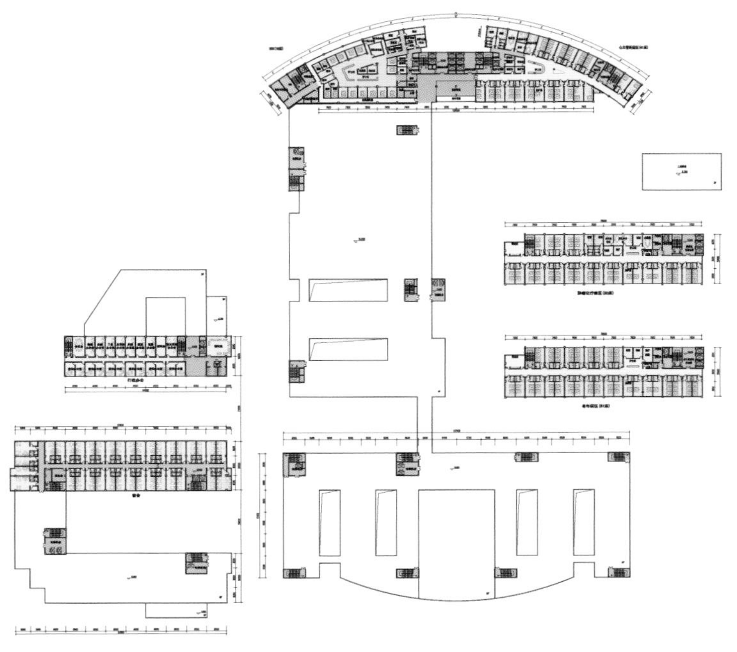

五层组合平面图

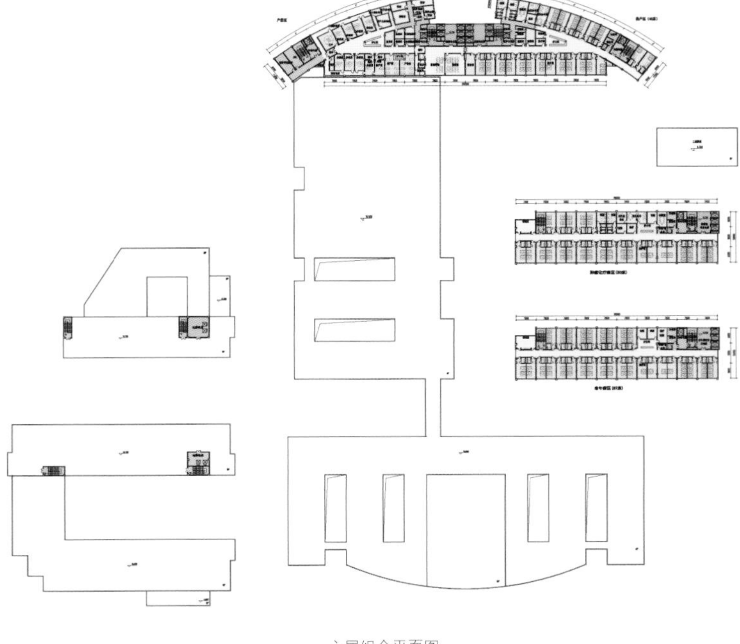

六层组合平面图

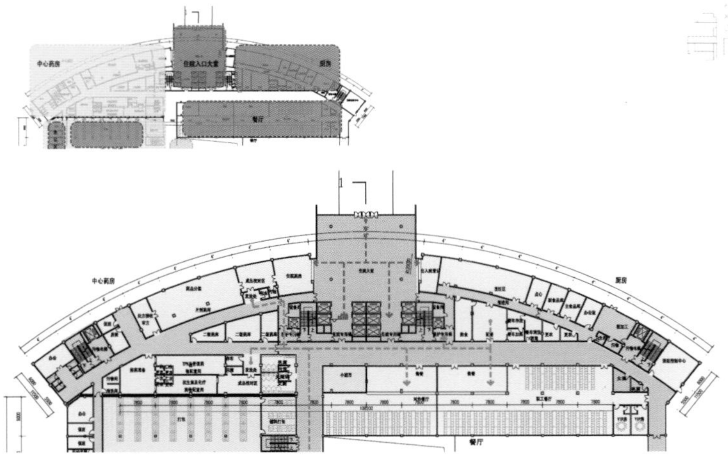

住院楼一层平面图

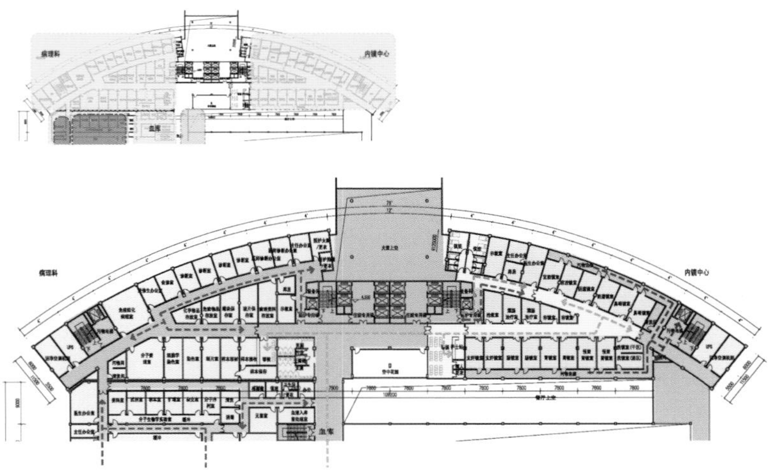

住院楼二层平面图

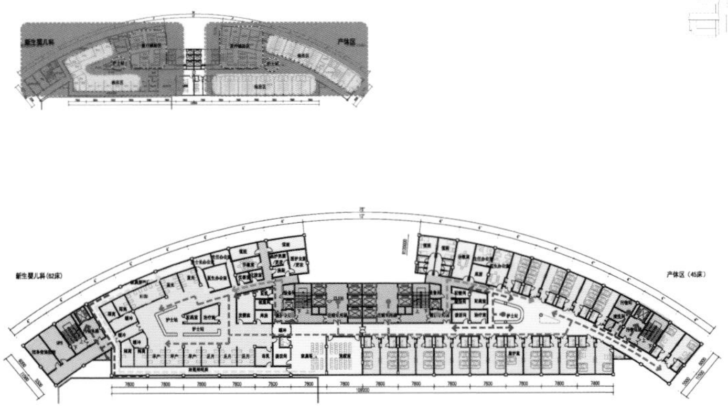

住院楼七层平面图

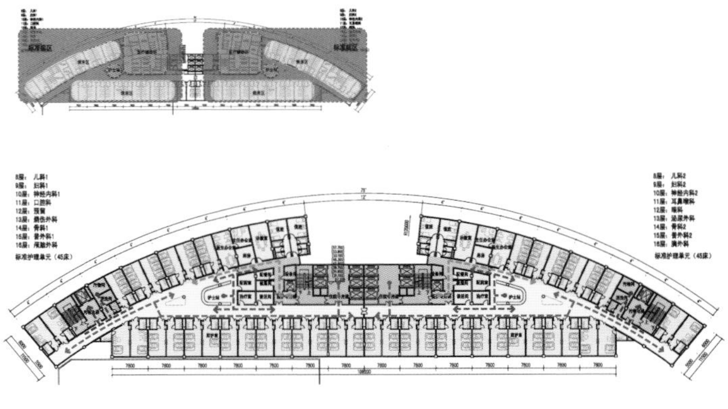

住院楼八至十六层平面图

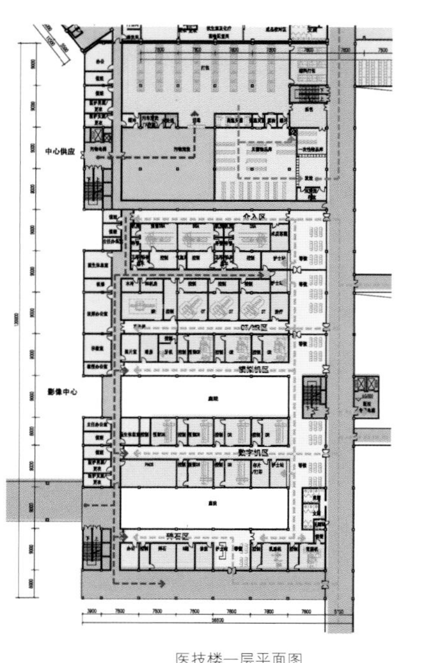
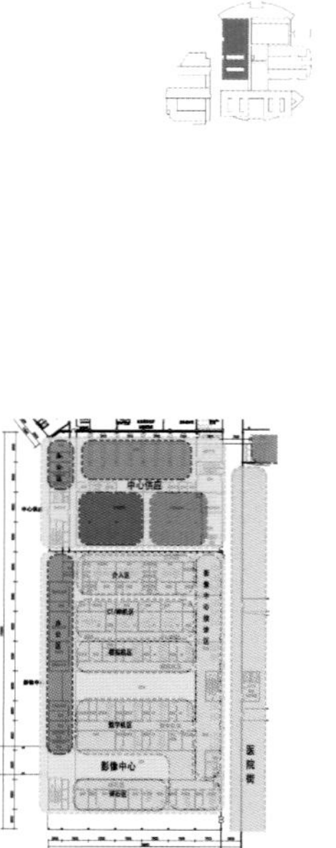

医技楼一层平面图

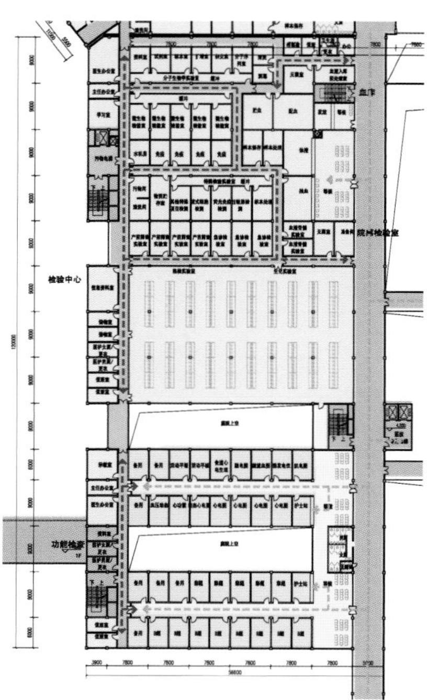
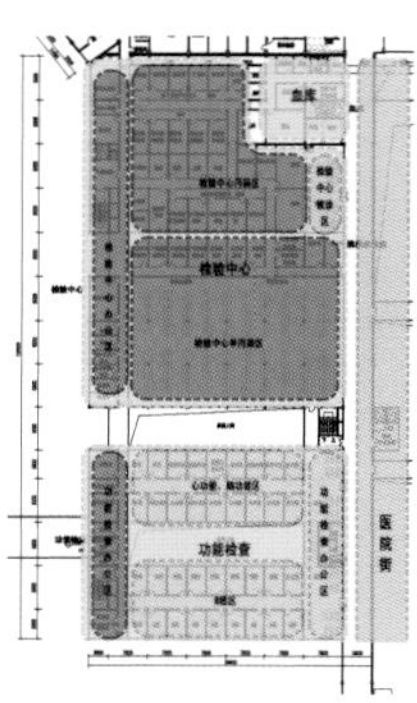

医技楼二层平面图

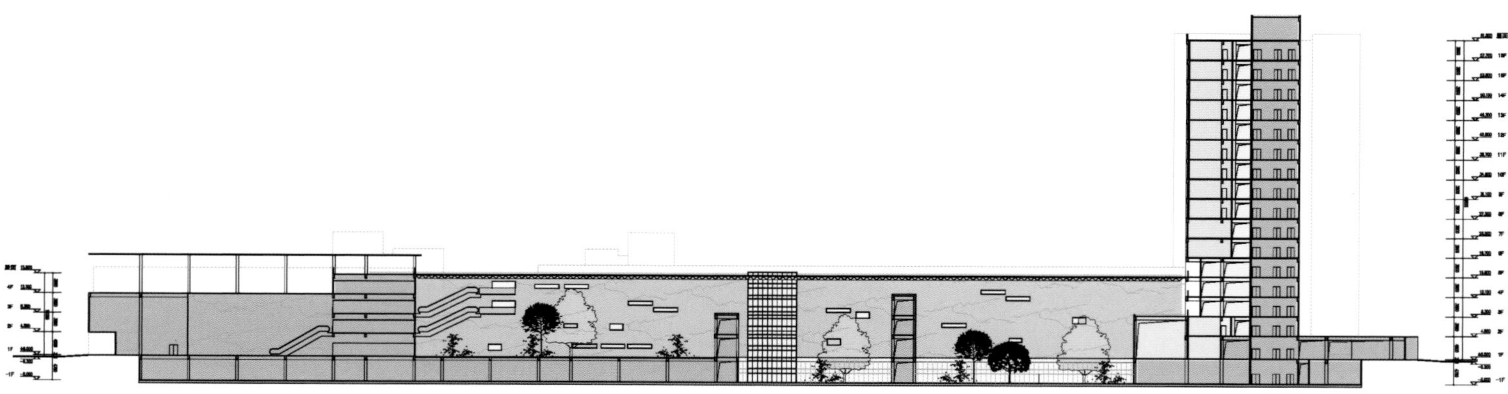

1—1剖面图

立面图 1

立面图 2

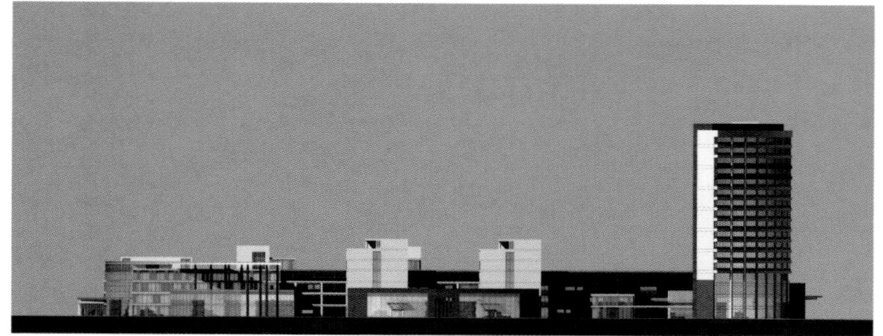

立面图 3

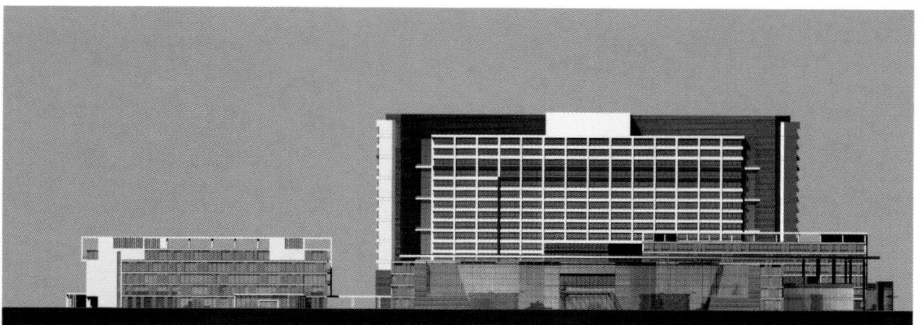

立面图 4

体育建筑

葫芦岛体育中心

设计单位：维拓时代建筑设计有限公司
项目地点：中国辽宁省葫芦岛市
用地面积：127 800平方米
建筑面积：98 266平方米
容 积 率：0.65
绿 地 率：33%

项目总体布局方面，出于城市节地规划的考虑，本项目定位为城市型体育中心，采用了紧凑型的总体布局方式。体育场位于用地西侧中心，体育馆位于其东侧，二者由公共平台相连为一个整体，连同最东侧的游泳馆，整体形象为“葫芦”造型。体育场的场地除满足田径及足球赛事外，还满足各种大型演出的使用需求。附属用房除满足体校教学、训练、生活等需要外，还满足体育局平时办公的需求，同时设置的商业用房，可以根据要求进行商业经营，通过加强管理来实现以馆养馆之目的。体育馆设计中，选择了45 米×73 米的大型比赛场标准，将训练场地与比赛场地结合设置以节约用地，并提高活动座席的比例，座席排布与看台的升高都综合考虑了视线的合理性，使得本项目可以满足多种体育比赛和大型活动的使用需求。

游泳馆直接面向群众日常使用，设计为一个集约、舒适的综合型水上运动和休闲中心。

体育中心的外部空间强调面向市民的开放性、人性化设计，力求为大众创造出一个宜人的室外空间环境，并增强体育馆的活力和人气。造型方面，体育场建筑造型与体育馆为一个整体，强调刚柔相济的总体形象，象征着刚与柔、山与浪、动与静的碰撞。重点强调体育建筑特有的简洁、大气等风格特征。游泳馆造型设计则运用了仿生学原理，整体建筑造型仿似一只贝壳，简约而生动，借助周边的水景陪衬，个性鲜明突出。三座主体建筑相互映衬，极大丰富了龙湾中央商务区核心区的滨海天际线。

结构设计中，体育馆还采用了国内领先的索穹顶结构体系。

总平面图

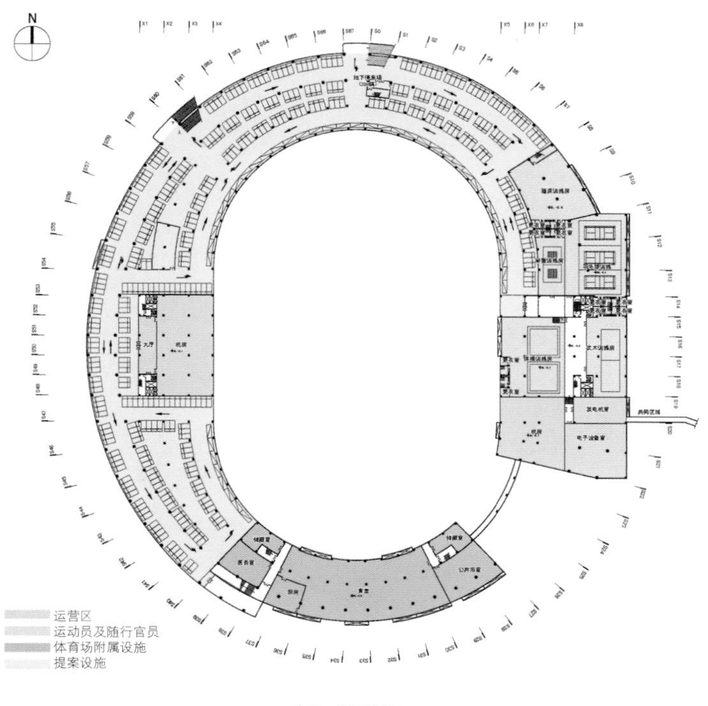

地下一层平面图

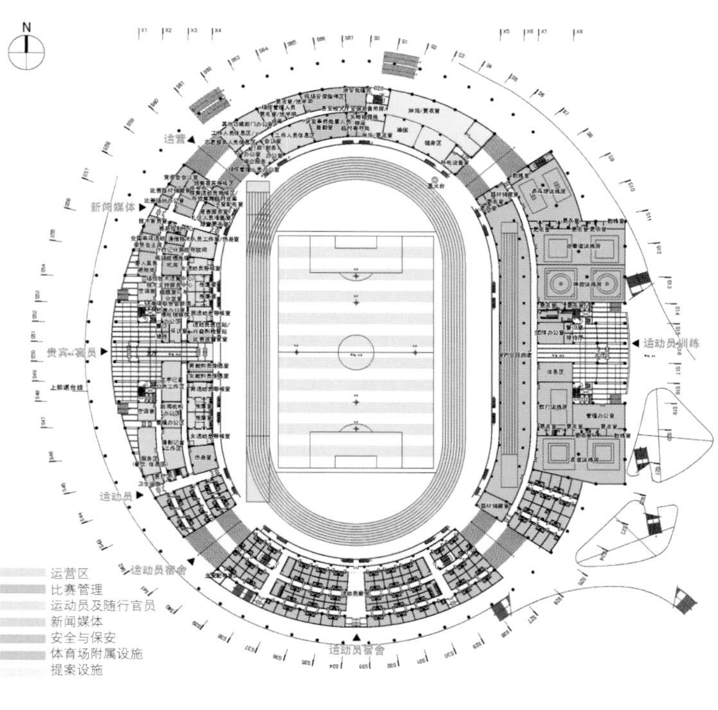

一层平面图

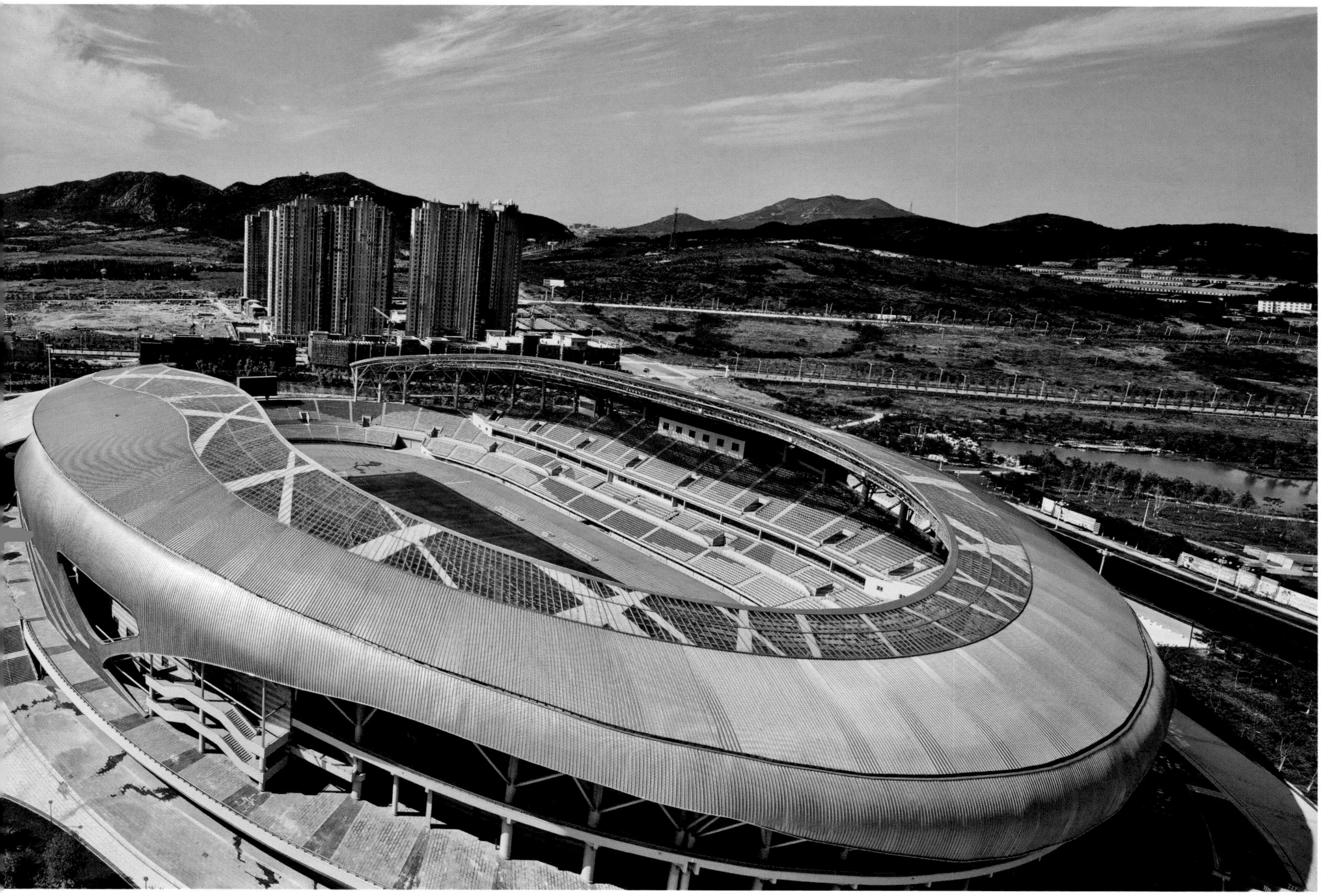

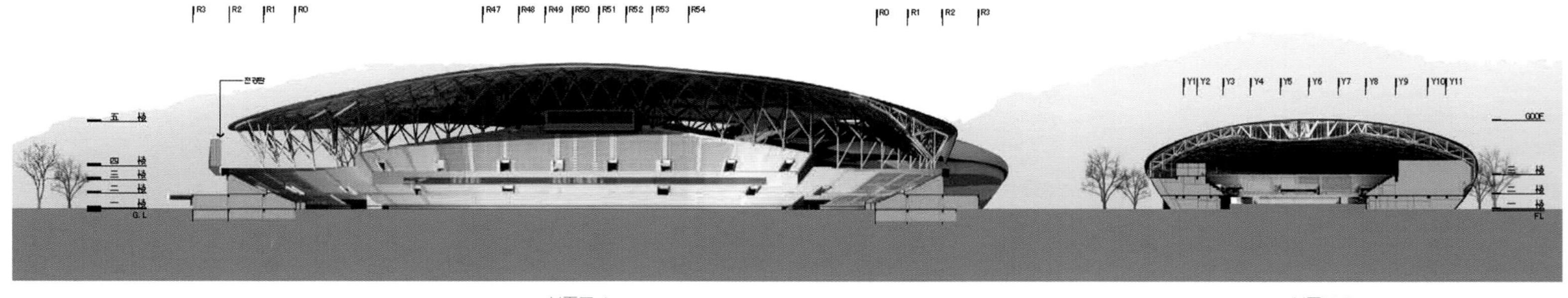

剖面图 1

剖面图 2

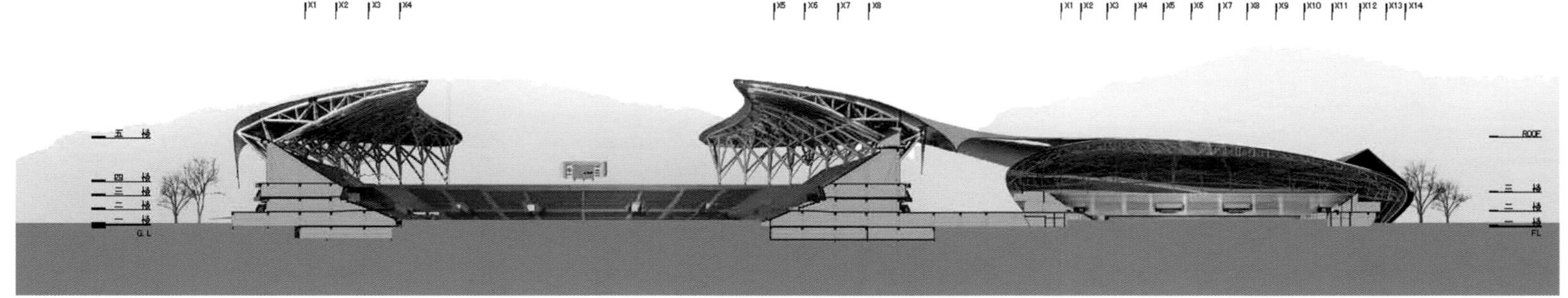

剖面图 3

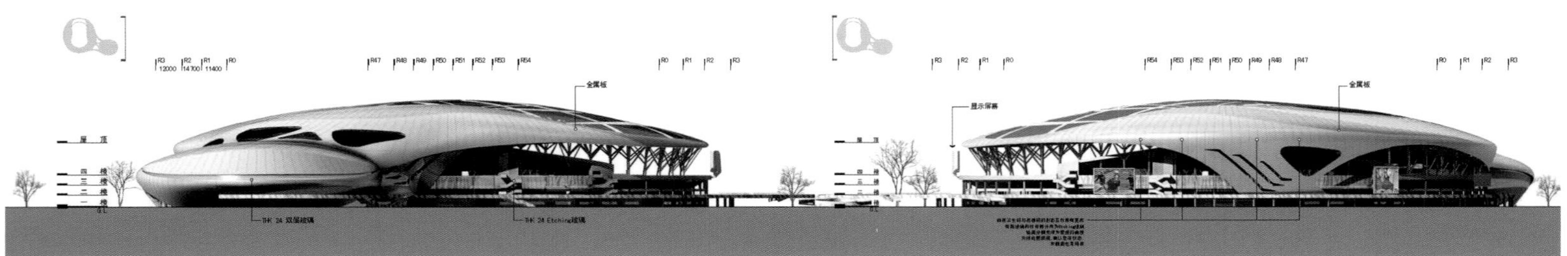

立面图 1

立面图 2

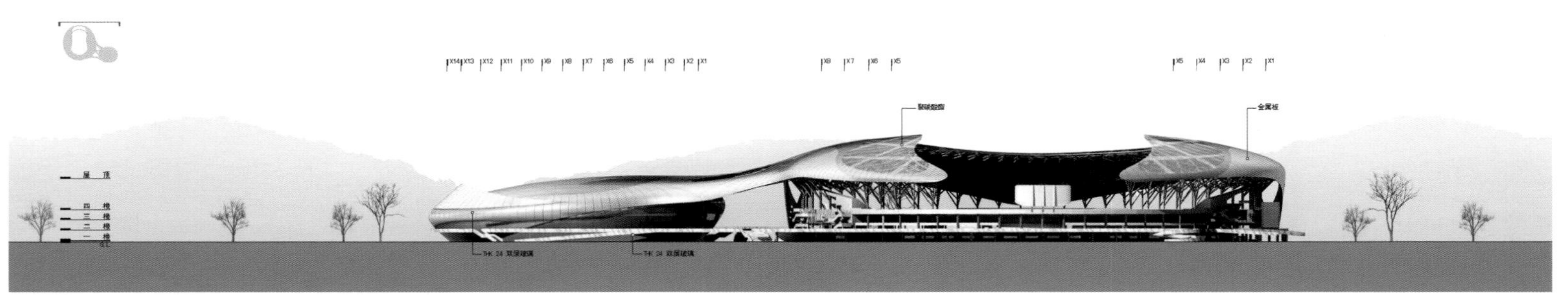

立面图 3

体育场垂直流线规划
贵宾、政府官员
运动员、运营、媒体
观众席（内部）
观众席（外部）
辅助体育场的连接
运营
辅助体育场的连接
媒体/运营
贵宾/政府官员
运动员

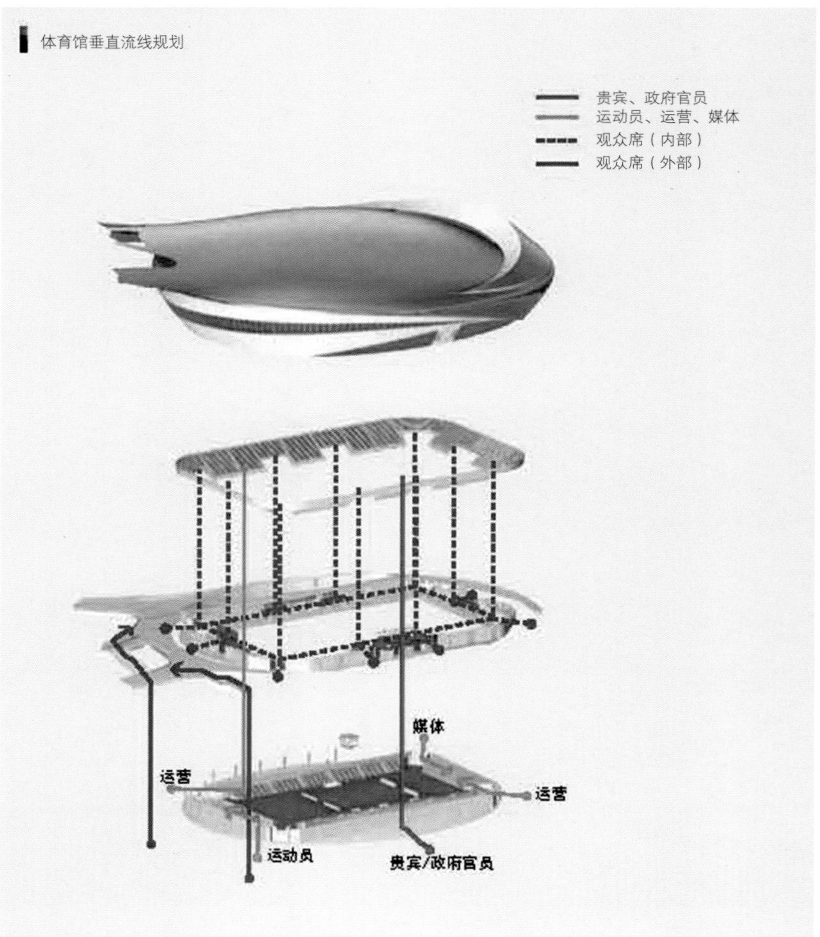
体育馆垂直流线规划
贵宾、政府官员
运动员、运营、媒体
观众席（内部）
观众席（外部）
媒体
运营
运营
运动员
贵宾/政府官员

2013年辽宁省蹦床锦标赛暨全运会测试赛

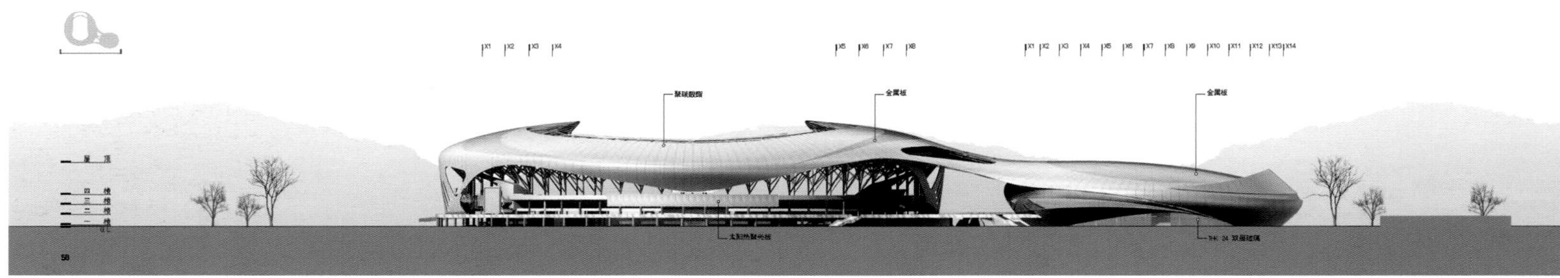
X1 X2 X3 X4
X5 X6 X7 X8
X1 X2 X3 X4 X5 X6 X7 X8 X9 X10 X11 X12 X13 X14
聚碳酸酯
金属板
金属板

立面图 4

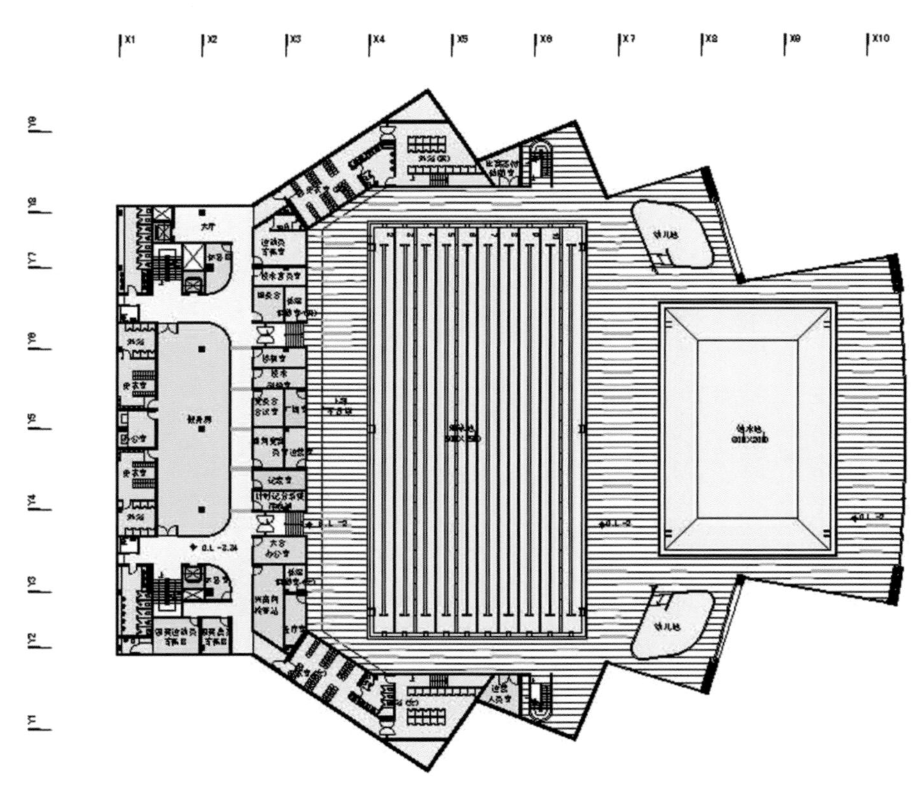

游泳馆地下一层平面图

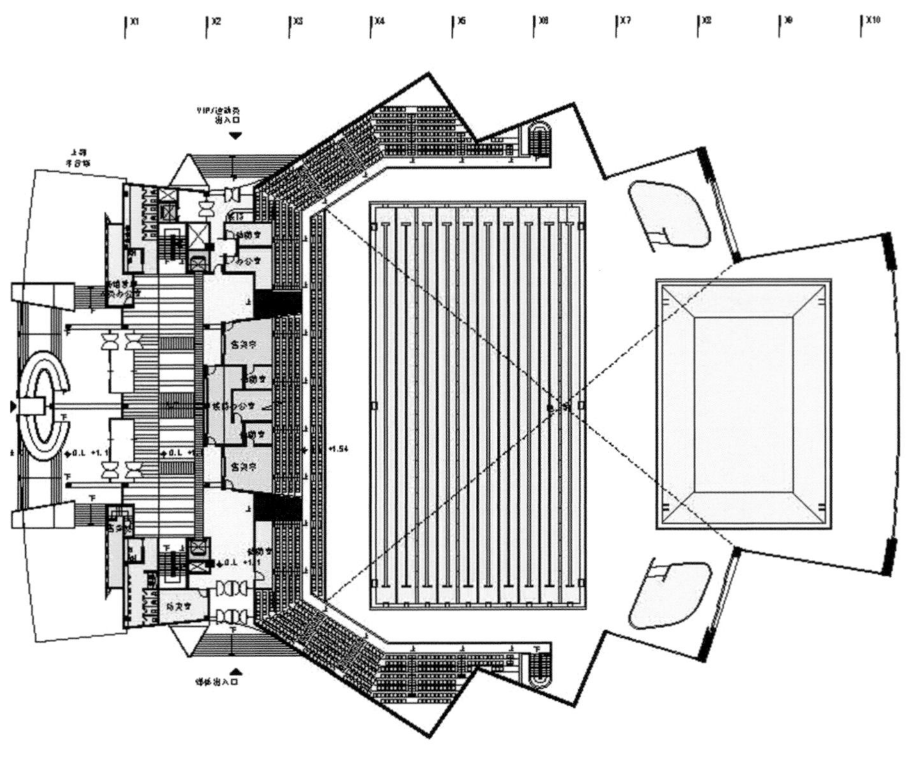

游泳馆一层平面图

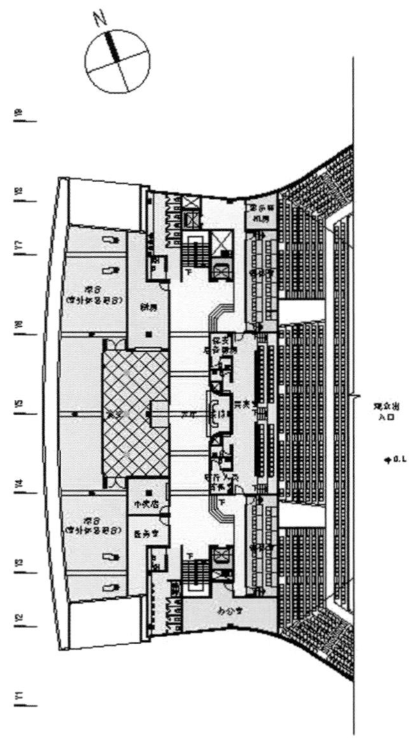

游泳馆二层平面图

天津大学体育馆

设计单位：KSP尤根·恩格尔建筑师事务所
业　　主：天津大学
用地面积：19 620平方米
建筑面积：13 835平方米
建筑容积：46 500立方米

天津大学体育馆位于天津大学校区的东北角，沿着北侧的城市主干道鞍山西道展开。

天津大学体育馆的表皮是半通透的金色三角形穿孔板，就像一座闪亮的“飞船”，它分别有一个朝向大学校园和城市中心的玻璃入口，入口大厅内悬在侧墙的混凝土楼梯将观众引向比赛大厅。

体育馆观众大厅看台固定座椅3 953席，活动座椅1 000席。体育场地尺寸为24米×44米，可以进行正式篮球、手球比赛，平时使用可作为2个篮球（排球）场地或者12个羽毛球练习场地。

总平面图

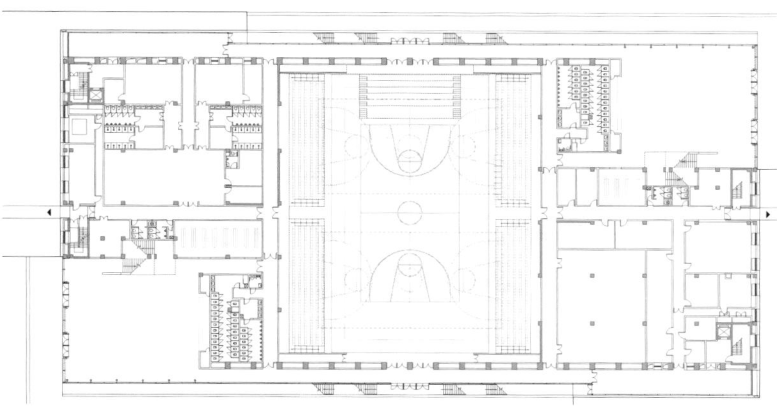

一层平面图

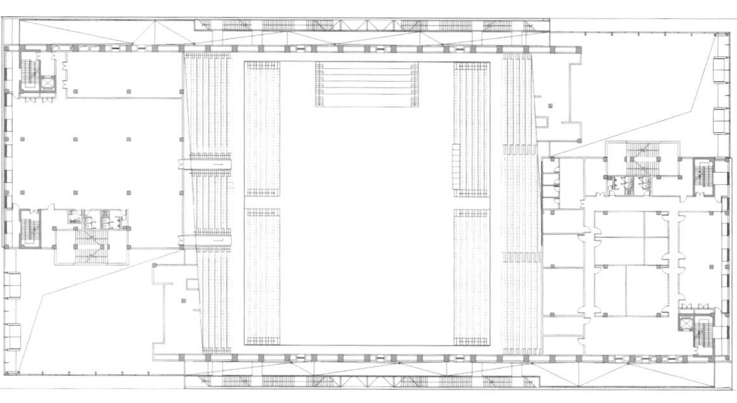

二层平面图

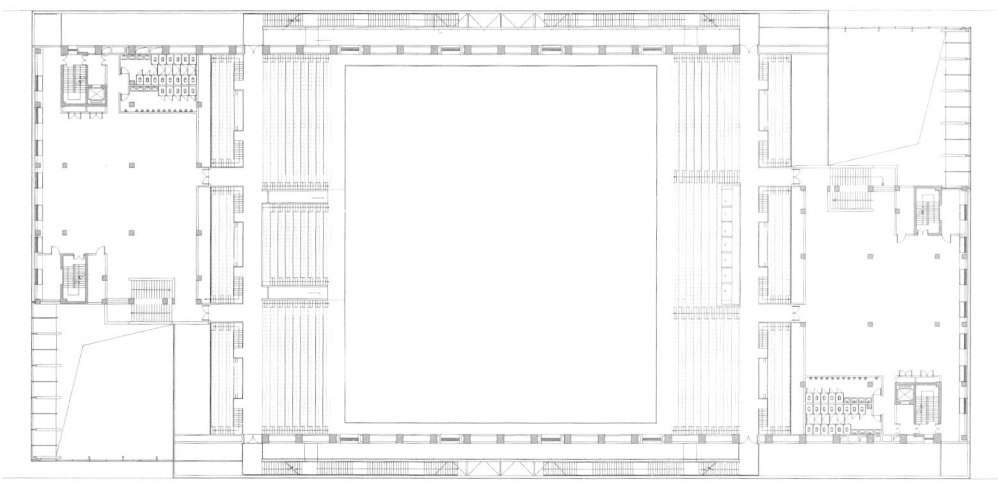
三层平面图

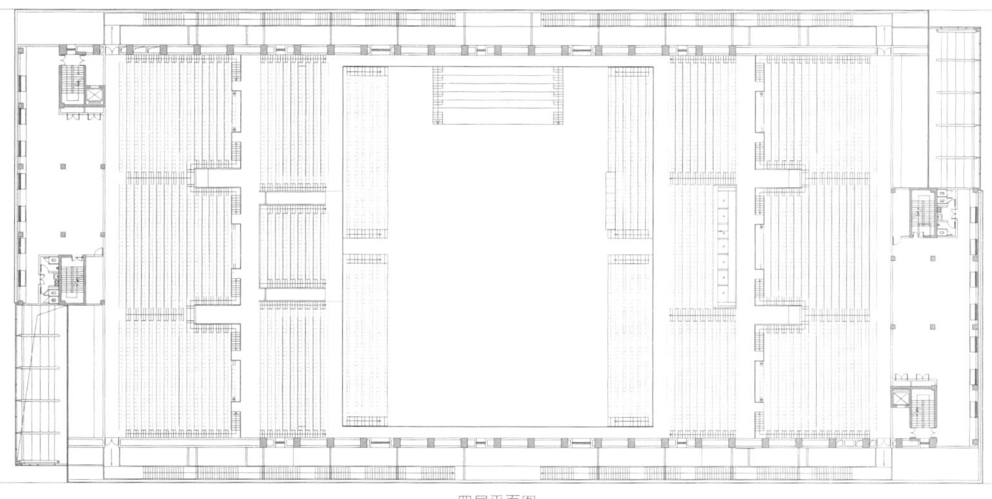
四层平面图

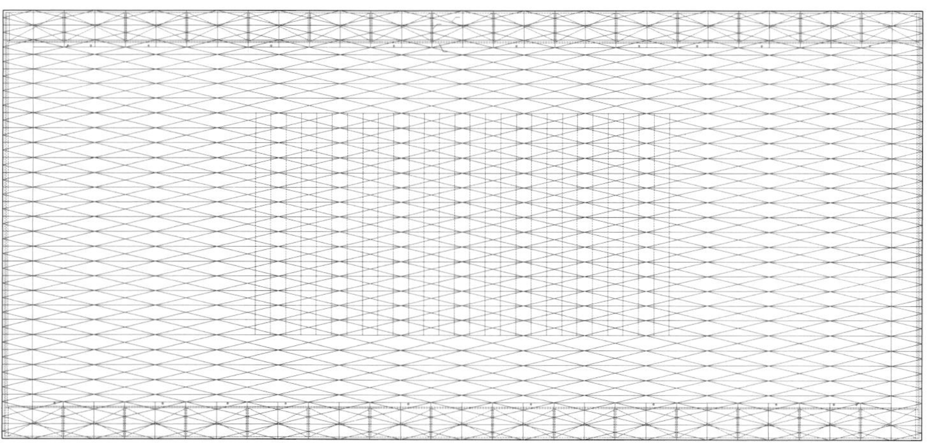

屋顶层平面图 1

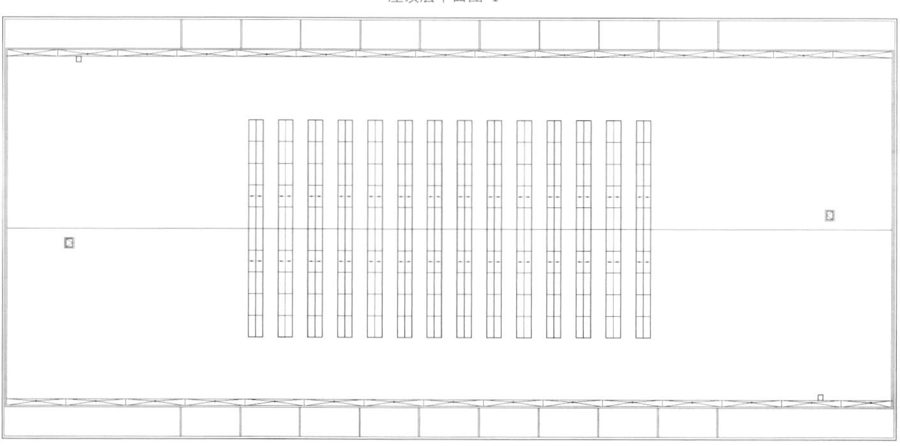

屋顶层平面图 2

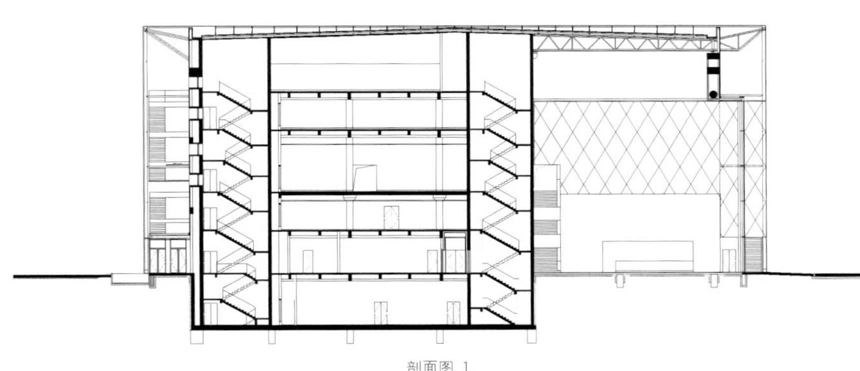

剖面图 1

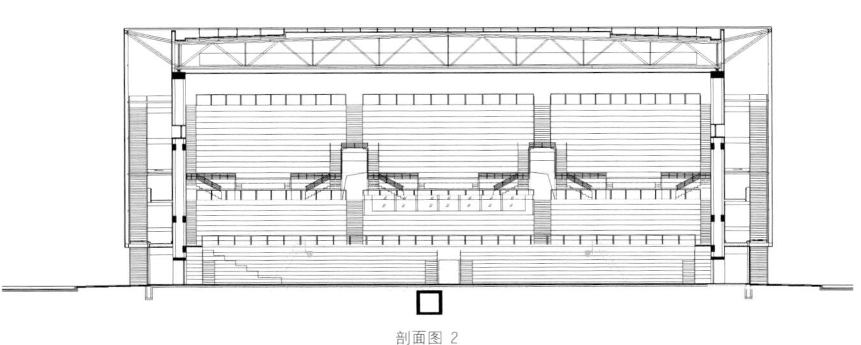

剖面图 2

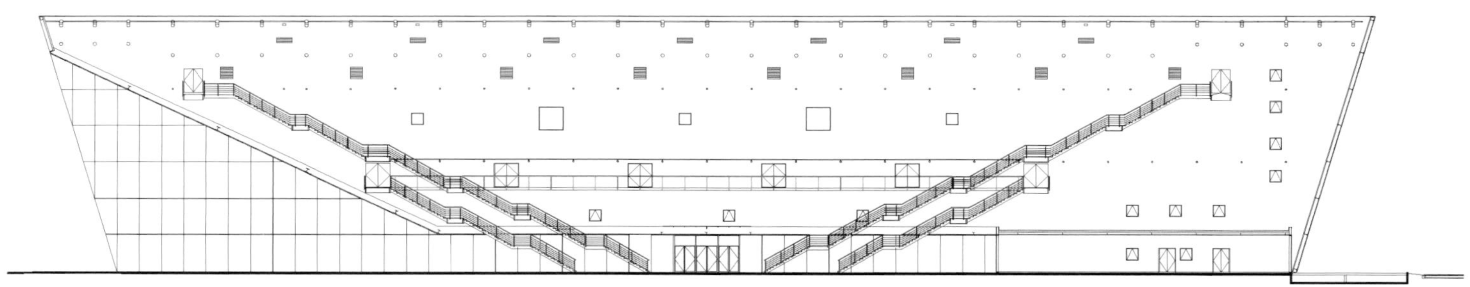

剖面图 3

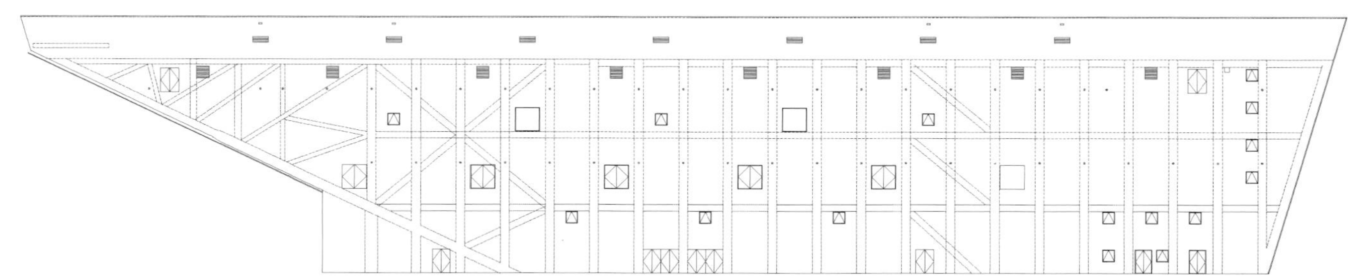

剖面图 4

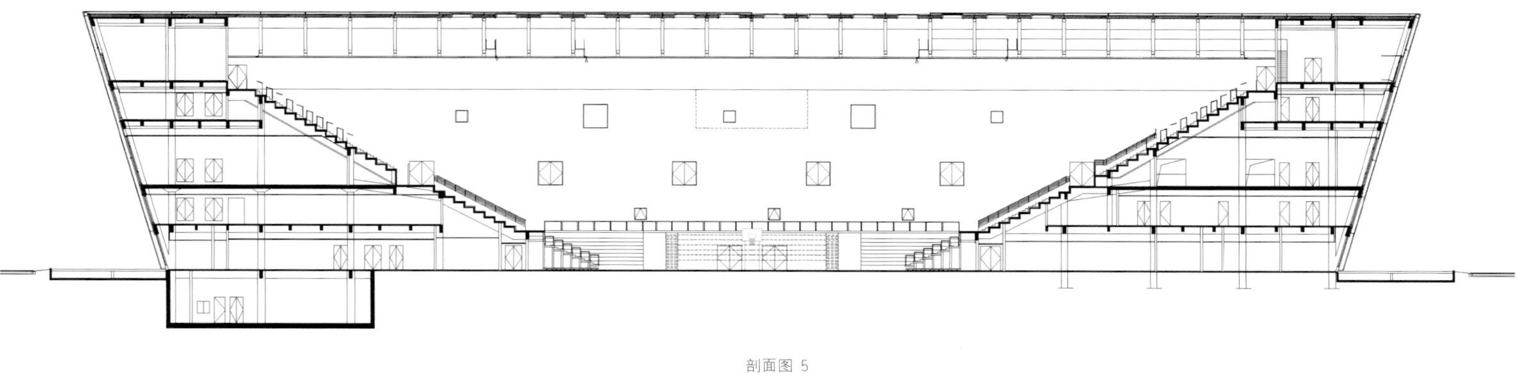

剖面图 5

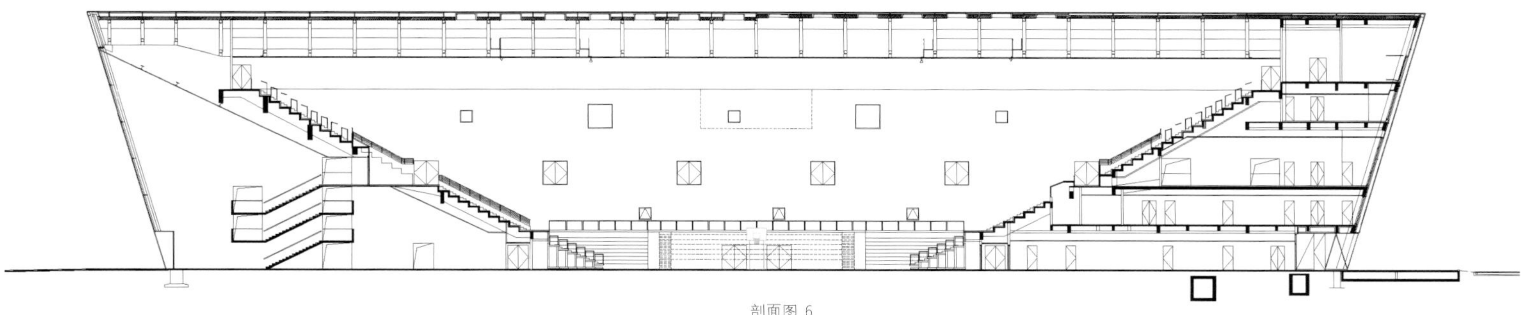

剖面图 6

武陟体育馆

设计单位：泛华建设集团有限公司河南设计分公司
项目地点：中国河南省焦作市
建筑面积：27 549.63平方米

武陟体育馆为一个综合用途的体育建筑。体育馆位于武陟县木栾新区规划中心主轴线上，总建筑面积为27 549.63平方米，其中地上建筑面积26 769.89平方米，地下建筑面积779.74平方米。

体育馆设计力求表现体育运动比赛中“更快、更高、更强”的奥林匹克运动精神，形体呈倒锥形向上扭转升腾而起，流线型富有韵律感的线条贯穿于整个建筑中，富有弹性与力感的雕塑式建筑形态，表现出体育项目的活力与激情，表现了运动者的张扬个性与不羁精神。建筑表现采用曲线的弹性力度感与众多世界著名体育品牌的LOGO所传达的旨趣不谋而合。建筑表皮采用不同灰度的穿孔铝板等建材交织出水墨画般的丰富肌理，具有强烈的现代设计风格。

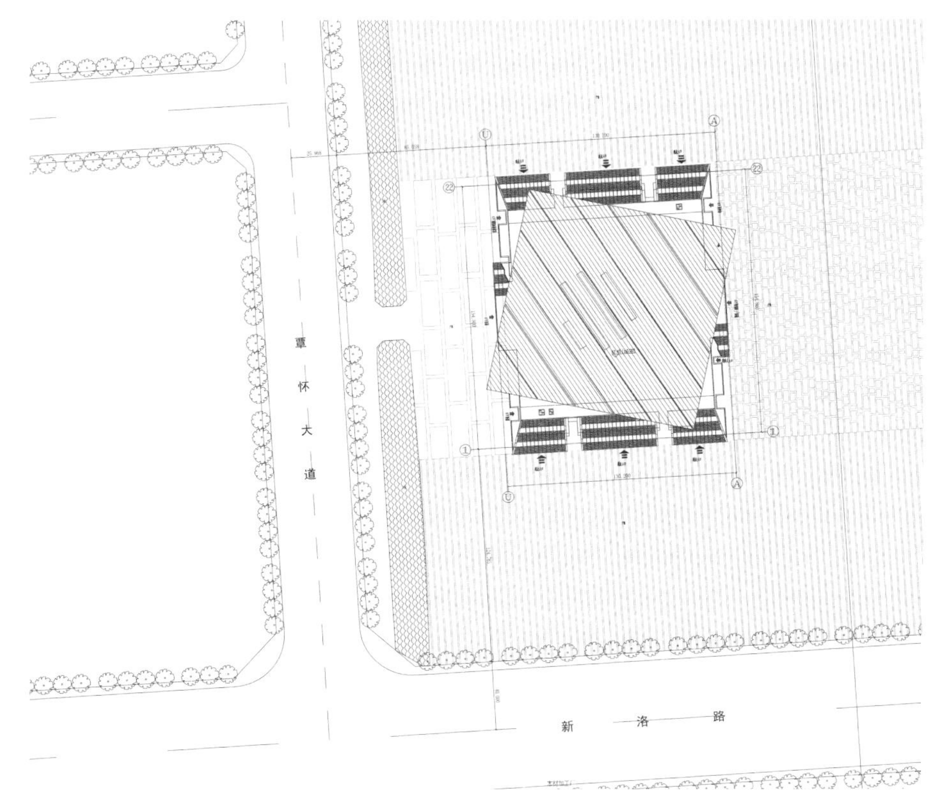

总平面图

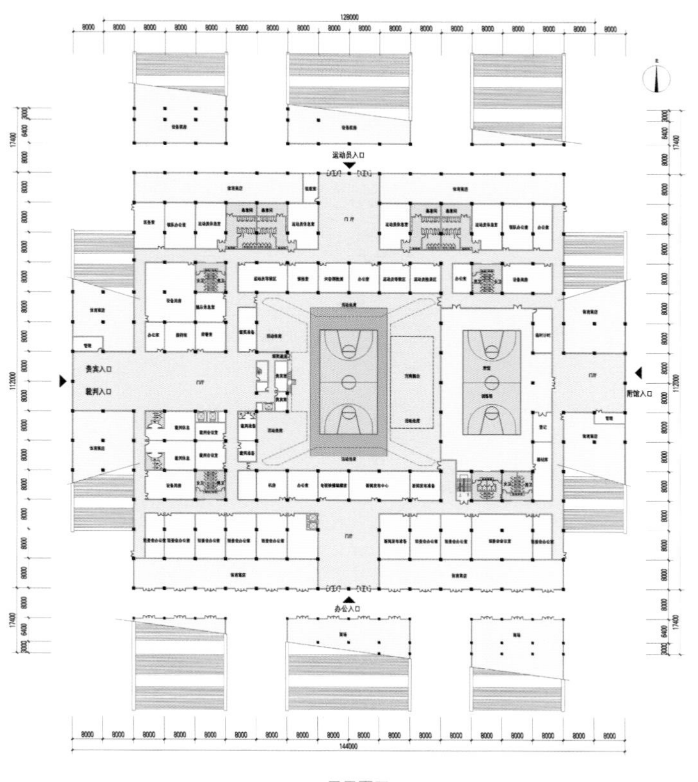

一层平面图

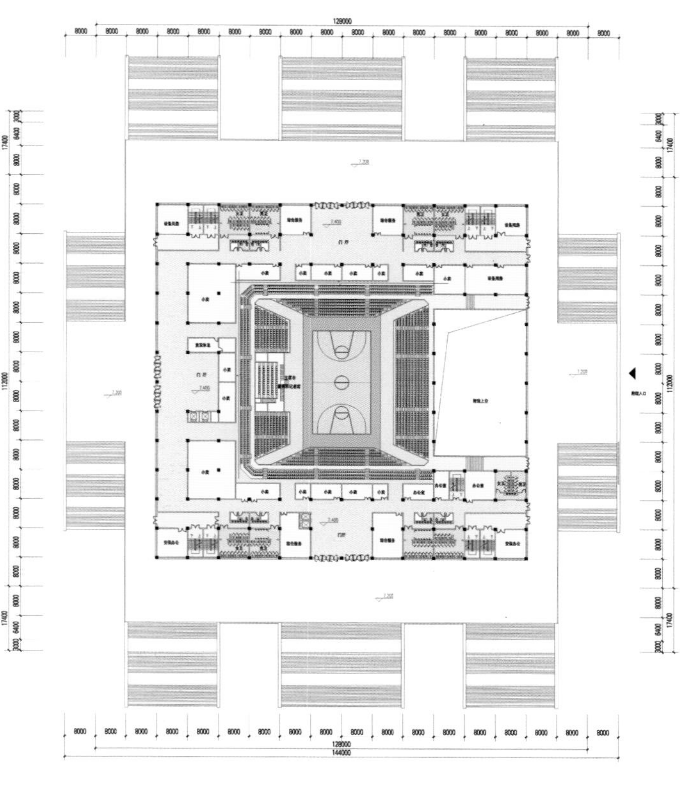

二层平面图

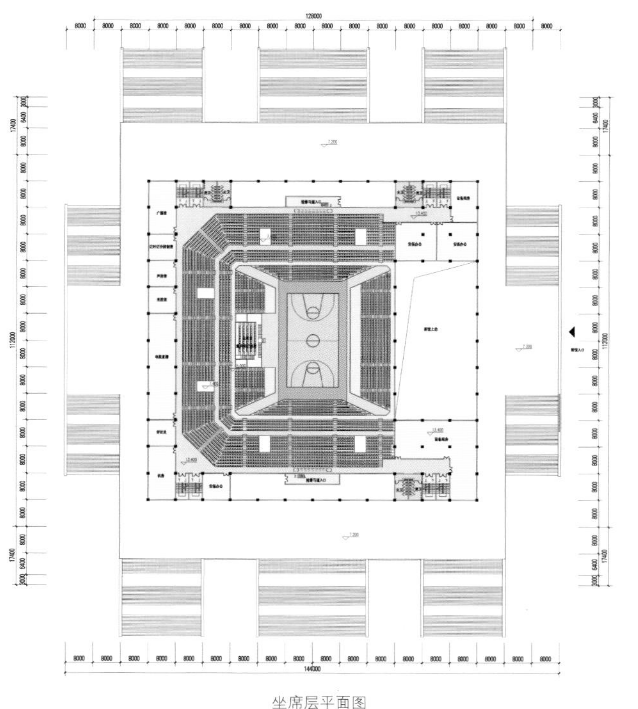

坐席层平面图

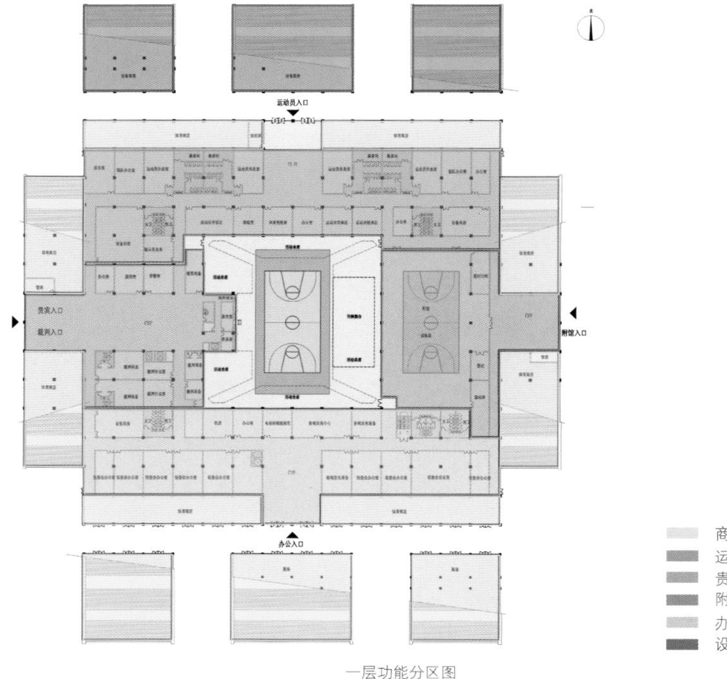

一层功能分区图

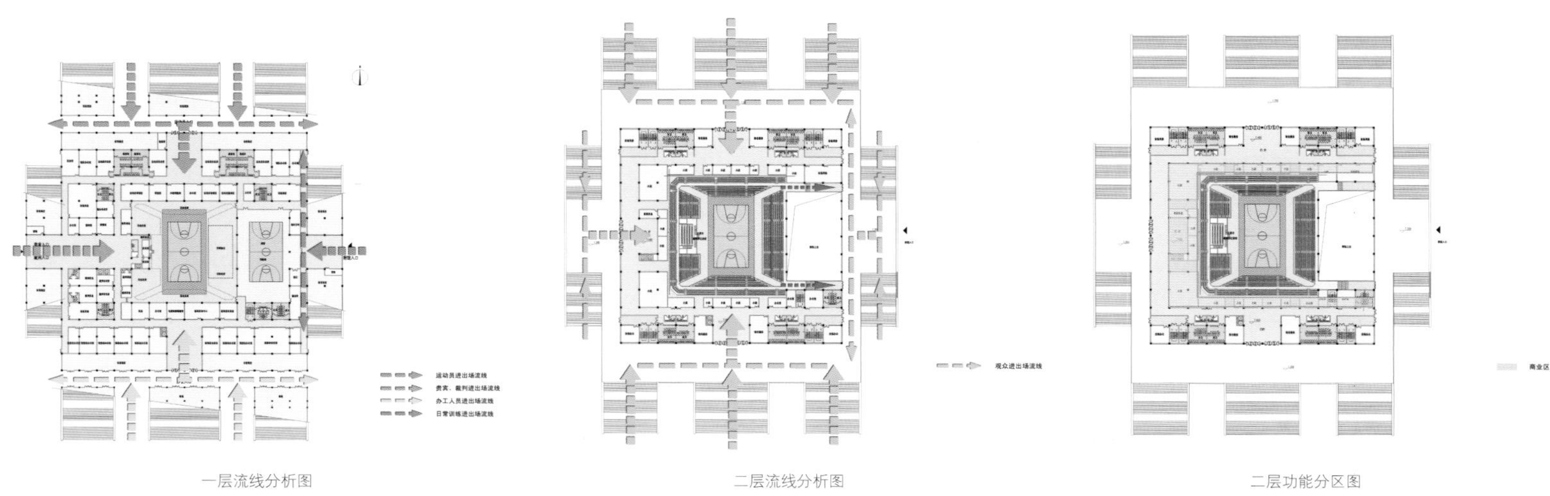

一层流线分析图　　二层流线分析图　　二层功能分区图

宁德师范学院新校区体育馆

设计单位：厦门合道工程设计集团有限公司
设计团队：魏伟、苏泽宇、张嵩、邱恒才
业　　主：宁德师范学院
项目地点：中国福建省宁德市
用地面积：20 400平方米
建筑面积：9 700平方米
设计时间：2012年

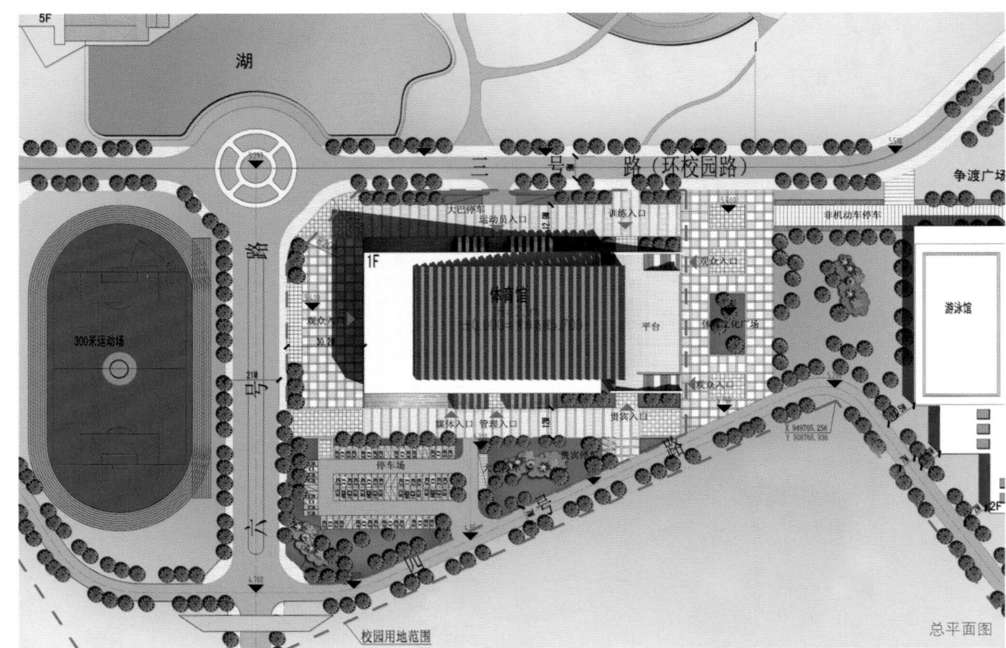

总平面图

宁德师范学院新校区位于宁德市东侨开发区东兰组团。紧邻滨海大道，依山面海，区位十分优越。

宁德师范学院体育馆为宁德师范学院新校区的综合性体育馆。体育馆位于宁德师范学院新校区南部的运动区，东侧为主体育场和游泳馆，西侧为300米运动场，紧邻校园南侧次入口。体育馆及300米运动场分别位于校园南北景观轴南端部东西两侧。

体育馆定位为国家单项比赛场馆（乙级），多功能型综合体育馆，既能满足一般比赛要求，平时作为体育教学、训练场地，也可作为学校庆典、展览、大型会议演出活动场所。体育馆设计为一个容纳3 128座的主馆及其附属用房、热身训练馆，场馆内可举行一届学生（约3 000人）的开学典礼。

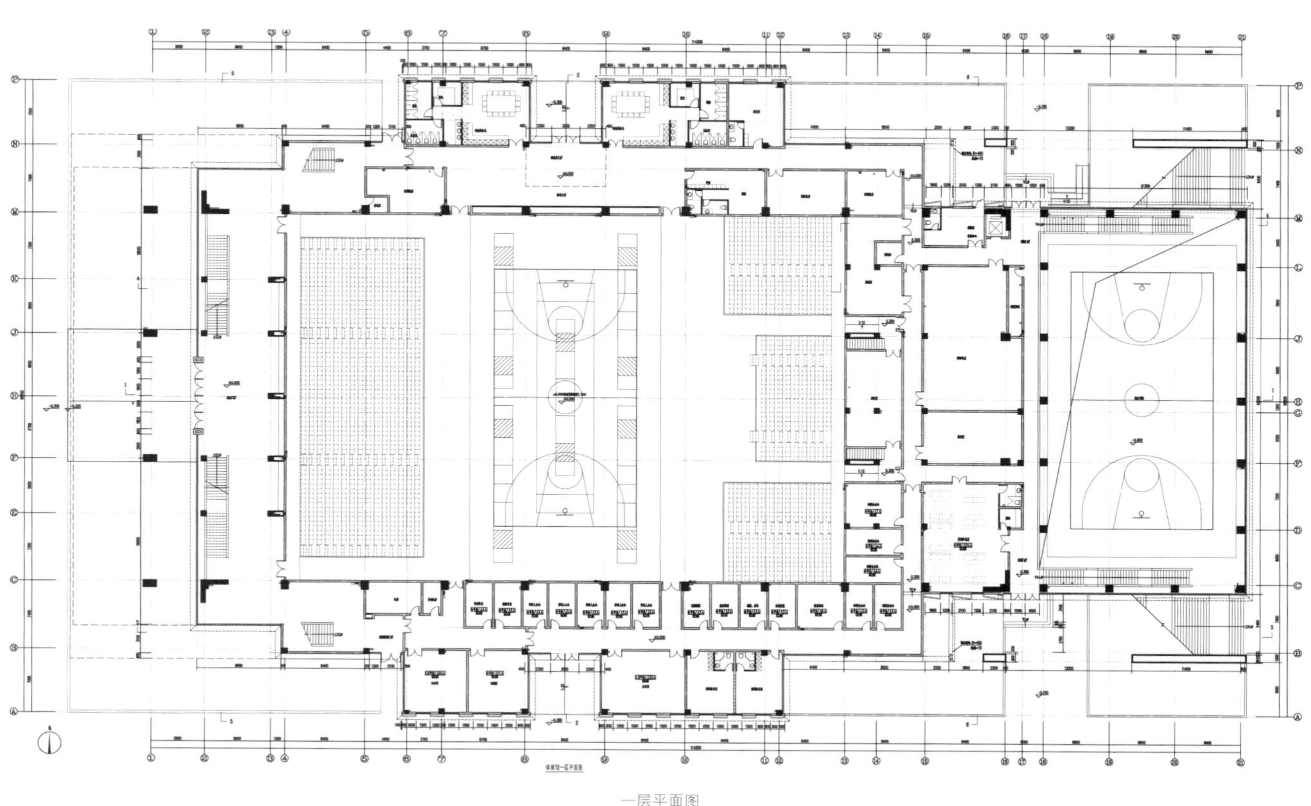

一层平面图

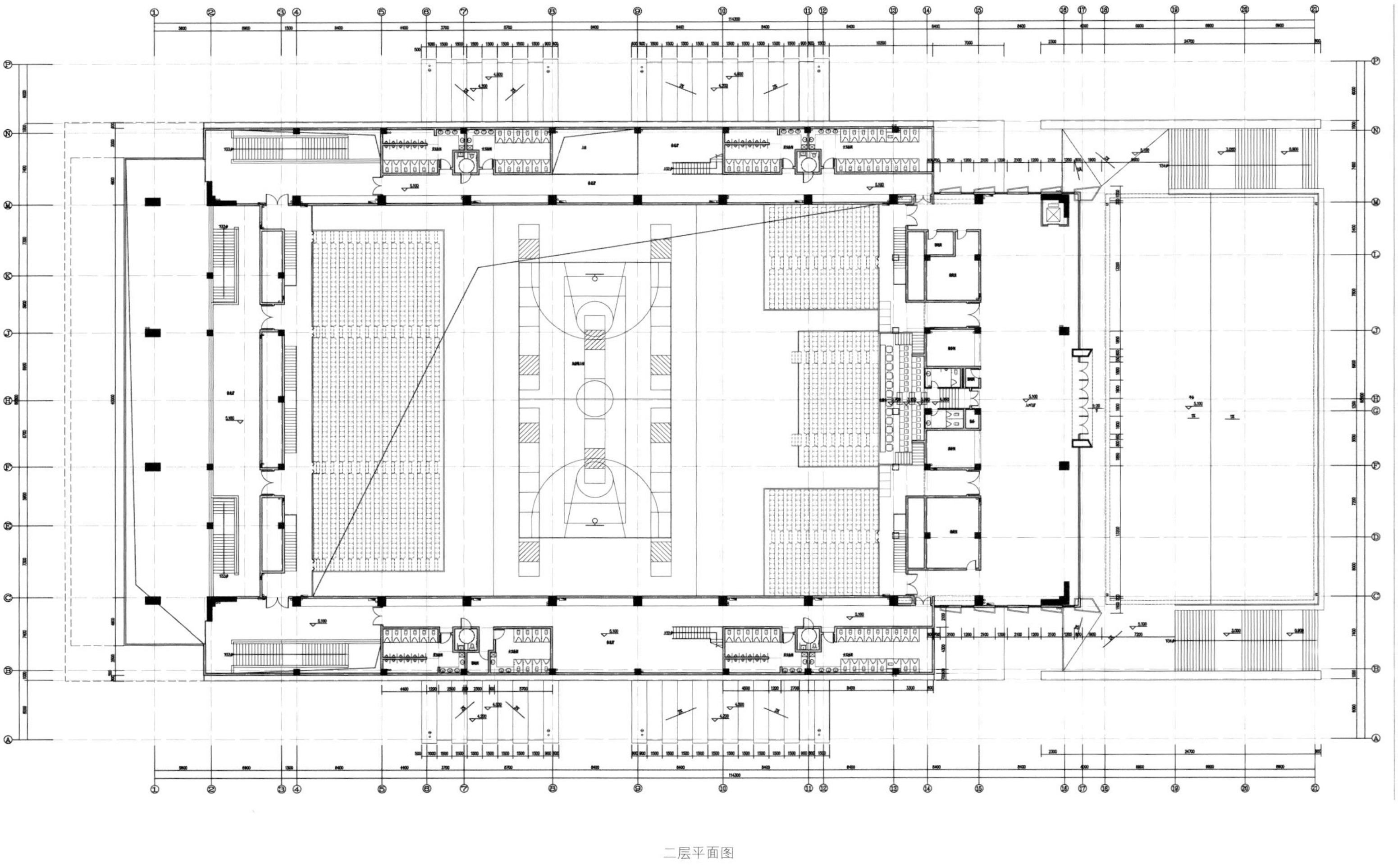

二层平面图

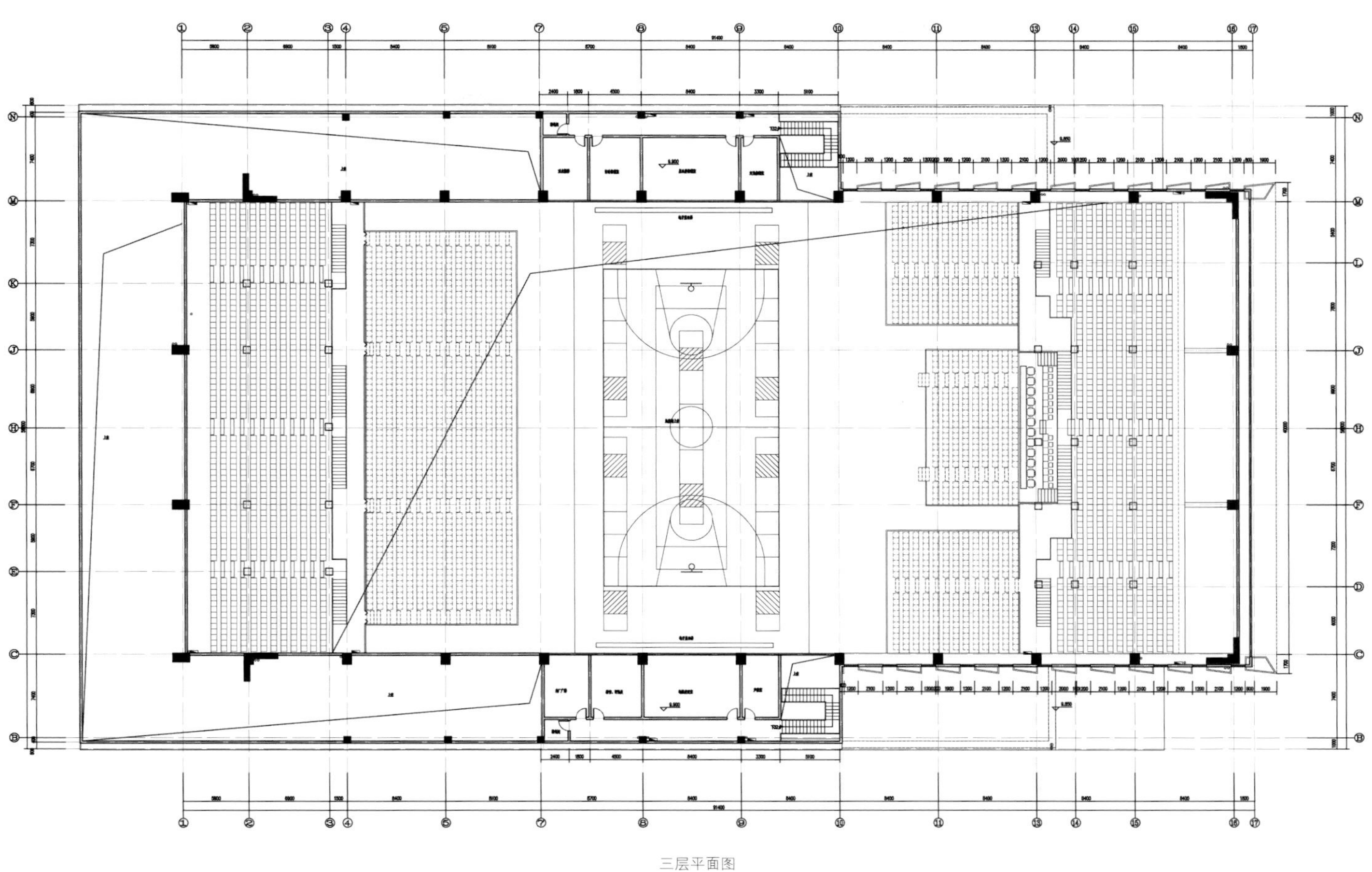

三层平面图

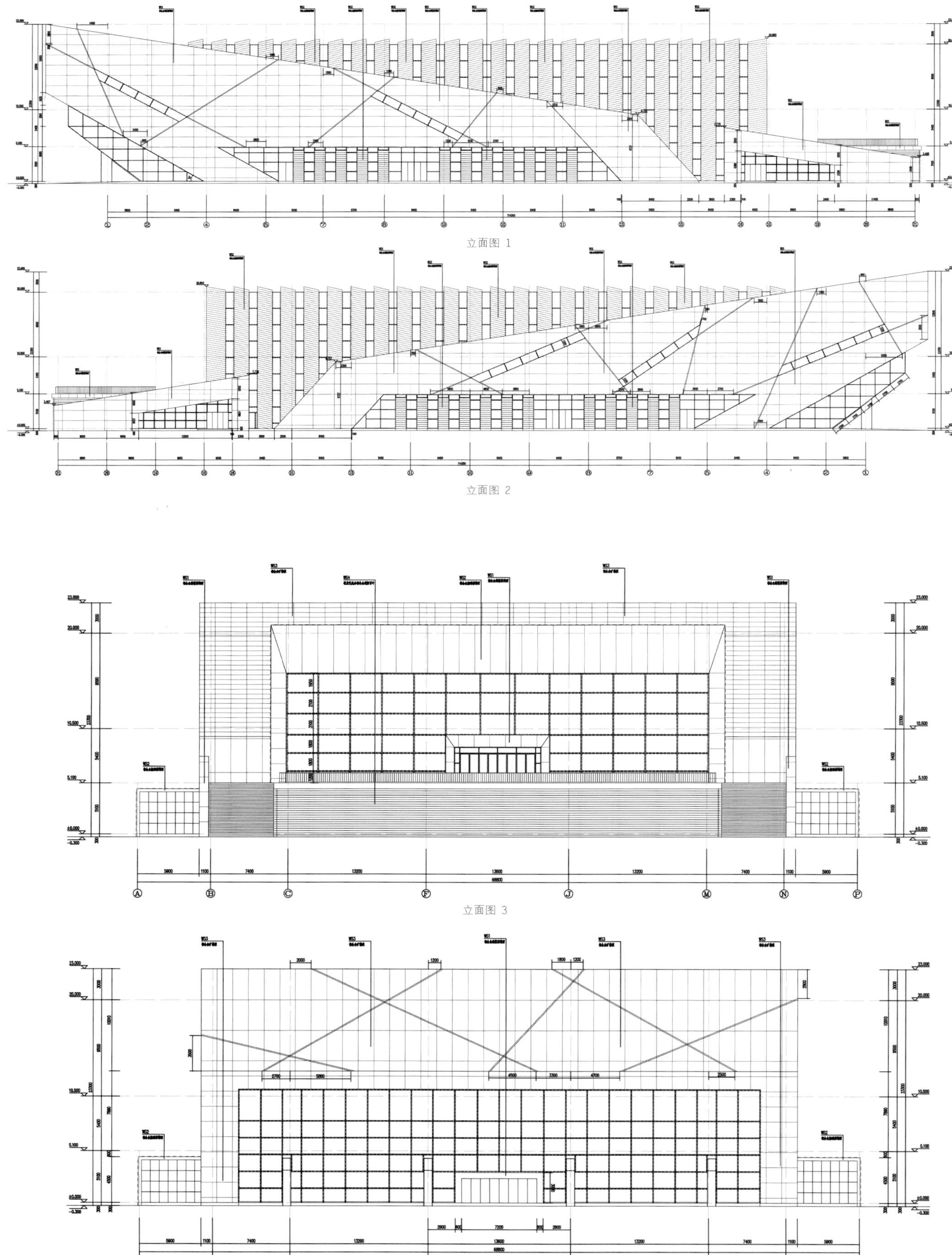

立面图 1

立面图 2

立面图 3

立面图 4

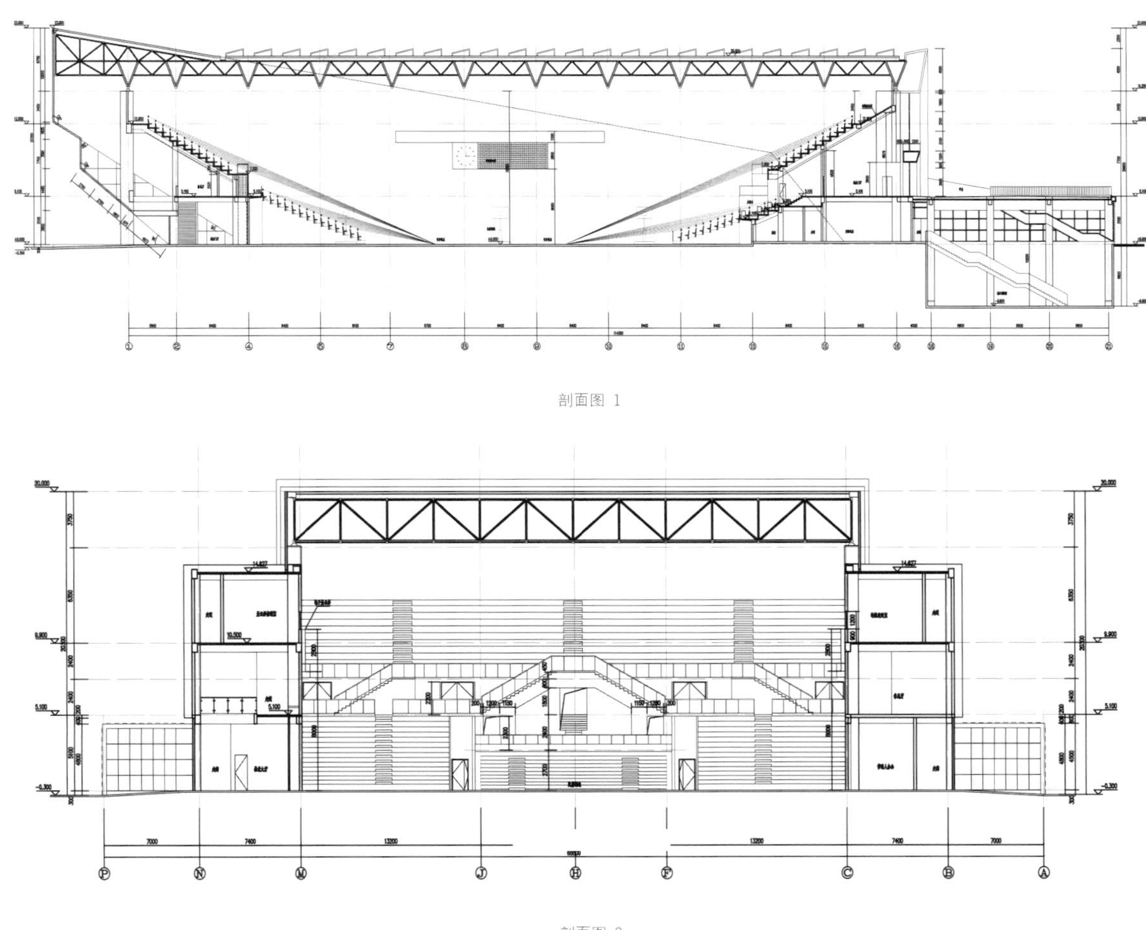

剖面图 1

剖面图 2

吴中区现代文体中心

设计单位：苏州设计研究院股份有限公司
建 筑 师：查金荣、陆勤、李少锋、徐贝、沈乐
项目地点：中国江苏省苏州市
建筑面积：57 513平方米

本项目在总体布局中充分利用有限的土地资源，注重多种功能的空间组合，创造与城市空间和谐统一的丰富空间。

建筑总体布局强调了城市轴线，南北主轴线以基地南侧的吴中区体育馆作为对景，以室外平台来突出这条轴线。基地西部为文化创意产业大厦，东侧为全民健身中心，建筑功能与基地以北规划中的吴中文化中心、基地以南的吴中区体育馆相符，形成吴中区的文体活动核心。

文体中心L形的建筑和南侧的体育馆及西侧规划中的高层共同围合出中心广场，不仅承担了地块内吴中体育馆，酒店商业建筑和文体中心的大量人流，而且是整个文体核心地块的“中心庭院”。

通过舒展全民健身中心和挺拔的文化创意产业大厦，来提升该地段的形象；体现“兼容并蓄，海纳百川”的非凡气度。全民健身中心的造型具有现代感和运动感，造型流畅，立面时尚生动。文化创意产业大厦立面造型简洁、现代，符合办公建筑的要求。

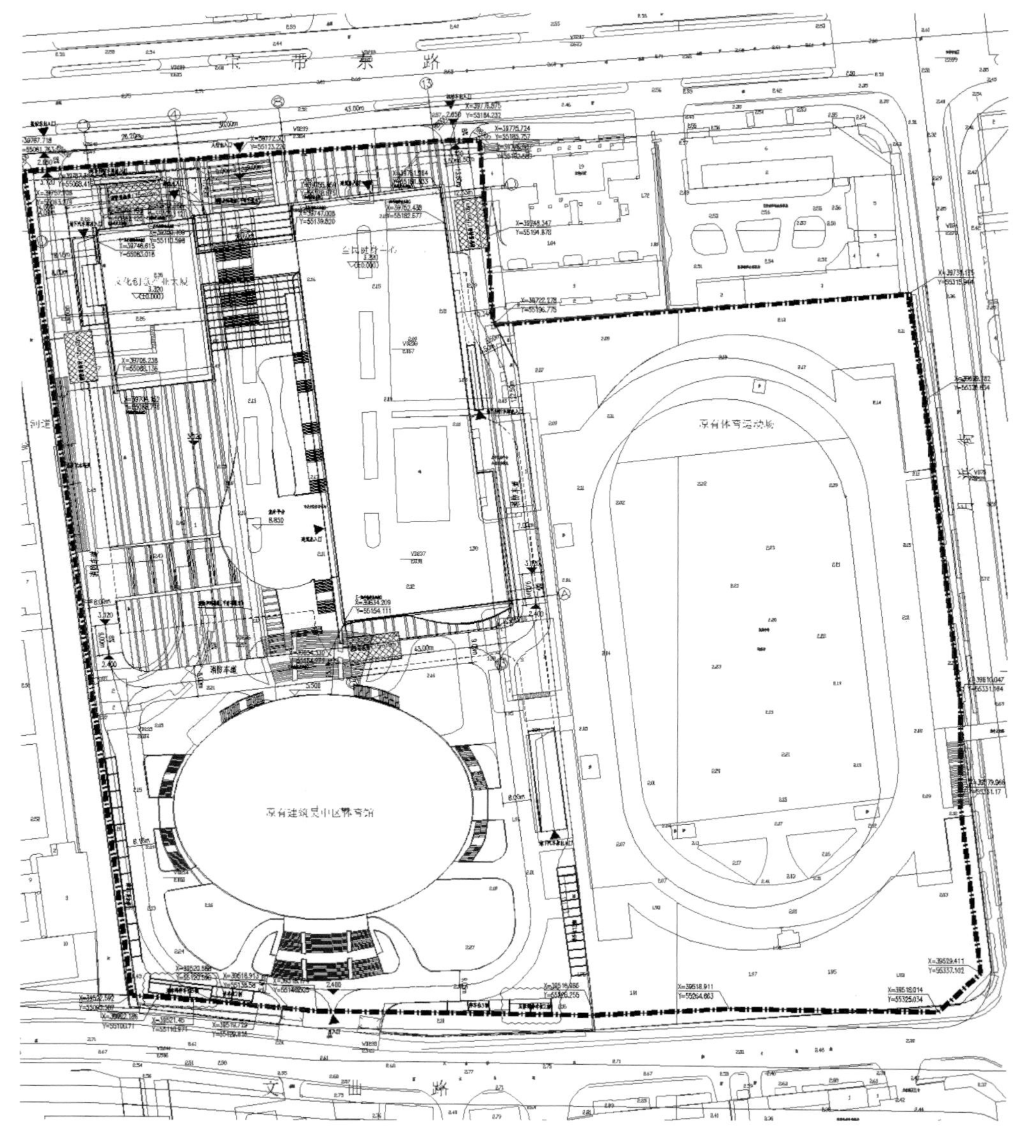
总平面图

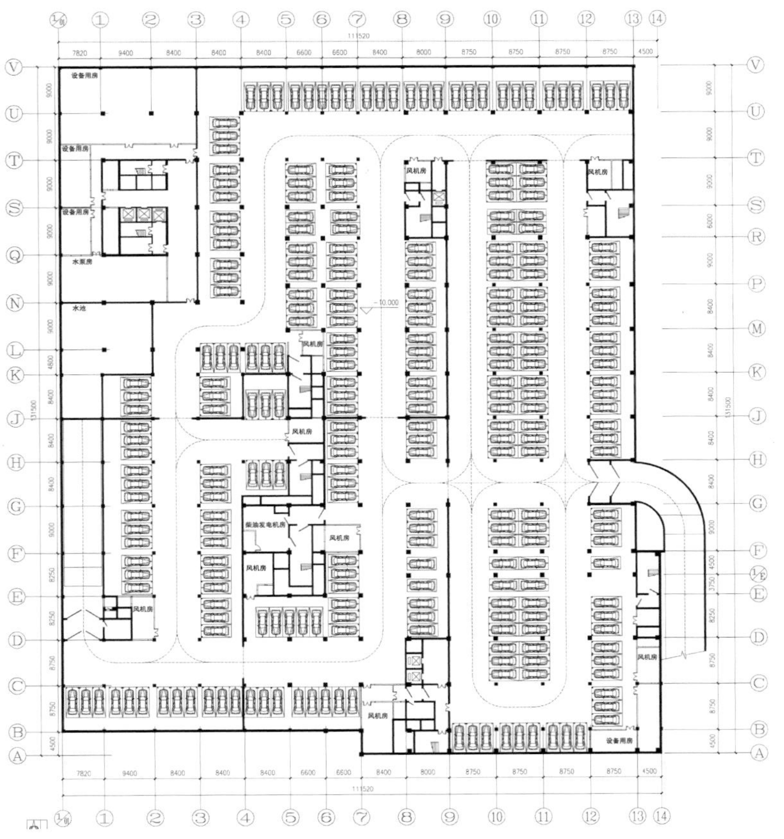

地下二层平面图

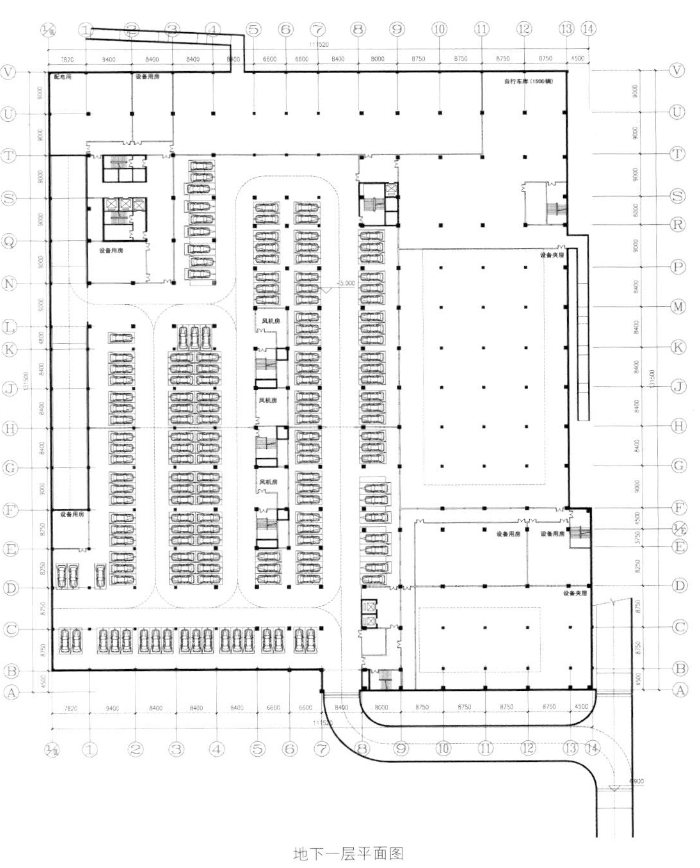

地下一层平面图

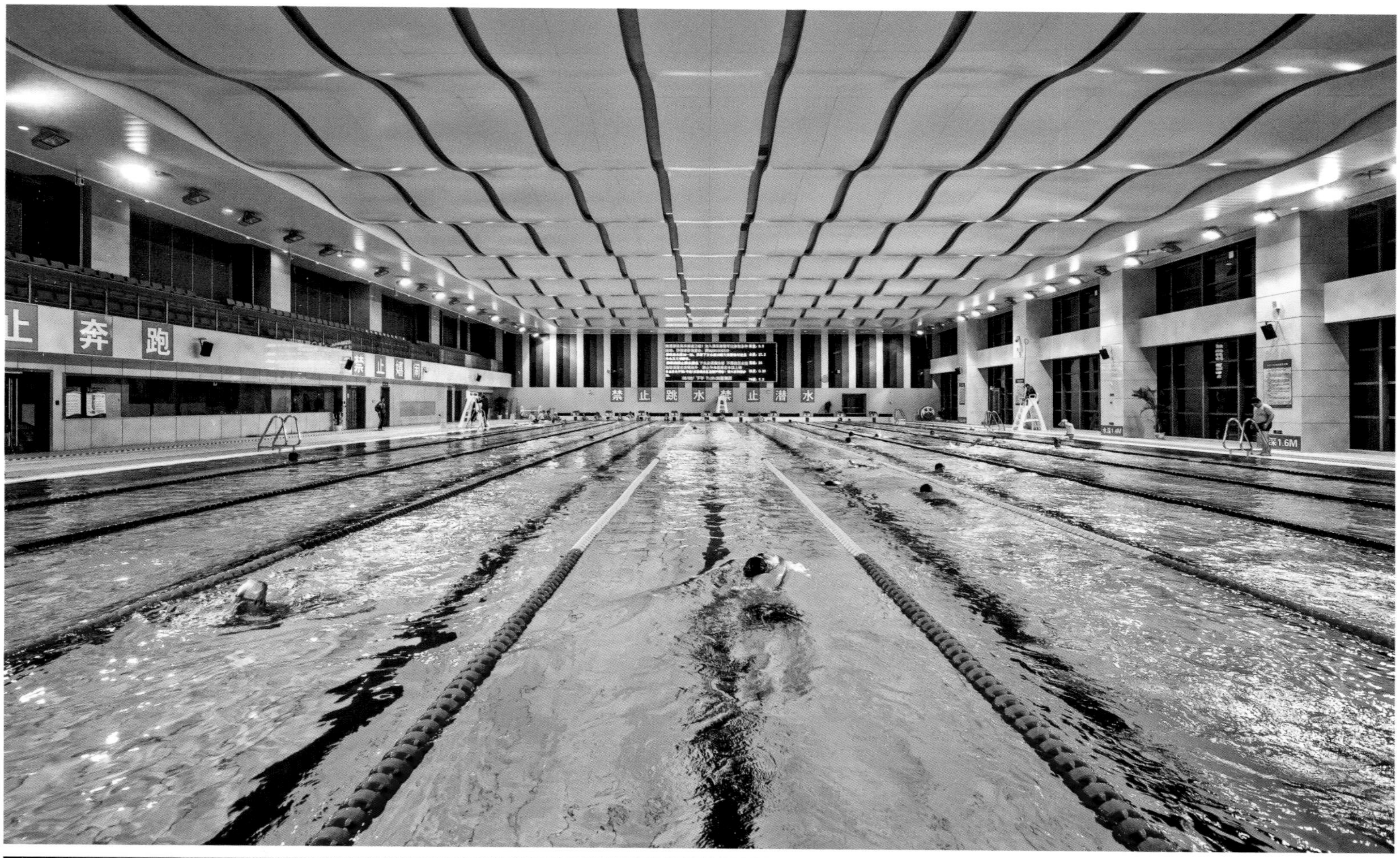
止 奔 跑
禁 止 跳 水 禁 止 潜 水
1.6M

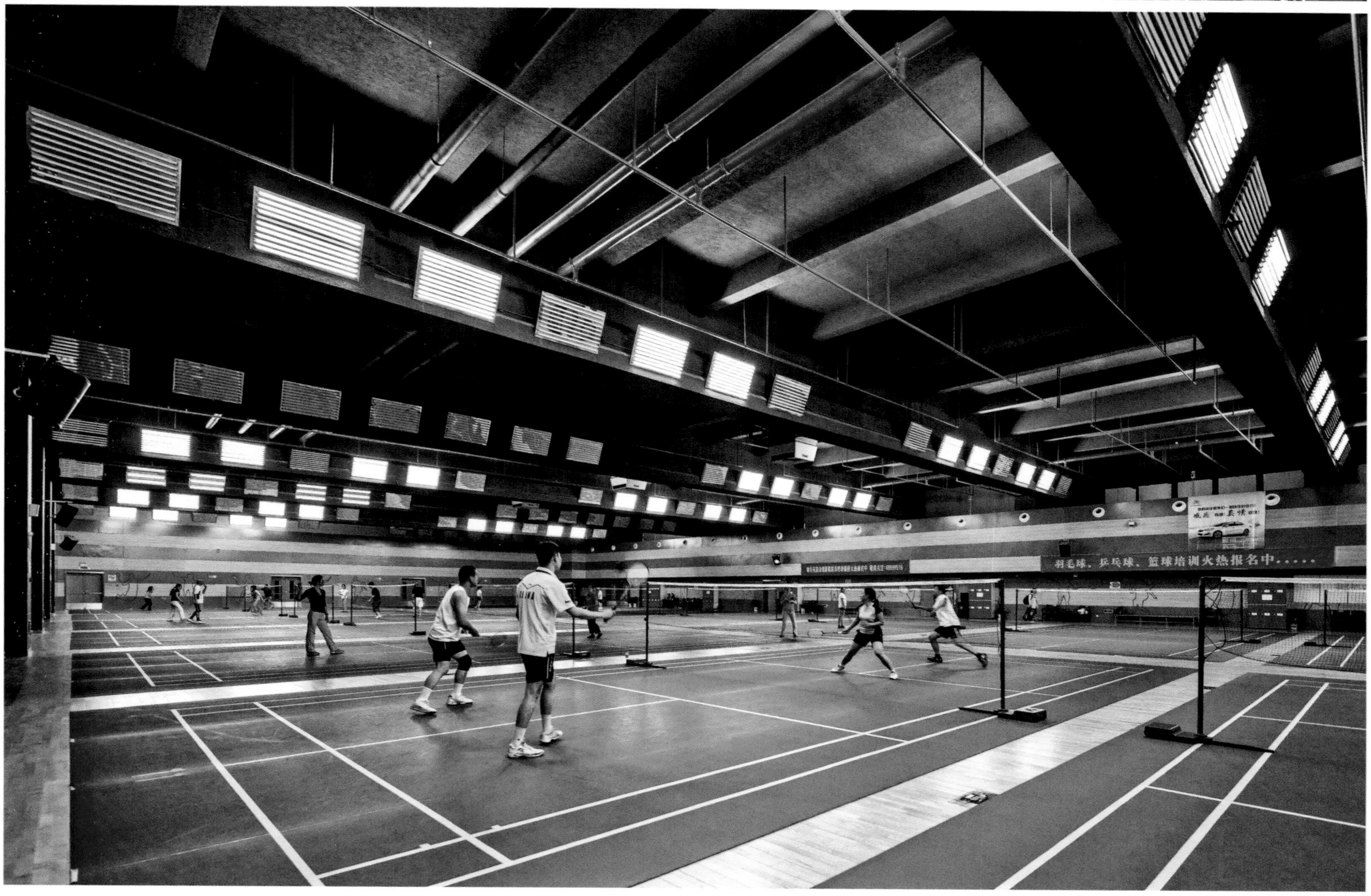
羽毛球、乒乓球、篮球培训火热报名中……

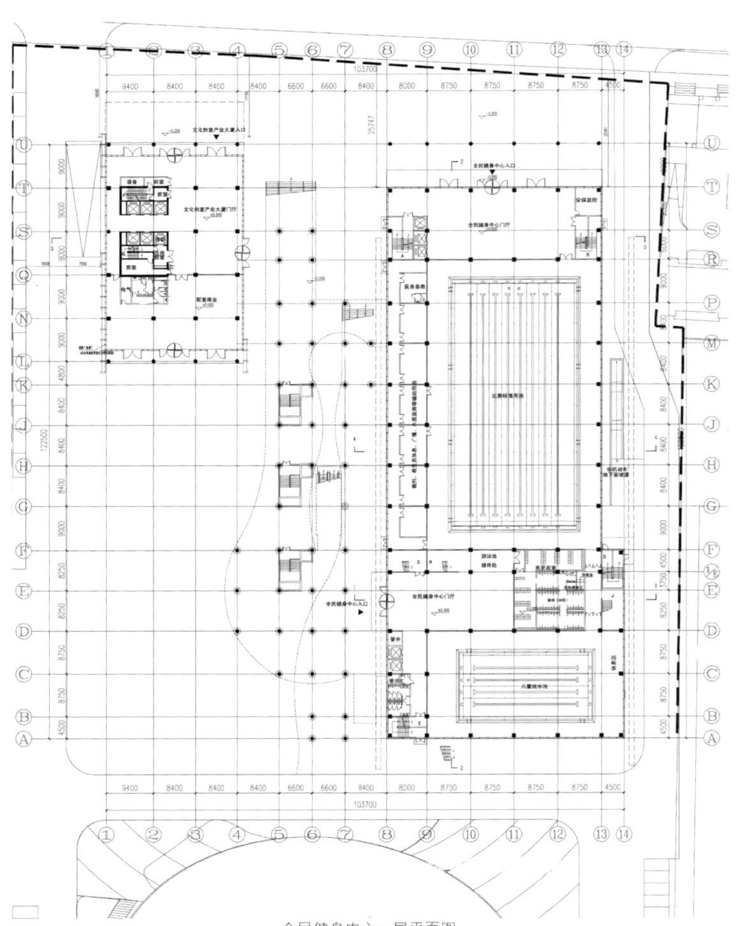

全民健身中心一层平面图

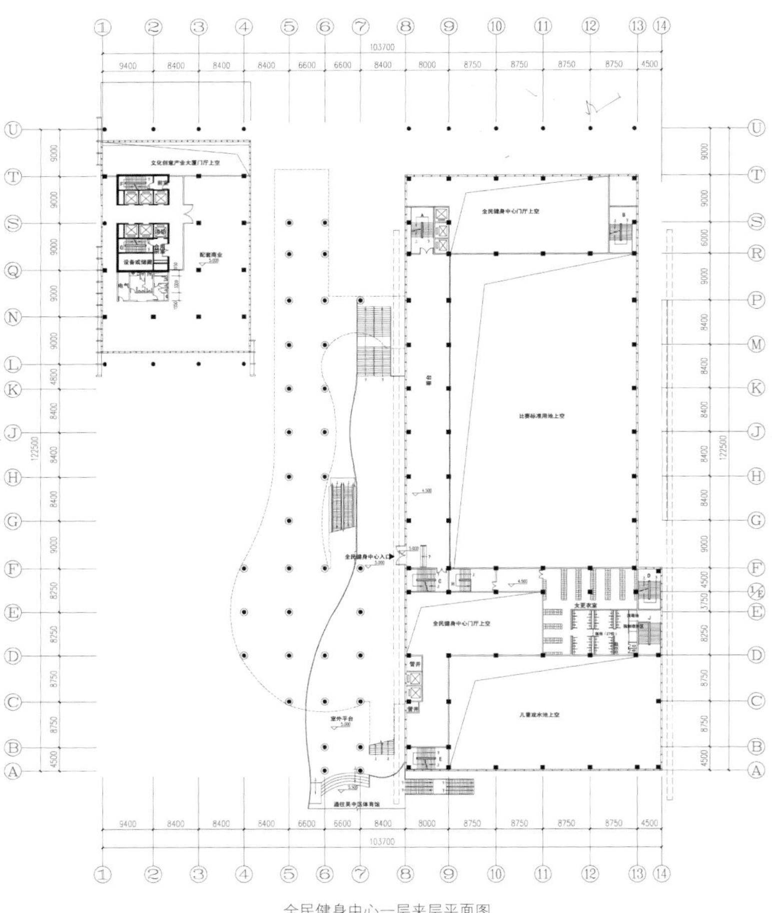

全民健身中心一层夹层平面图

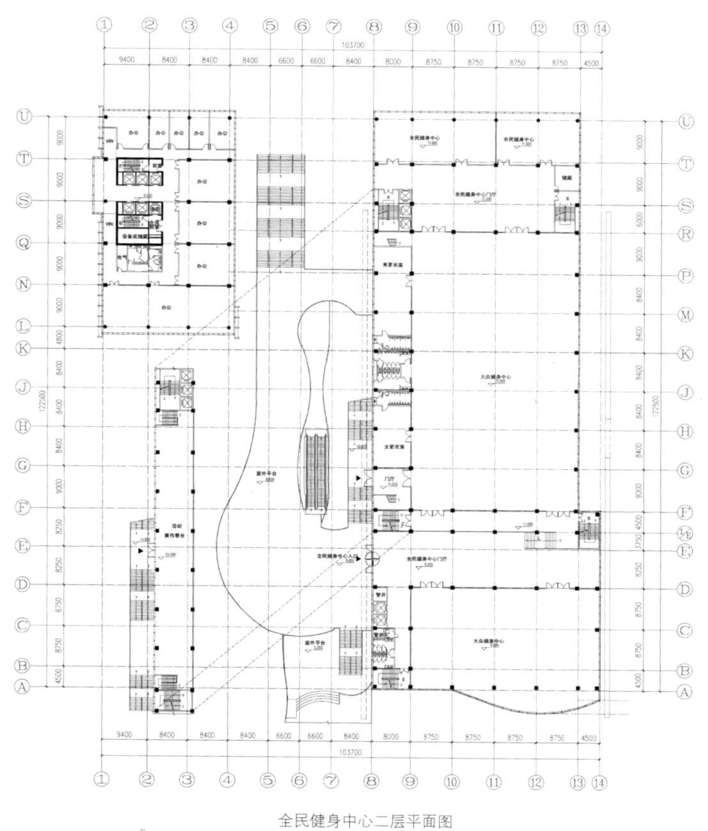
全民健身中心二层平面图

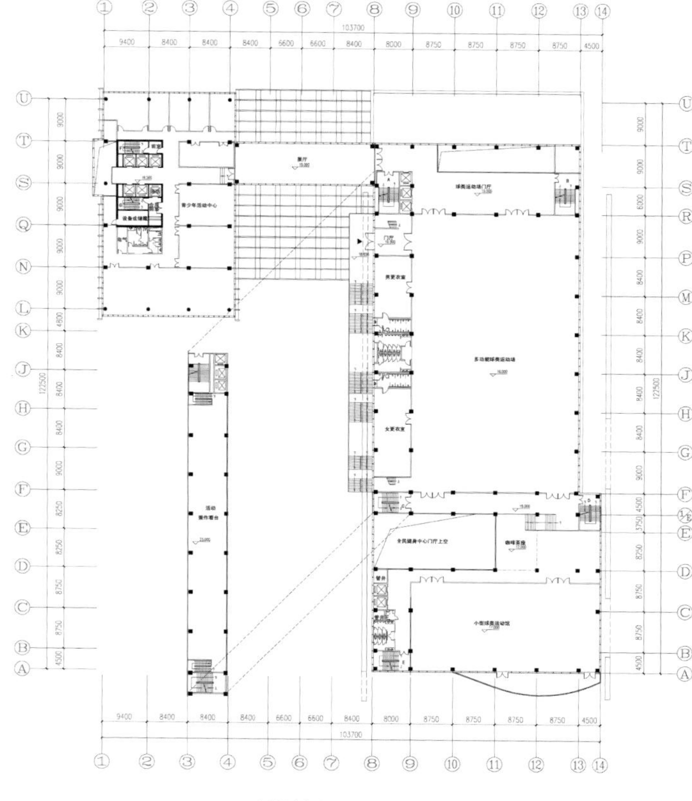
全民健身中心三层平面图

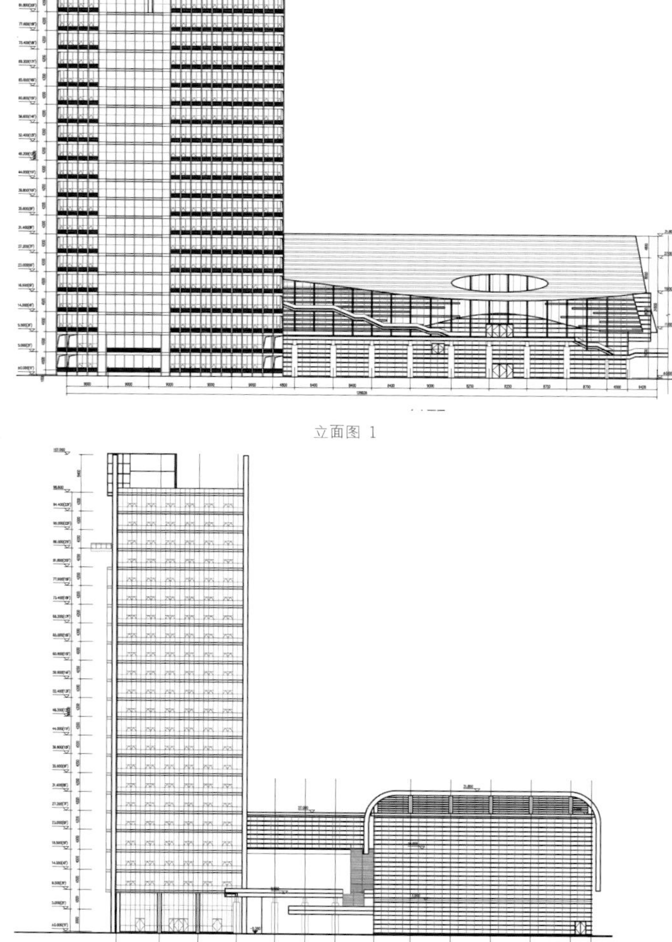
立面图 1

立面图 2

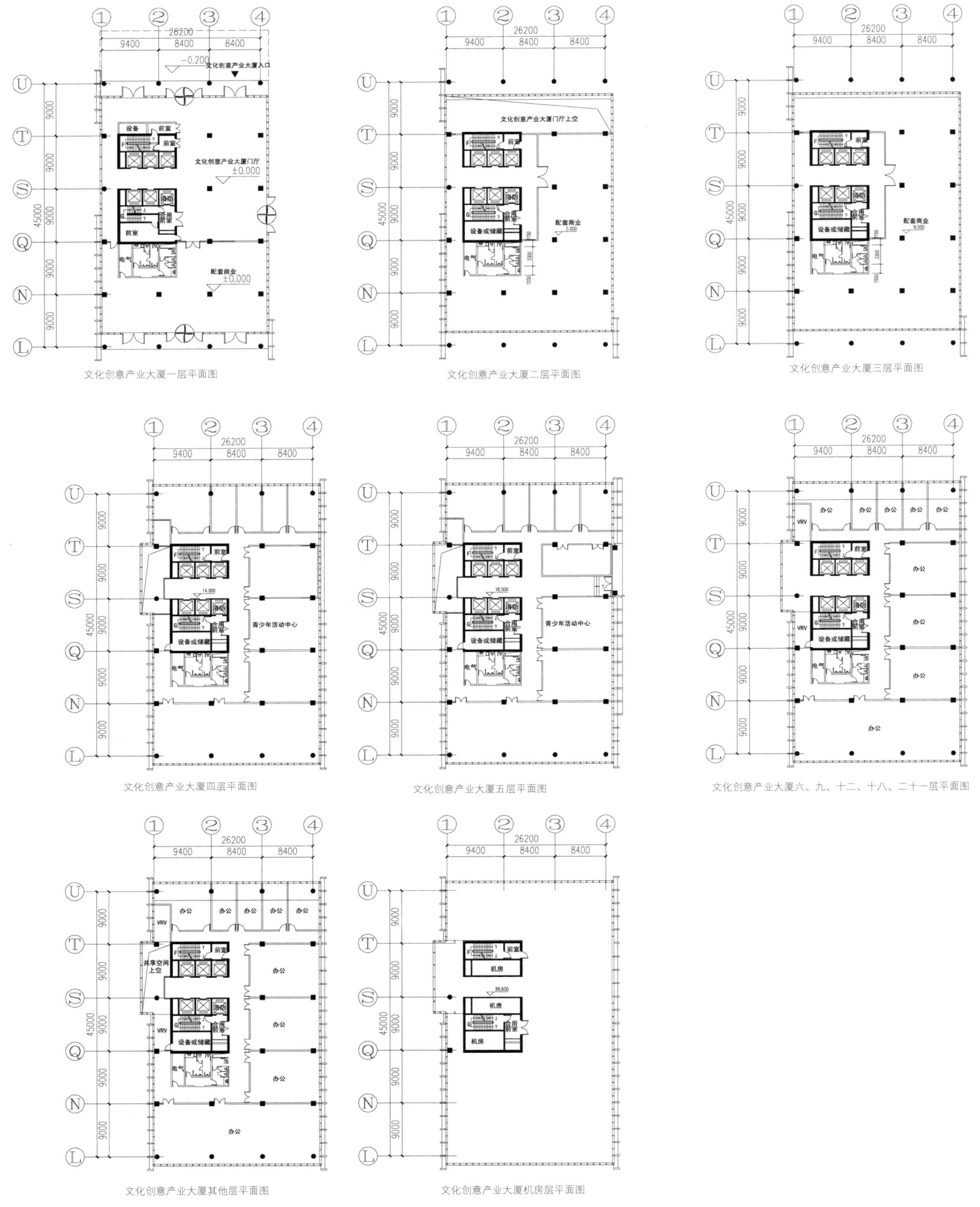

文化创意产业大厦一层平面图

文化创意产业大厦二层平面图

文化创意产业大厦三层平面图

文化创意产业大厦四层平面图

文化创意产业大厦五层平面图

文化创意产业大厦六、九、十二、十八、二十一层平面图

文化创意产业大厦其他层平面图

文化创意产业大厦机房层平面图

中国光大银行

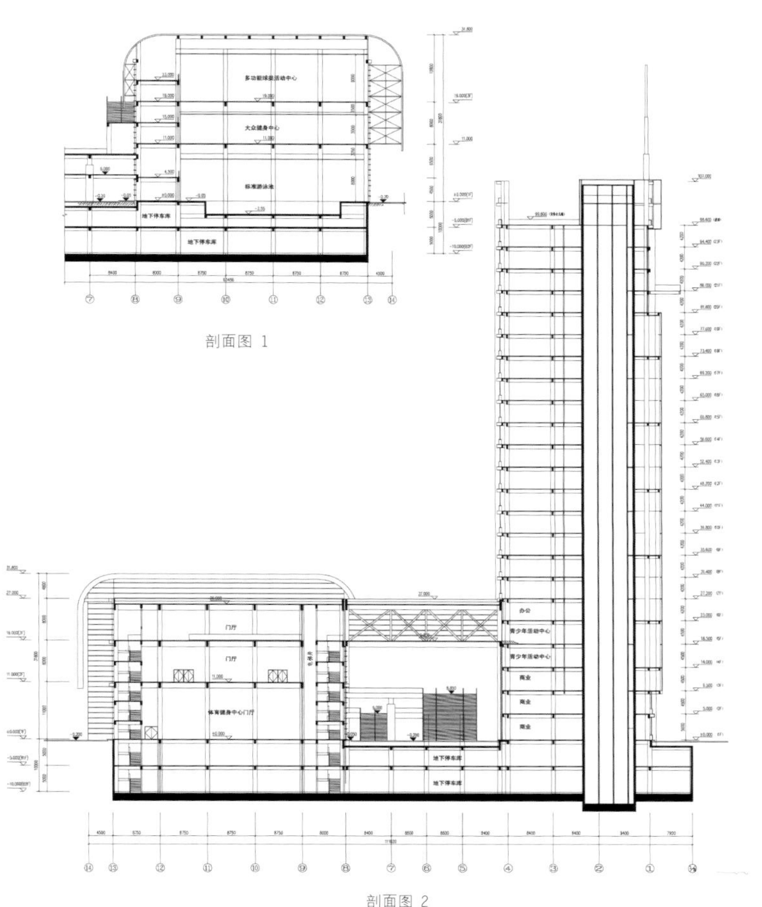

剖面图 1

剖面图 2

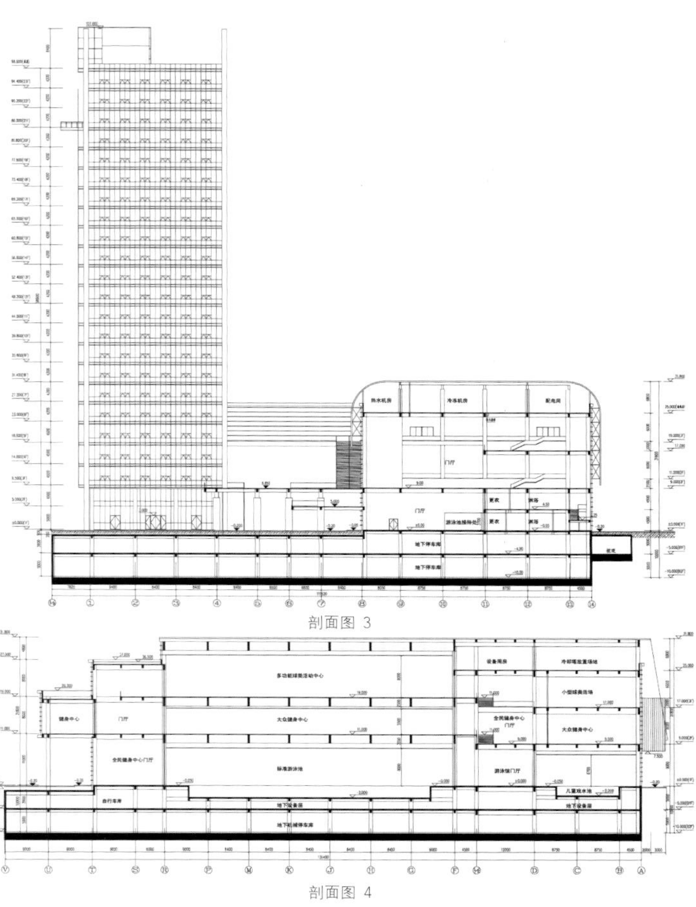

剖面图 3

剖面图 4

交通建筑

洛杉矶国际机场
汤姆·布拉德利国际航站楼

设计单位：泛亚文泽师
项目地点：加利福尼亚州洛杉矶
用地面积：78 968平方米
竣工时间：2013年
摄 影 师：Jason A. Knowles © Fentress Architects

洛杉矶的夜晚繁星闪烁，白天的阳光总是那么明媚耀眼。多年来，数以百万计的人们迁移到这座城市，共同构建一个充满活力的、兼容并蓄的文化和社会。他们追寻着加利福尼亚的梦。

但这座城市是面向世界的门户，洛杉矶国际机场，已经变得更像一个噩梦。九个航站楼之间缺乏相互连接的通道，人群的流通也很不顺畅。食品店和零售商店等便利设施也过于简陋。当国际航班的旅客到达机场的时候，迎接他们的是通往安检和海关区的漆黑可怕的走廊，这样一个充满美景和幻想的城市，在迎接对区域经济作出上千万美元贡献的人们时，丝毫没有表现出应有的姿态。机场的建筑太过时了，一些旅客甚至选择西海岸机场作为他们进入美国的大门。原本应对城市的经济发展起到驱动作用、为打造良好城市形象的国际机场如今已经阻碍了城市的发展。

因此对于设计师来说，赢得该机场总方案和机场现代化改造项目是发挥他多年专业机场设计经验的一个绝好机会，可以使机场实现高效运营，给旅客带来光明和舒适的环境，还可以把南加利福尼亚的鲜明特点展现在世人面前。

设计师开始计划分散人流，通过与当地居民、城市官员和旅客谈论这座城市对他们的意义，来为这个国际机场注入生机。在这些谈话过程中，形成了描述洛杉矶特点的文字和词汇：文化、名人、开放性、多样性、创新、引领潮流和各种对这个地区的自然美景的描述。

但在设计师倾听的时候，他越来越清晰地认识到沙滩、海洋和阳光才是人们愿意继续来到这里的理由。

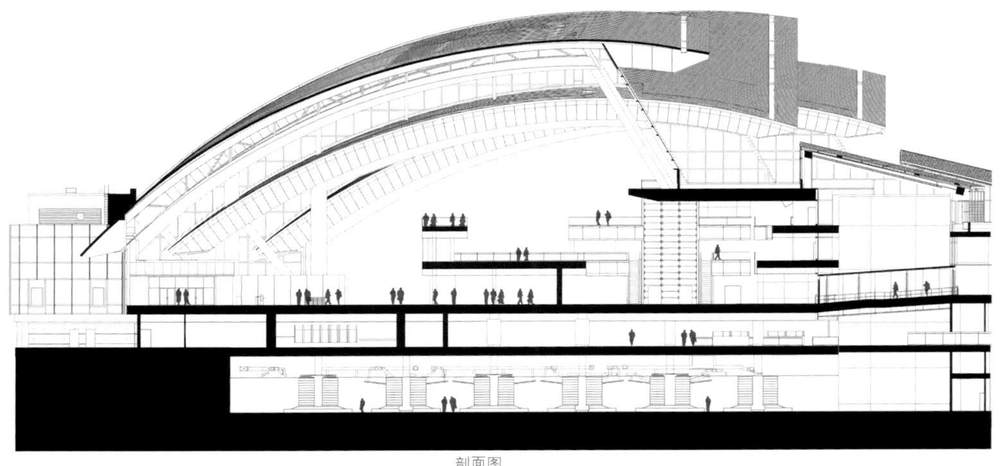

剖面图

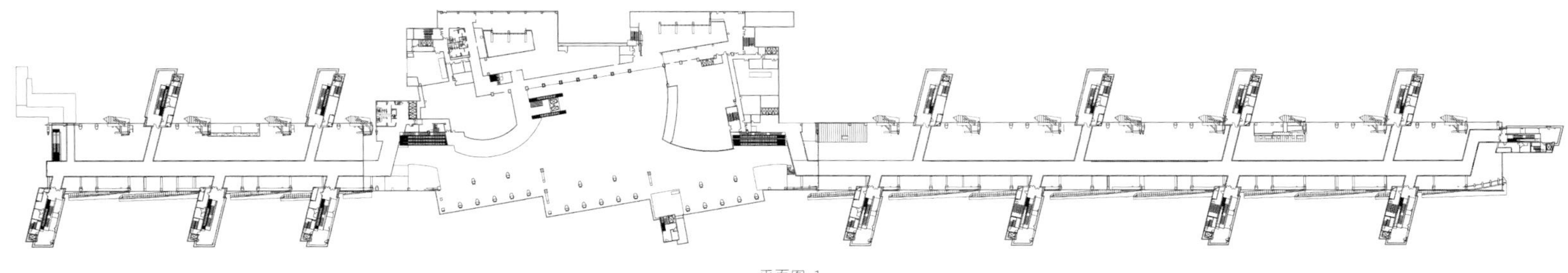

平面图 1

ZENITH
DUTY FREE

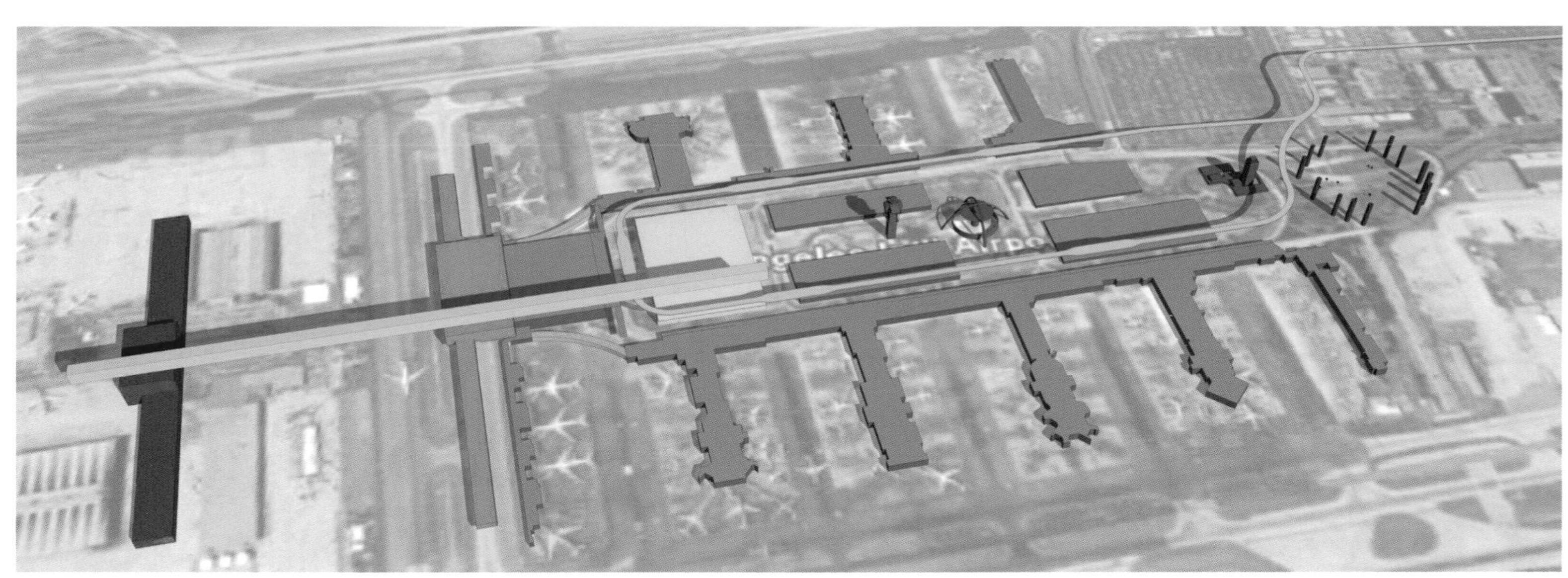

罗利·达勒姆国际机场2号航站楼

设计单位：泛亚文泽师
业　　主：罗利•达勒姆国际机场
项目地点：美国北卡罗莱纳州罗利市
建筑面积：85 470平方米
竣工时间：2011年
摄 影 师：© Brady Lambert, Jason A. Knowles
© Fentress Architects, Nick Merrick
© Hedrich Blessing

新的世界级的机场航站楼把机场打造成北卡罗来纳州和学术研究三角区的门户。设计团队的灵感来自该地区的文化遗产和自然景观，意图打造一个内部使人舒适、采光良好、令人难忘的标志性建筑。这座建筑最突出的特点是引人注目的木桁架拱状的天花板，表明当地具有丰富的家具制造传统。

设计师设计了一系列由薄木板胶合在一起的微微弯曲的桁架，能跨越长达47米的距离，这是前所未有的跨度。这样室内便构成了没有立柱、大跨度延伸的结构，同时最大限度地提高了空间使用的灵活性。这种木桁架体系的组建包含了复杂的托架和柱状系统，这个系统根据其需要发挥效能，只露出一部分附着在钢柱上的钢夹和螺栓系统。

B航站楼用地85 470平方米，几乎比原有的航站楼大三倍。它包含两个登记大厅，共有36个关口，每年容纳的旅客多达1 140万人。目前应用的技术包括基础设施和一个完全自动化的嵌入式行李检测系统，这个系统使安检过程得到简化。此外，沿着航站楼的宽大玻璃幕墙和登机大厅使室内得到了充足的阳光，旅客还可以从这里去往飞机跑道，进行登机等活动。

这个航站楼的建造是对罗利·达勒姆当地文化的一种表达，不会随着时间而过时。外部和内部的主要建筑元素是对北卡罗莱纳州农业、纺织业和高科技社区的抽象化。

“起伏的群山这个主题通过屋顶的设计进行了阐释。木梁和硬木的使用能让人感受到南方人的好客。” 设计师说，“美国其他主要的机场没有一个在天花板使用木梁。这种有远见的设计和本土工艺品的元素反映了我们‘手工制作，思维创造’的主题。这个机场让人觉得温暖、有吸引力，独具地方特色。”

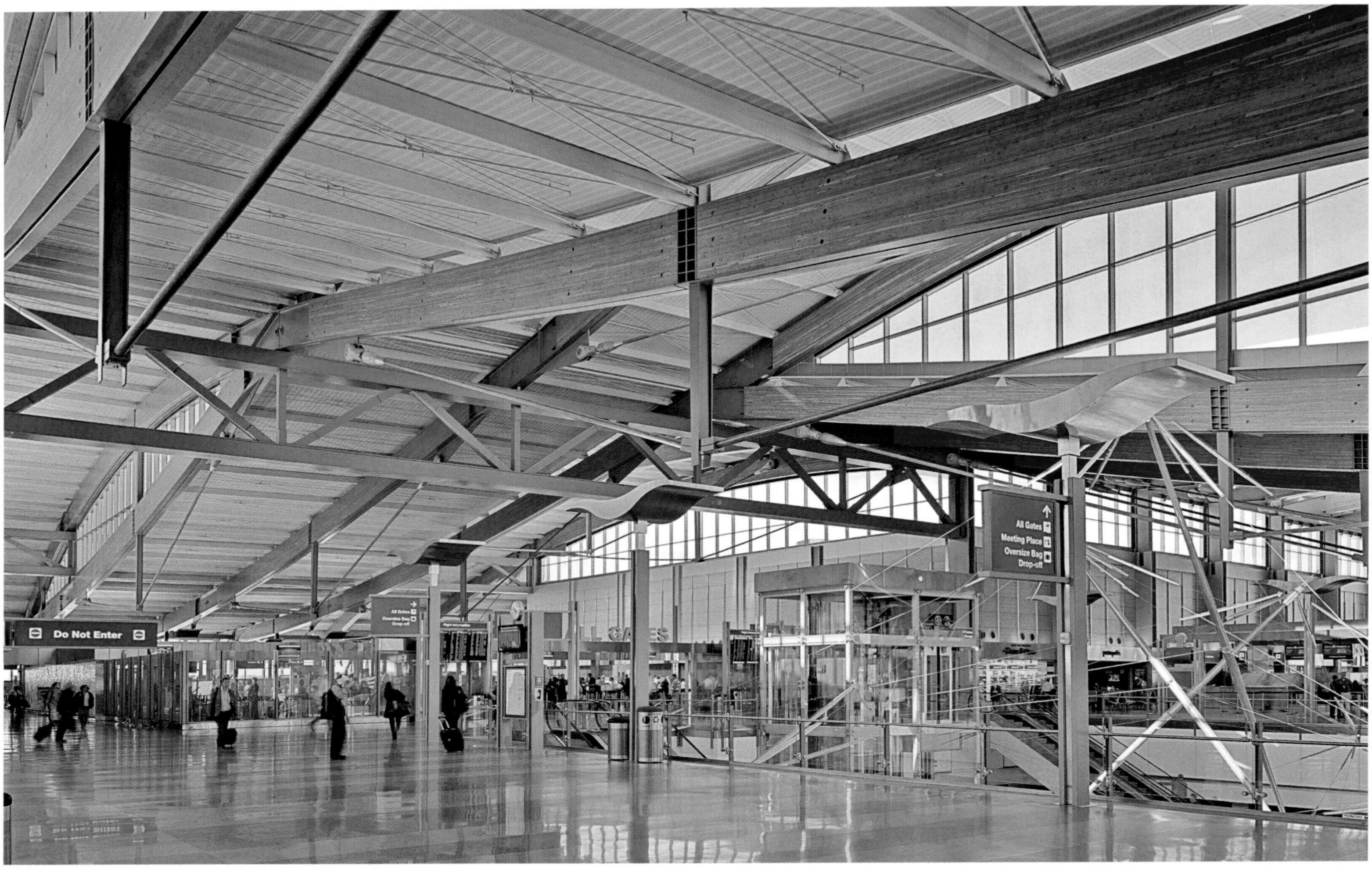
Do Not Enter
All Gates
Meeting Place
Oversize Bag
Drop-off

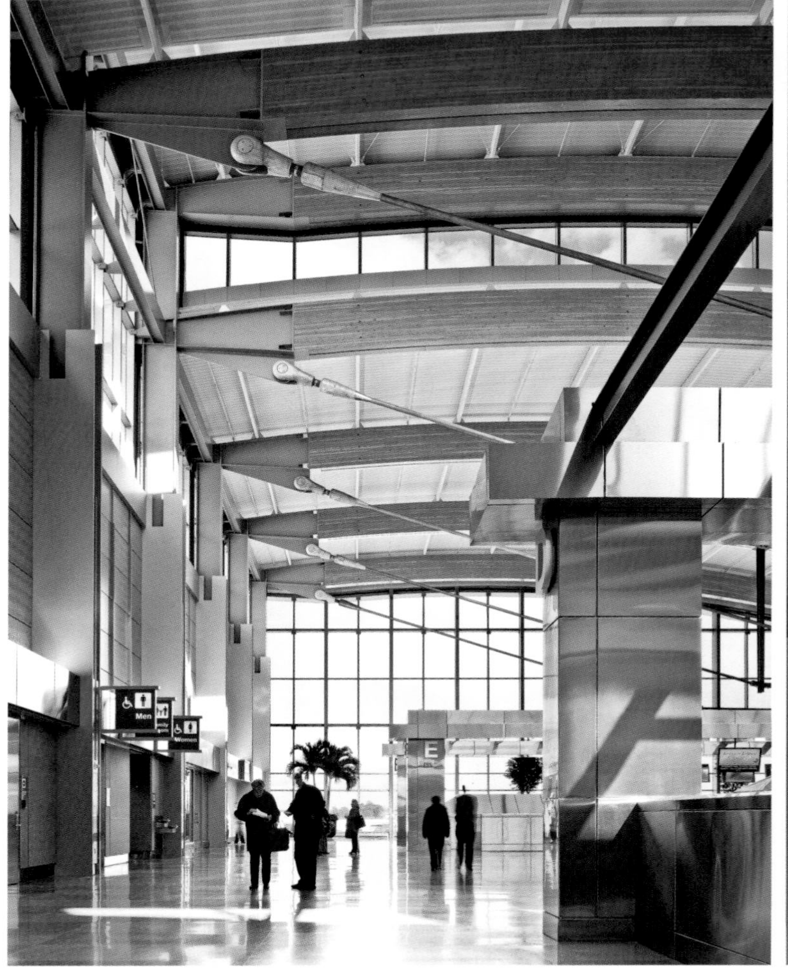

Men
E

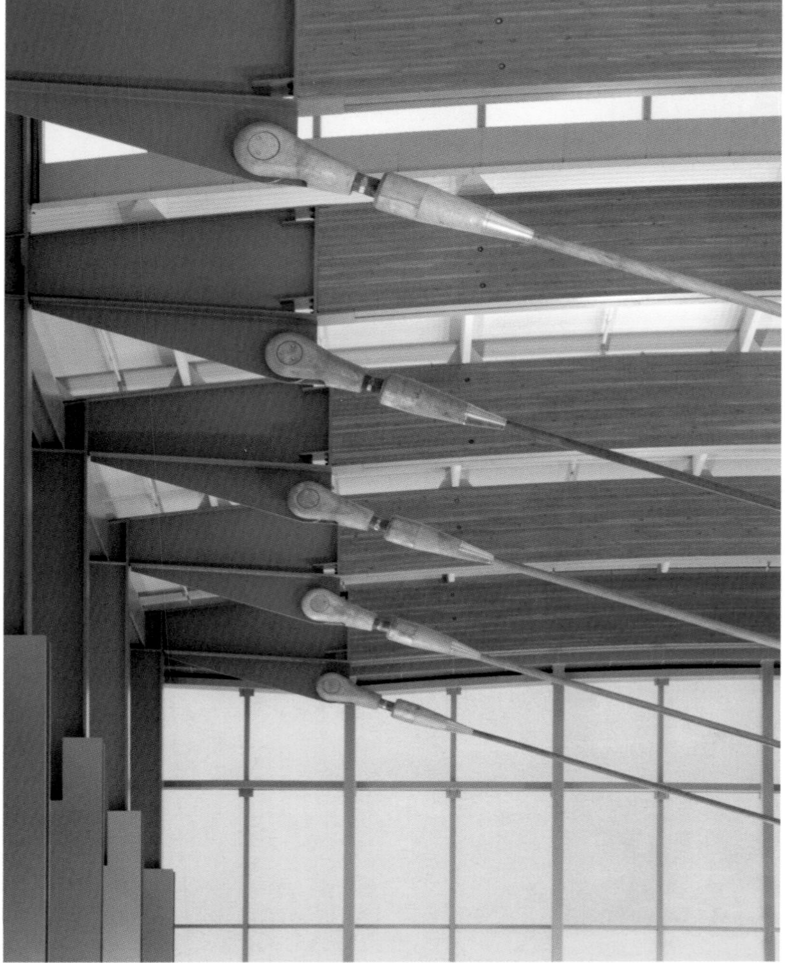

CHECK IN
Multiple Airlines
No Bags

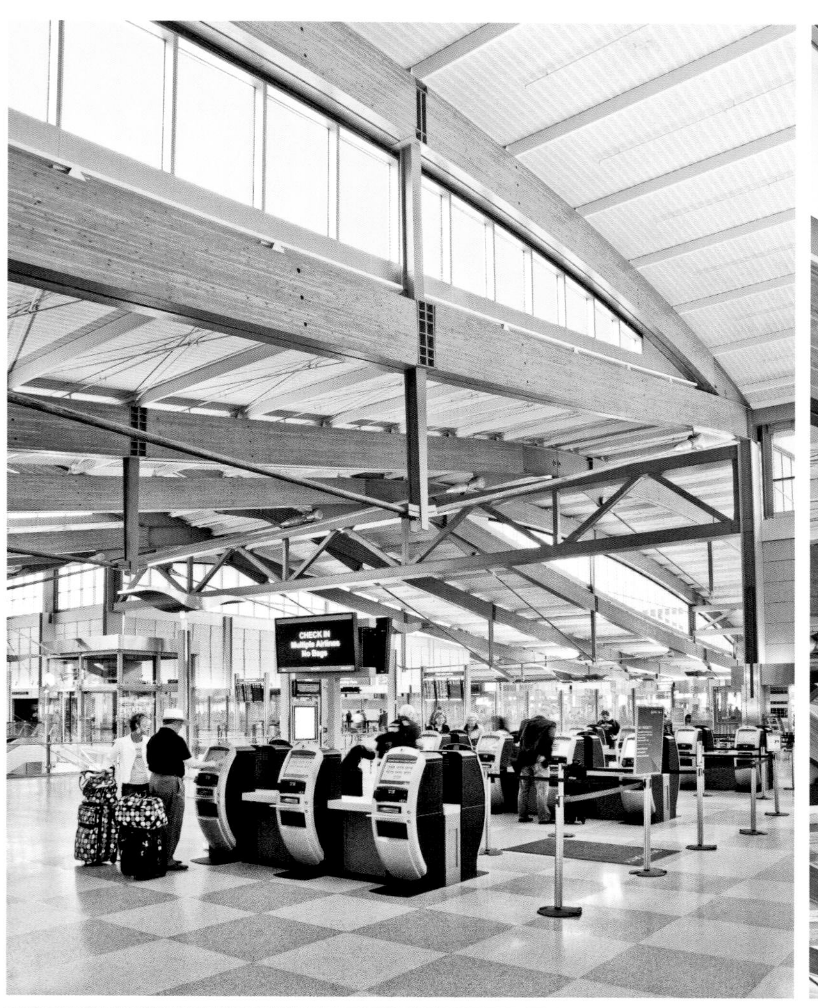

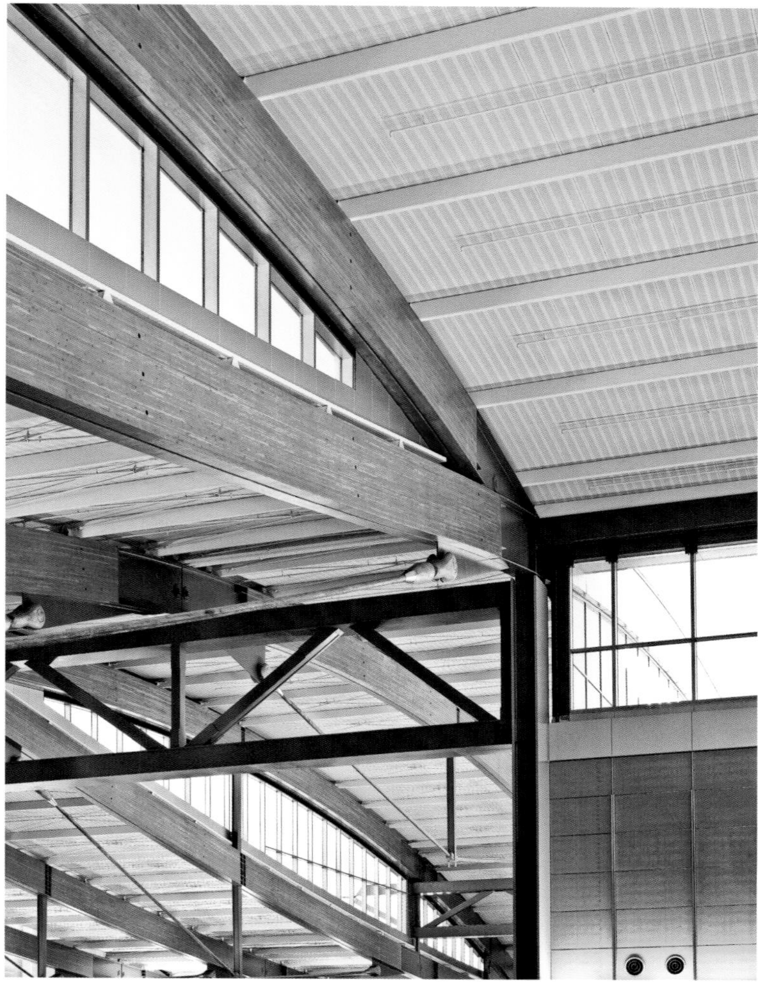

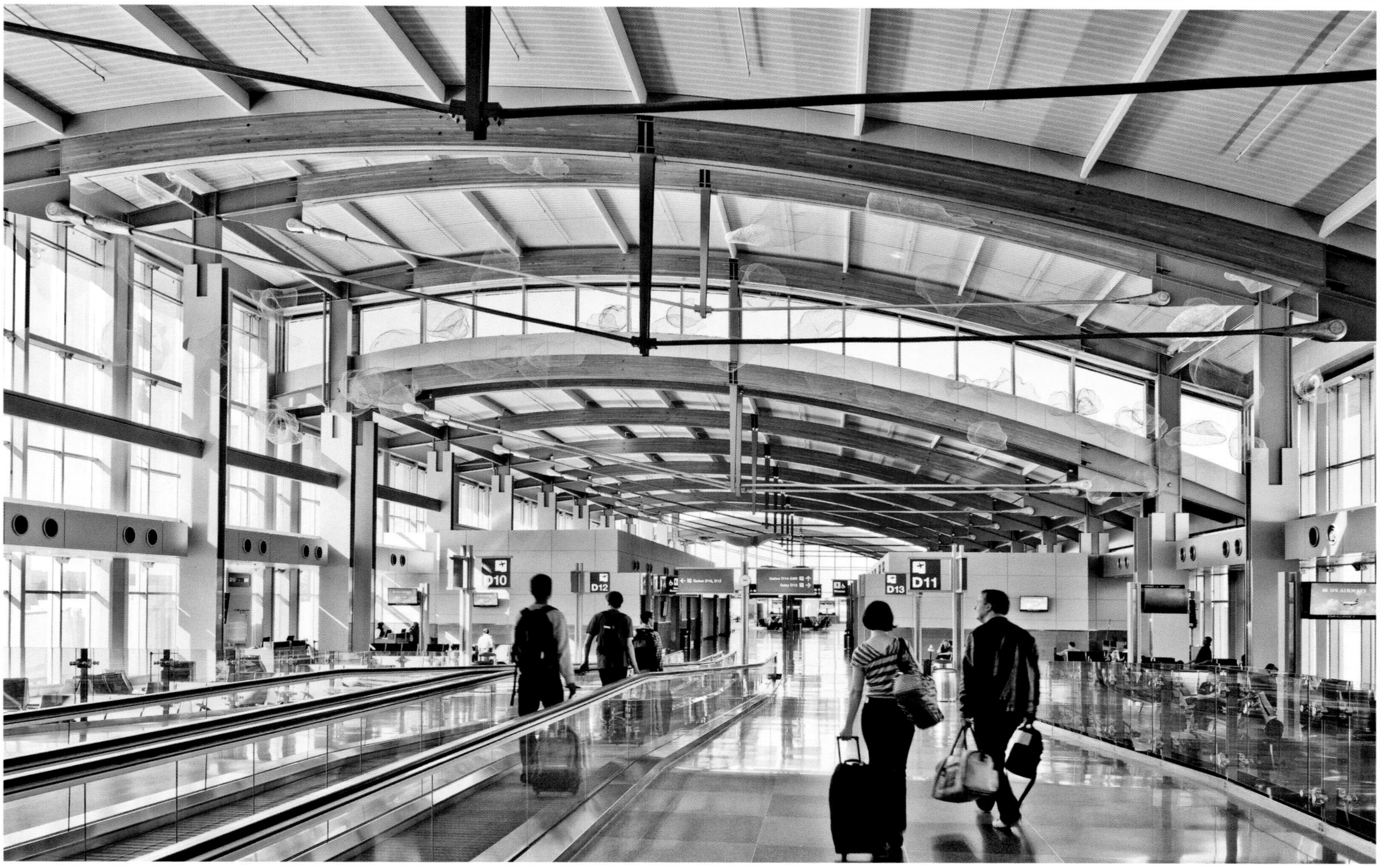
D10
D12
D13
D11

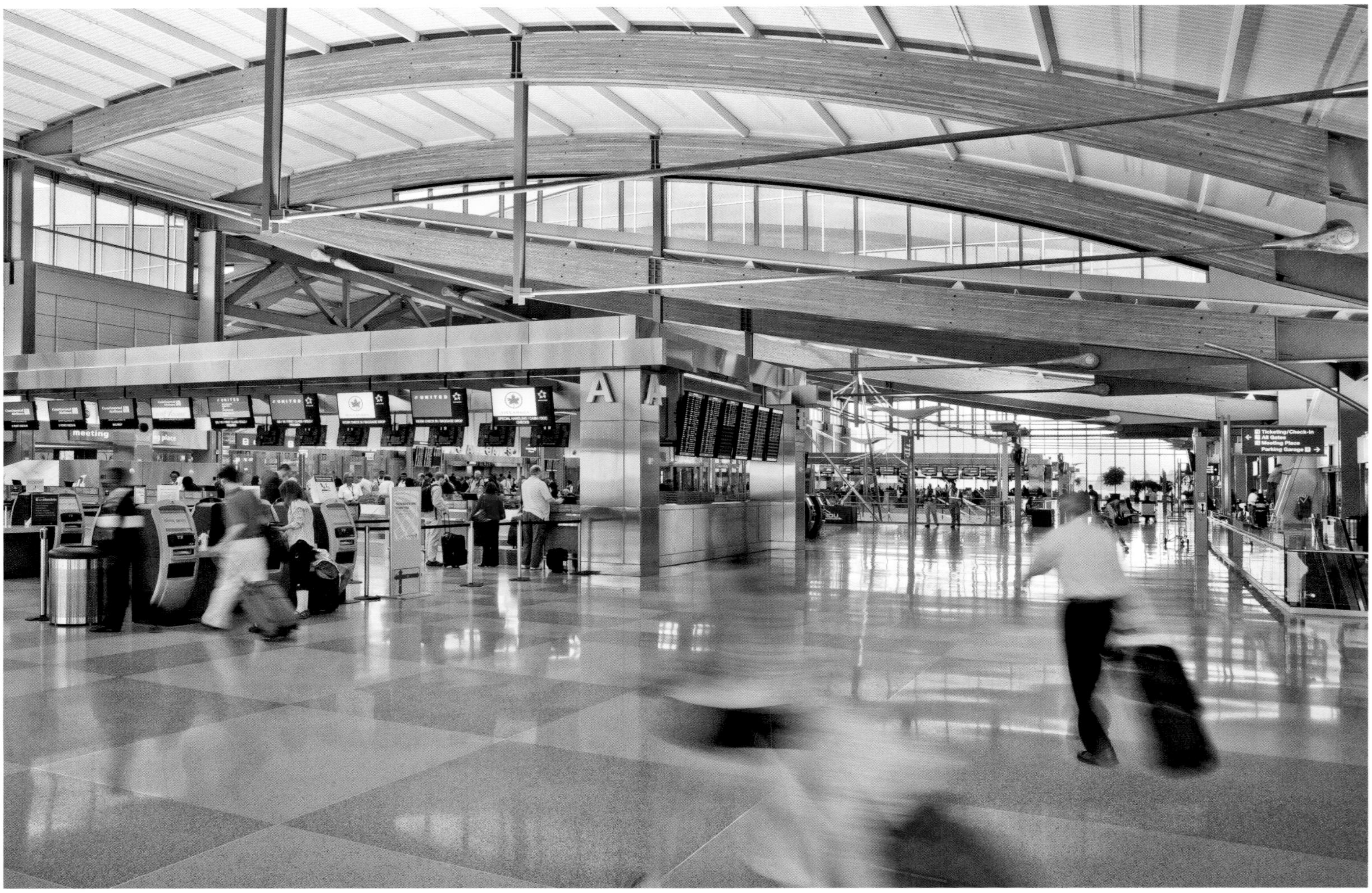
Ticketing/Check-in
All Gates
Meeting Place
Parking Garage

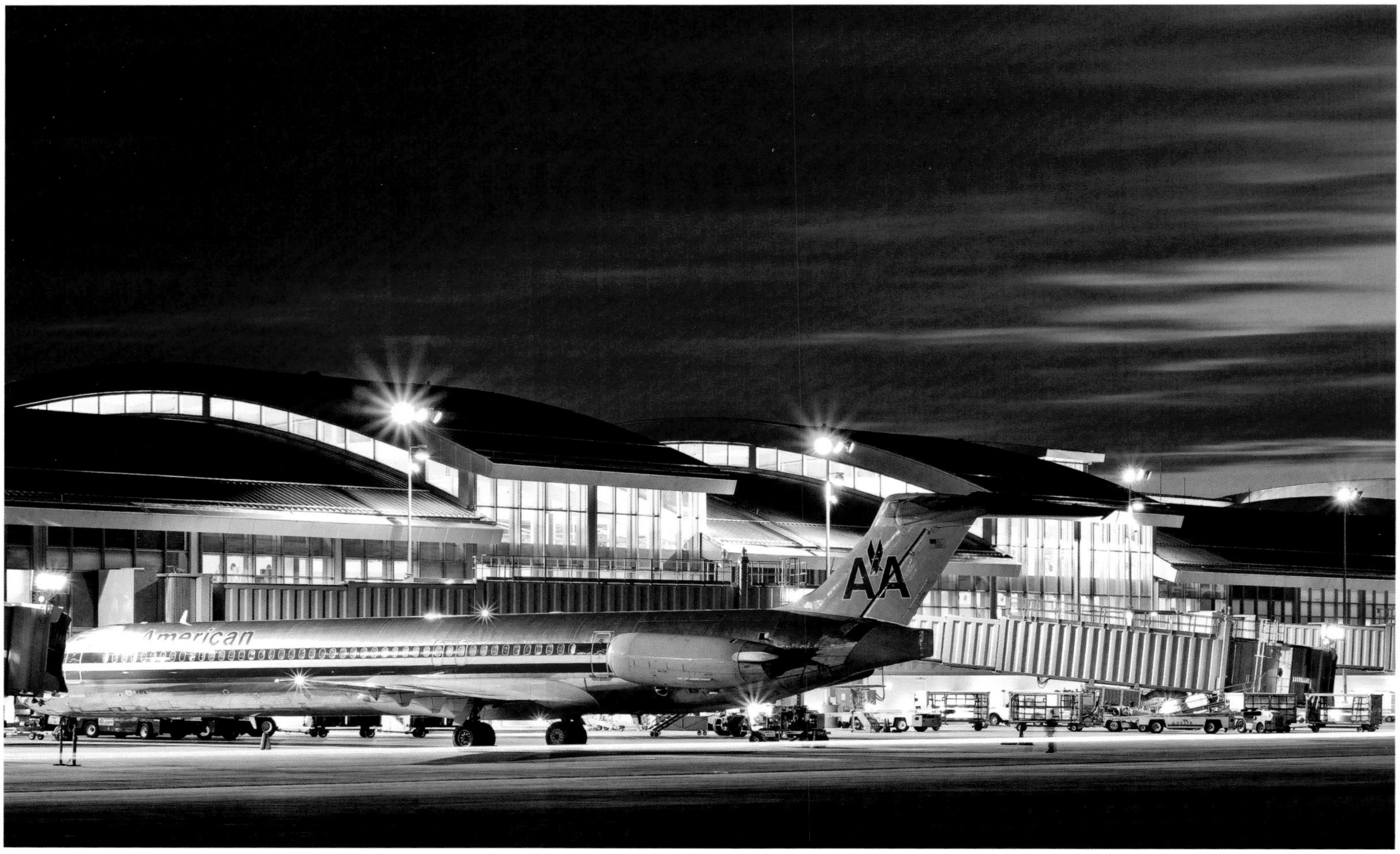
American
AA

萨克拉门托国际机场

设计单位：泛亚文泽师
业　　主：萨克拉门托机场管理局
项目地点：美国加利福尼亚州萨克拉门托市
用地面积：278 709平方米
竣工时间：2011年
摄 影 师：© Jason A. Knowles，© Fentress Architects
　　　　　© Tim Griffith

新建的B中央航站楼是萨克拉门托国际机场航站楼现代化改造工程，斥资10.3亿美元建造完成，当地人称之为"大工程"，其包括一个新的中央航站楼、一个拥有19个检票口的新登机大厅、国际旅客基础设施、旅客安检点、一个嵌入式行李检查系统及3 902多平方米的大厅。如今，萨克拉门托国际机场每年能够接待大约1 600万名旅客，随着发展，未来还会接纳更多的旅客。"大工程"是萨克拉门托市历史上进行的最大规模的公共建设资金改良项目。

新的B中央航站楼如今拥有世界级水准的机场设施，也是通往中部峡谷地区的大门。建筑师捕捉到了当地丰富的历史和文化，制造出能代表萨拉门托地方特色的感觉。拱形的带有玻璃幕墙的三层结构使旅客可以从三个方向看到城市全景，包括市中心和群山。在建筑内部，天花板上交叉的结构部件制造了光和影的动态节奏，这是从萨克拉门托郁郁葱葱林荫大道得到的灵感。售票大厅内部没有任何可以遮挡视线的物体，主要的流通通道和通向外部的大门全部清晰可见。

B航站楼的大厅内设有引人注目的商店，购物环境十分诱人。当地餐馆老板开设的街边餐馆已经成功地被打造成快餐式的服务，其他一些餐馆复制了市中心一些店面的装潢，让人感受到"地方特色"。增设的位于露台的座位可以沐浴阳光，使餐饮区与B航站楼融为一体，开放式的设计为旅客在通往大门的路上提供了便利的购物机会。当旅客到达安检处的时候，首先映入眼帘的就是一片宽敞的有阳光照射的餐饮区，高高的天花板由独一无二的"橡木蒸汽"艺术品吊灯点亮，这款吊灯由几千块施华洛世奇水晶制造而成。

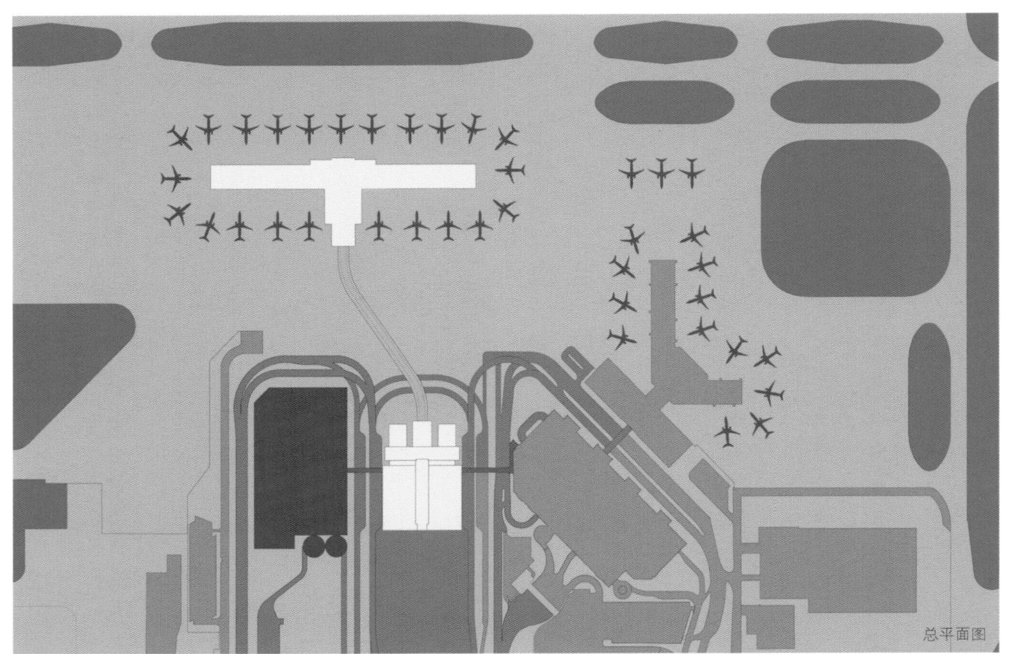
总平面图

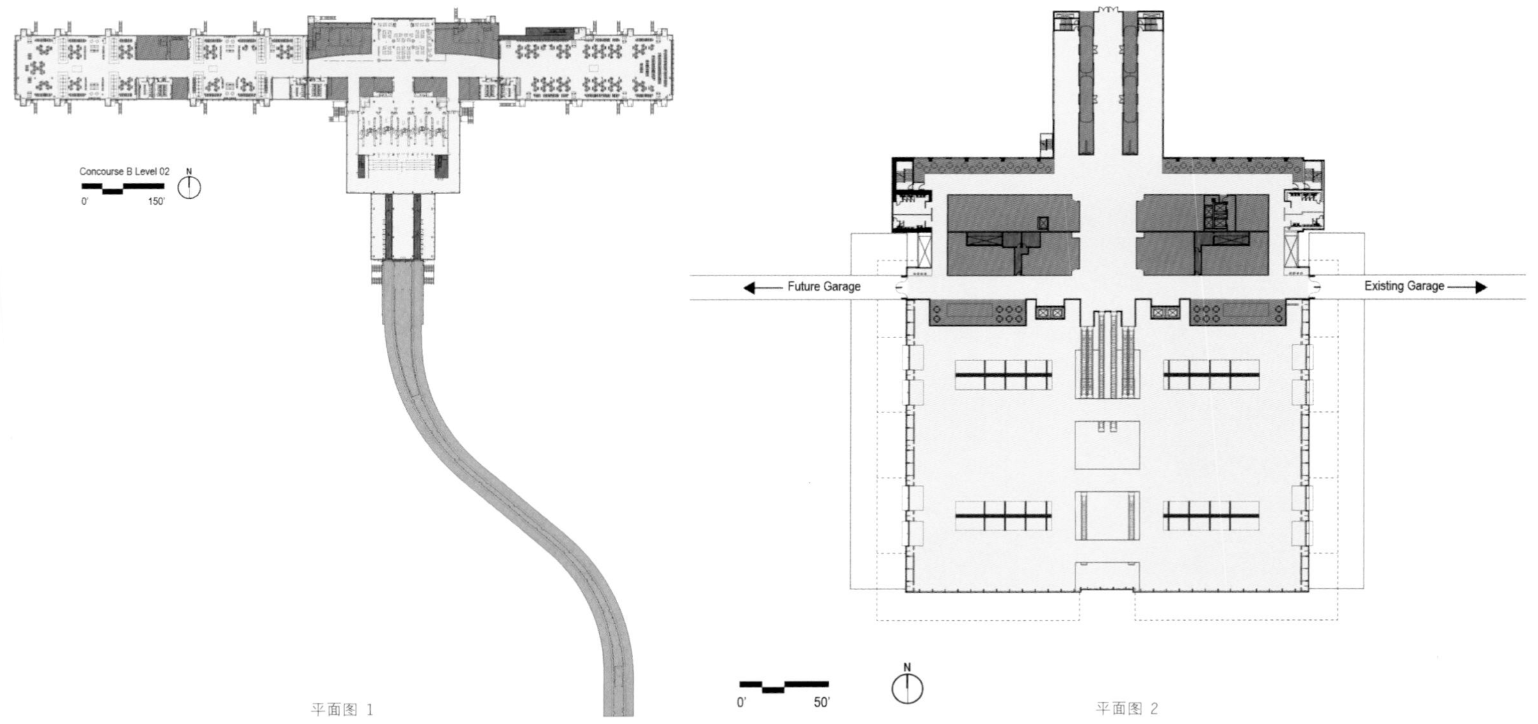
Concourse B Level 02
N
0'
150'
Future Garage
Existing Garage
0'
50'
N

平面图 1

平面图 2

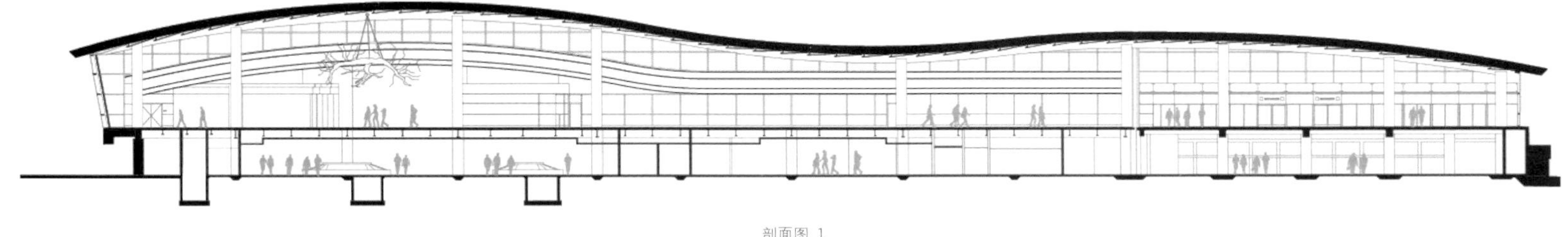

剖面图 1

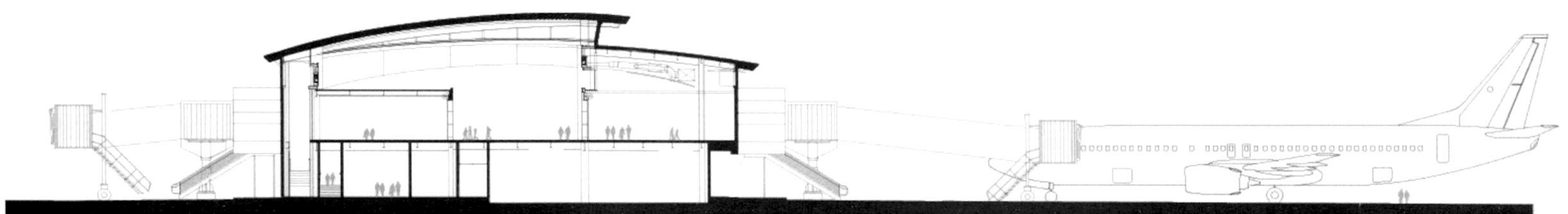

剖面图 2

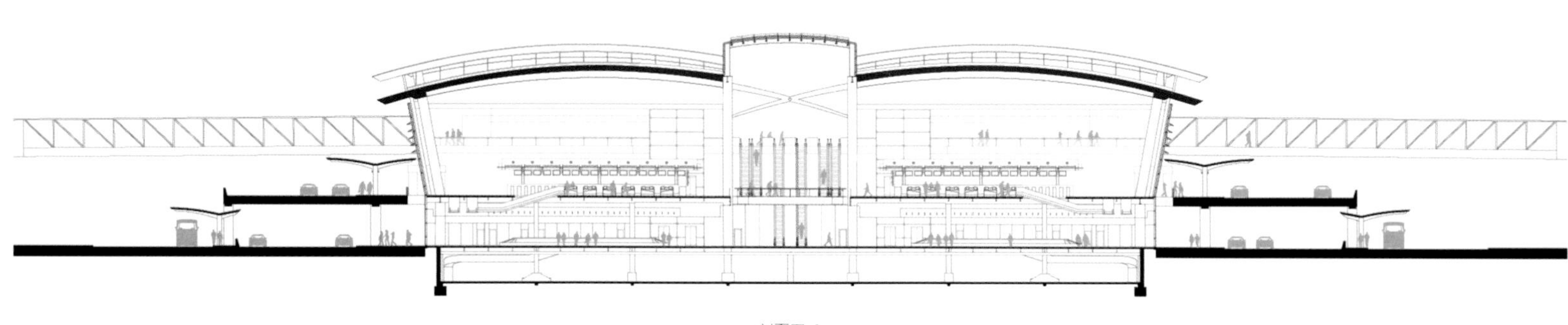

剖面图 3

Terminal B

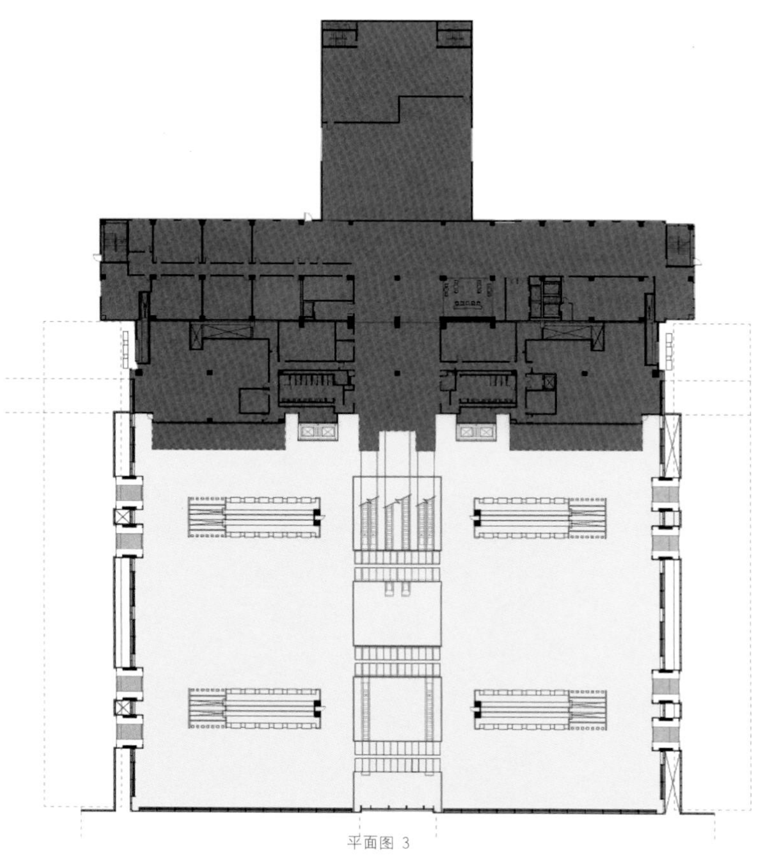

平面图 3

Do Not Enter
NEWS

硅谷圣荷塞国际机场

设计单位：泛亚文泽师
业　　主：圣何塞市
项目地点：美国加利福尼亚州圣何塞市
用地面积：125 698平方米
竣工时间：2011年
摄 影 师：© Ken Paul, Jason A. Knowles
© Fentress Architects, Mark Rothman
© Fentress Architects, Nick Merrick
© Hedrich Blessing

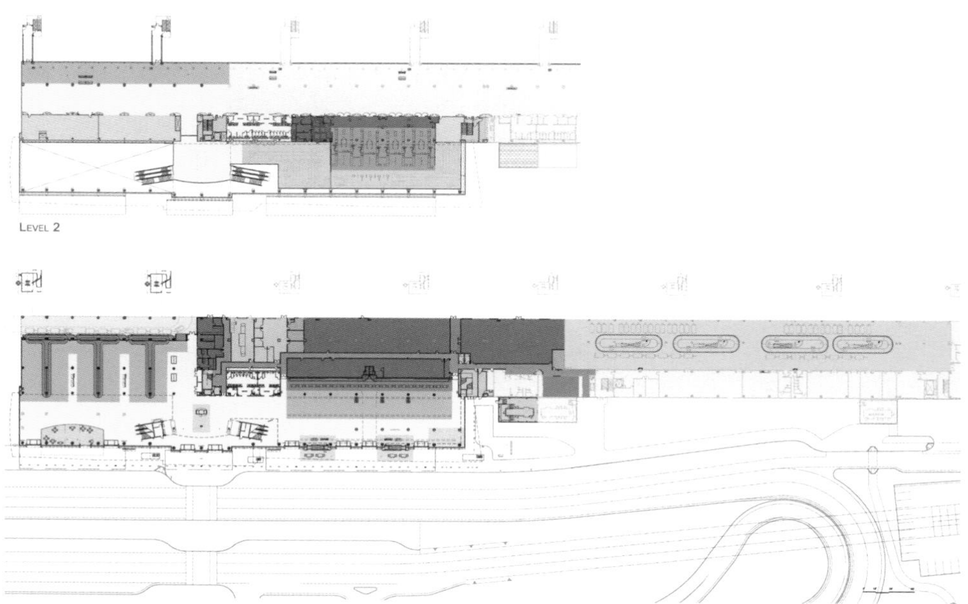

从用来打字的台式电脑和笔记本电脑，再到不仅仅是用来打电话的手机，这场革命背后的人们为这个农业曾经一统天下的地方起了一个新名字：硅谷。设计师为圣荷塞国际机场设计的B航站楼将世界与这个科技之都连接起来。

从其未来主义的建筑风格，到其前卫的数字艺术项目，圣荷塞国际机场的B航站楼为旅客提供了前沿的体验，符合人们对硅谷的期待。设计团队专注于为旅客提供到达当日以及之后所需的便利设施，使游客的旅游变得舒适和轻松。从人行道区到登机区，设计师为B航站楼所作的设计建立了一种自然的秩序，使寻找路径变得简单高效。它将最新的技术应用到了自助登机和行李检查中，具有包含普通用途在内的多种用途。

旅客希望机场能够提供更为舒适的座椅和必要的便利设施，为此开发了美国第一个“空椅”，创新地融合了个人电子充电设备和位于座椅基座的空气扩散器，这个扩散器能直接向旅客提供冷气。这个低能耗、高效率的置换通风系统还降低了能源的成本。

B航站楼获得了美国绿色建筑委员会颁发的LEED银奖，它的设计、照明和暖通空调系统专注于建立一个可持续发展的建筑生命周期，超过能源标准16%多。采用节水措施之后的用水量比在一个类似的传统建筑要少75%。

木板的使用起到了强调作用，售票柜台和检票口附近的倾斜的木制天花板使建筑更加人性化，让人感到温暖。

航站楼工程以技术为基础，达到了较高的预防地震标准，这个标准在加利福尼亚的所有建筑中都是相当重要的，而这座建筑已经将其融入到设计中了。设计师说：我们设计了一个创新式的屋顶，无论往哪个方向都能滑动14英寸，以承受地震的震动，同时创造一个光滑的具有艺术感的轮廓。

圣荷塞国际机场于2010年竣工，可容纳1 400万名旅客，共有28个固定检票口。

Rental Car Return
ONLY
Parking
Rental Cars
Airport Exit
TERMINAL
Parking

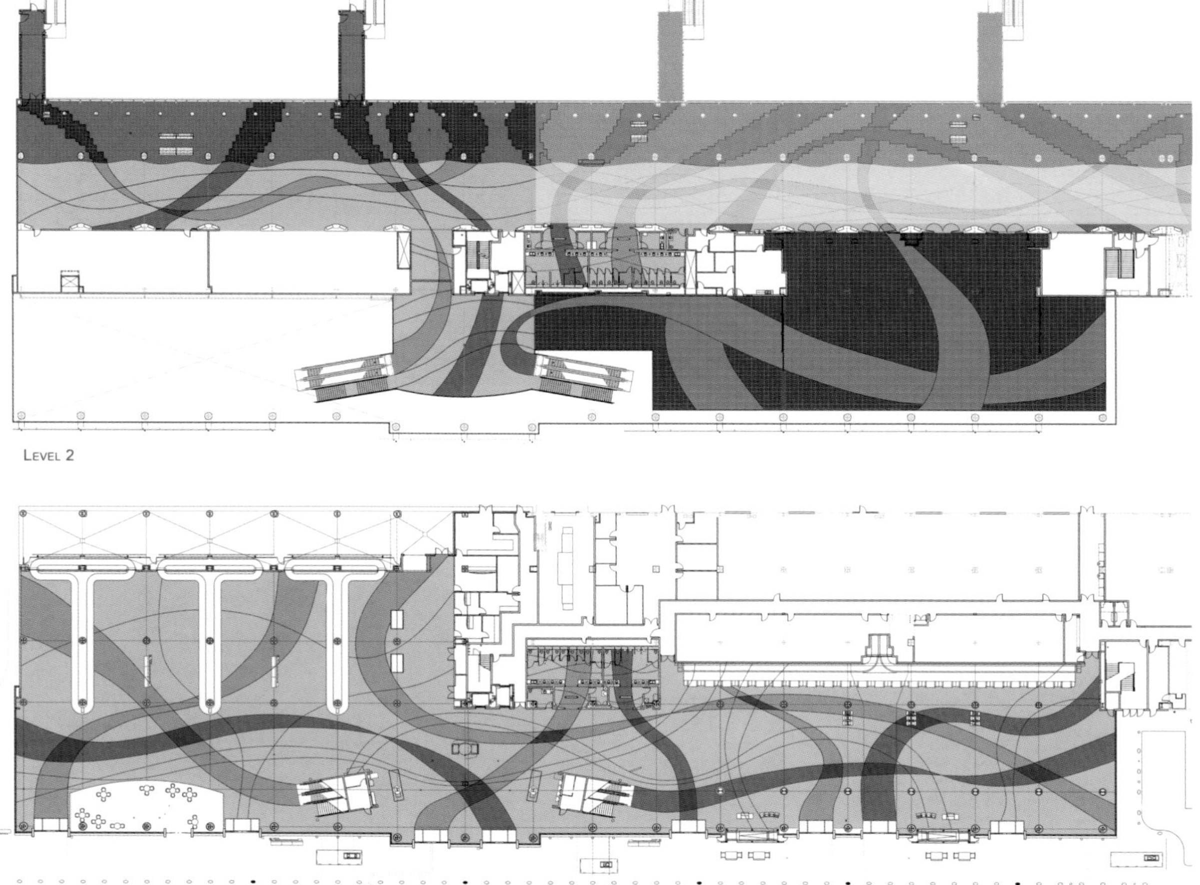

平面图 1

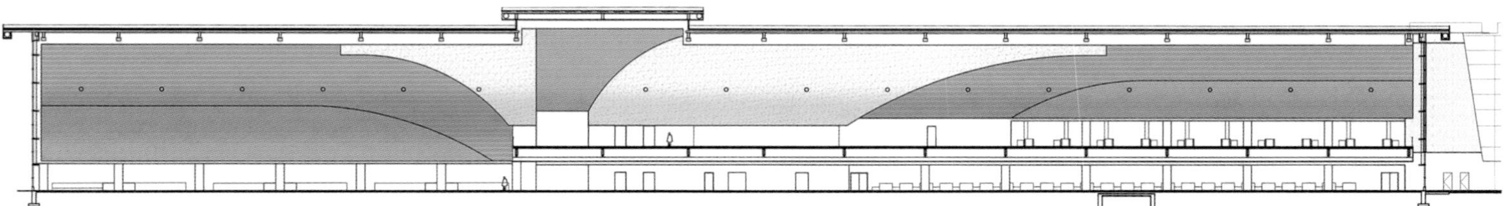

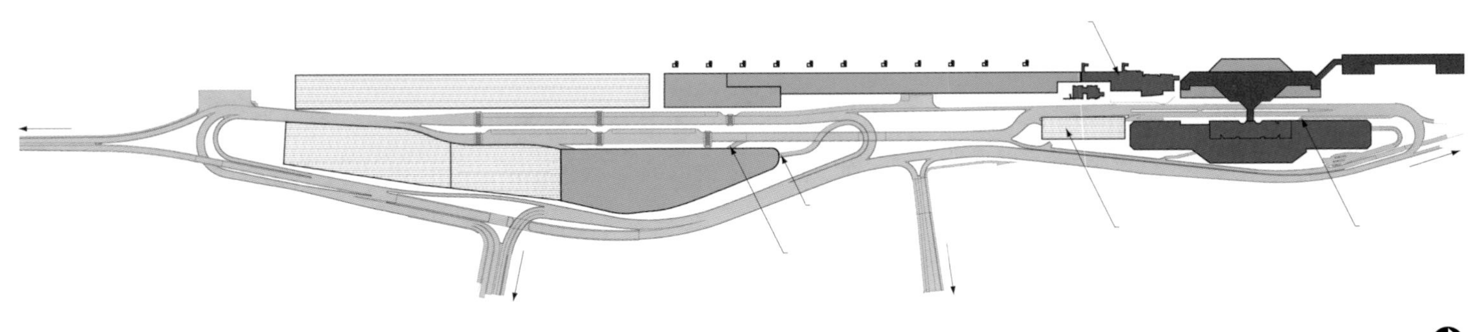

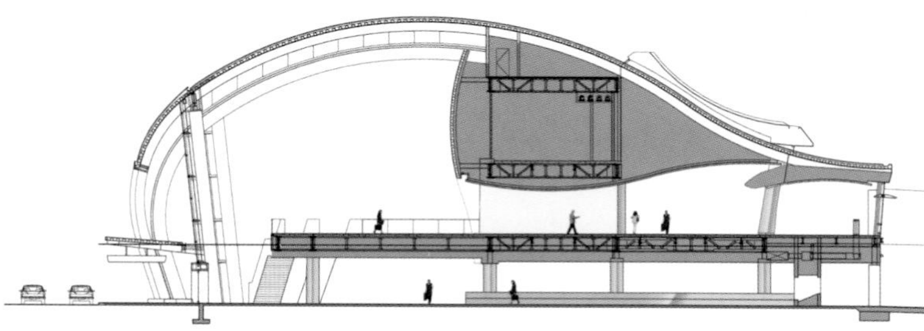

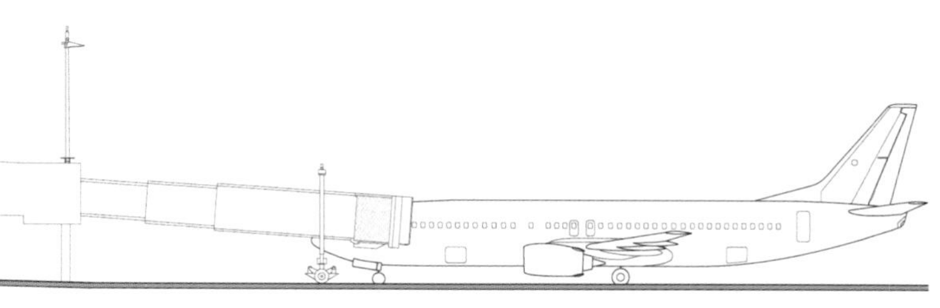

Terminal C
Baggage Claim

韩国仁川国际机场

设计单位：泛亚文泽师
业　　主：韩国机场管理局
项目地点：韩国首尔市
用地面积：551 362平方米
摄 影 师：© Jeff Goldberg/ESTO, Nick Merrick
© Hedrich Blessing, © Paul Dingman

仁川国际机场给进入韩国的旅客留下了难忘的印象。设计通过对材料、图案、形式、色彩和室内绿化的运用，体现了机场丰富的历史、工业发展情况和人文精神，同时在机场固有的技术背景下展示这些元素。

机场的外部形式为内部的设计打好了基础。仿古代宫殿的屋顶轮廓线通过内部的空间展现出来。大堂里的立柱和横梁都再现了古代宝塔的轮廓。天窗与传统宫殿屋顶相似，使阳光可以进入室内。柯蒂斯·文泽师说：航站楼悬挂的结构、弯曲的线条以及支撑电缆的高耸立柱都展现了韩国的航空形象。

自然光线、郁郁葱葱的绿色和水文的要素营造了一个祥和的气氛，让人想起了韩国的花园。直接可视的结构和垂直的桅杆表达了对航运业和钢铁制造业的赞美。地板的图案代表的是抽象化的龙和虎，两个韩国的传统图像都象征着敬畏、力量和好运。机场选用的本地木材和颜色给人一种温暖的感觉，营造了文化的氛围，使建筑物在视觉上不显得那么庞大。

最近，仁川国际机场被国际机场协会的机场服务优质奖项目评为“全球最佳机场”。自2005以来，仁川国际机场已经连续八年获得此项殊荣，也是历史上第一个获得该荣誉的机场。

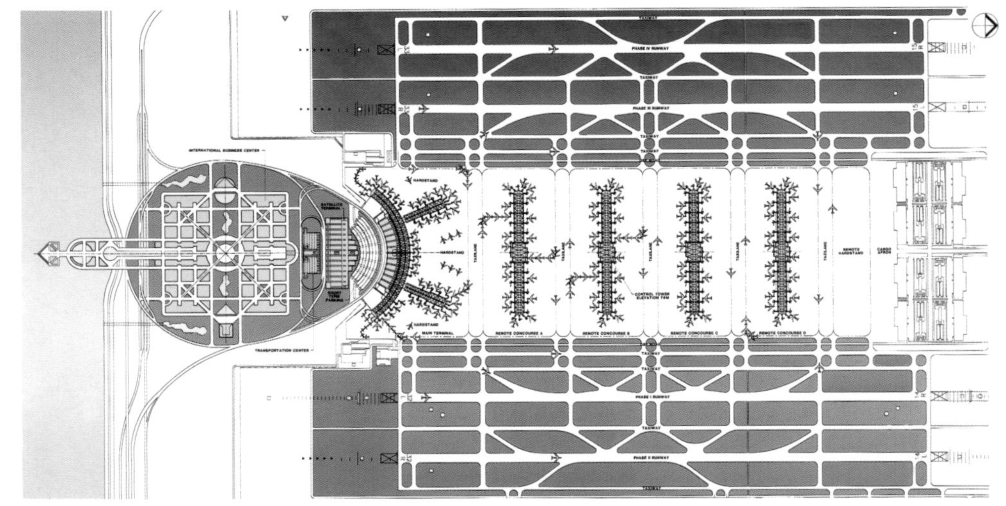

总平面图

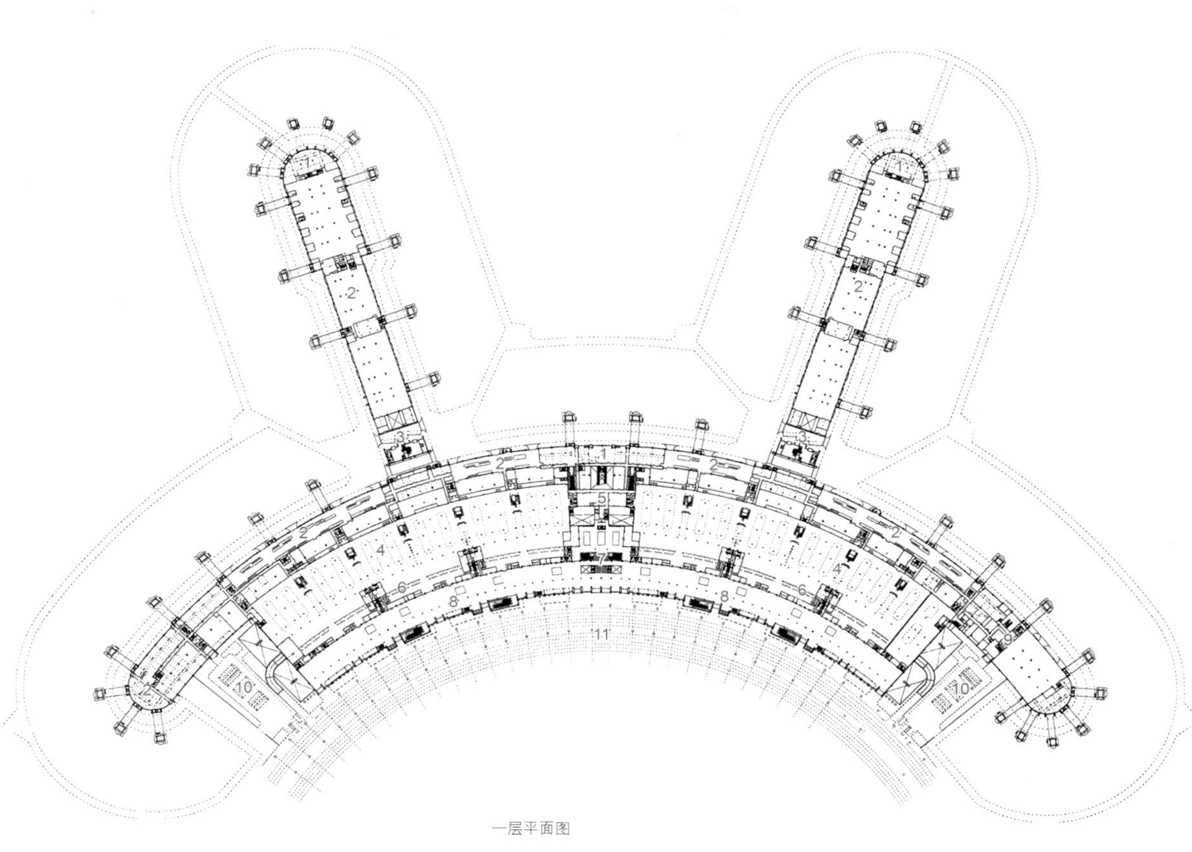

一层平面图

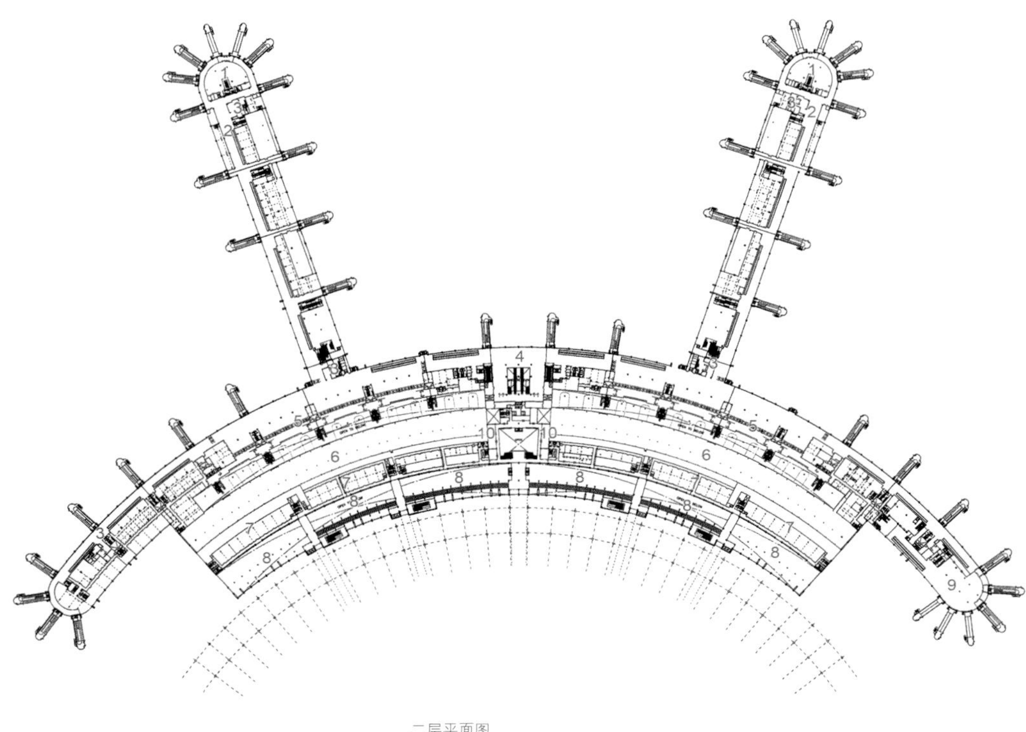

二层平面图

GUCCI
적립은 높게, 사용은 자유롭게
씨티 프리미어마일 카드
citi
VISA
citi
RESTAURANTS

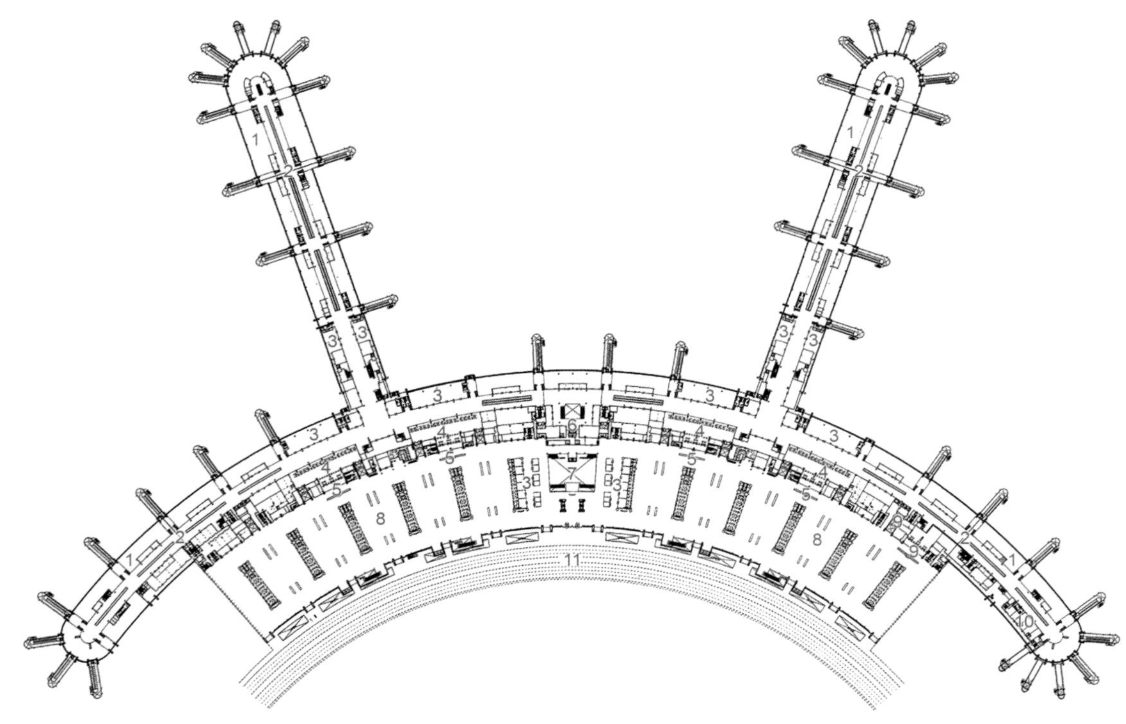

三层平面图

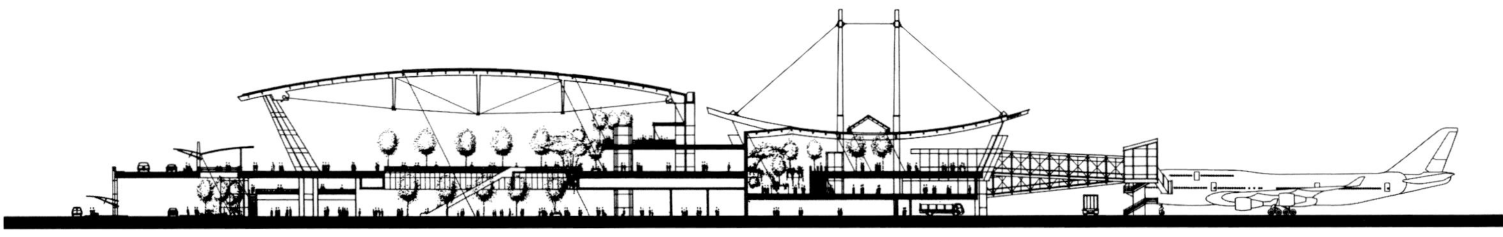

剖面图 1

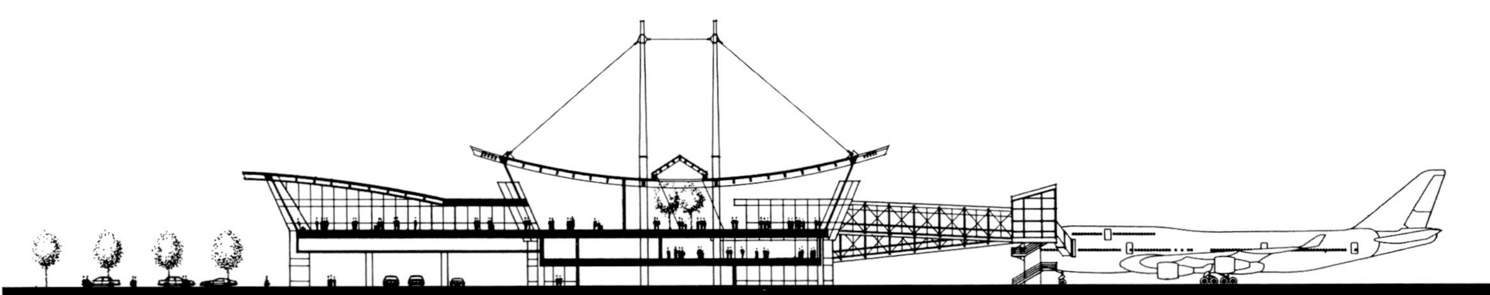

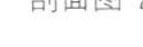

剖面图 2

贵阳龙洞堡国际机场扩建

设计单位：贵州省建筑设计研究院
设计人员：董明、陈楚、罗从容、万昊、汪敬、杨帆
项目地点：中国贵州省贵阳市
建筑高度：33米

本项目按年旅客吞吐量1 550万人次，货邮22万吨，起降14.63万架次进行规划设计。工程内容主要为新建航站楼11万平方米，扩建站坪26万平方米，新建停机位25个，停车场（楼）10.5万平方米及其他配套设施。

设计理念如下。

（1）整体性、综合性——航空港设计新理念。

（2）地域性——传递“多彩贵州”和“林城贵阳”的可识别性。

（3）时代性——高技派绿色建筑。

（4）生长性——单元线形生长模式。

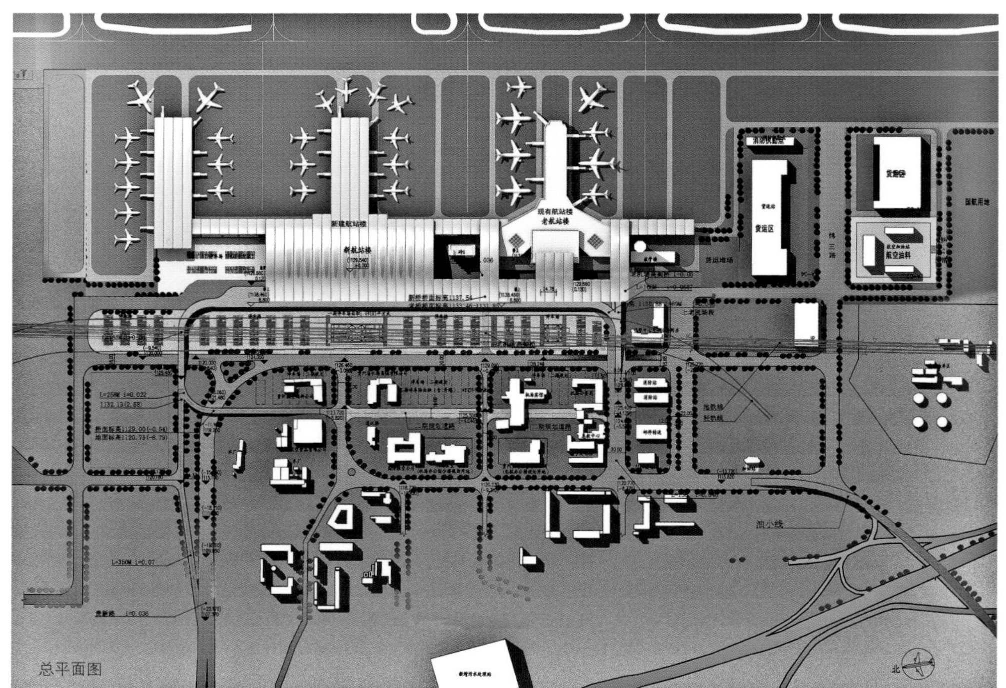
总平面图

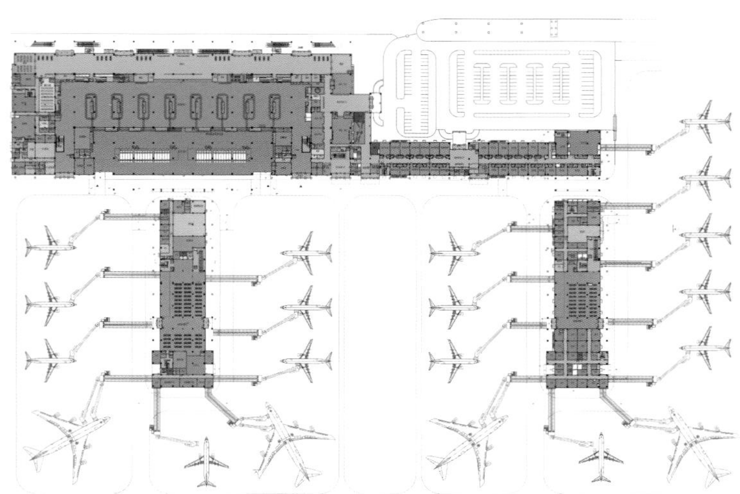

一层到港平面图

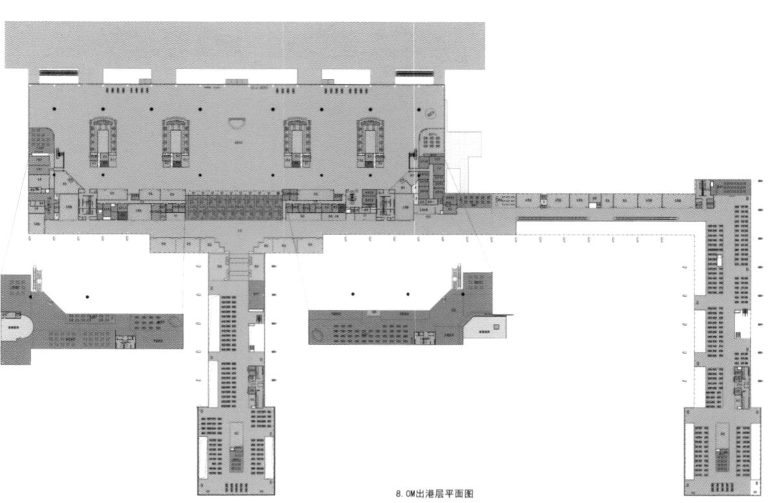

8.0米出港层平面图

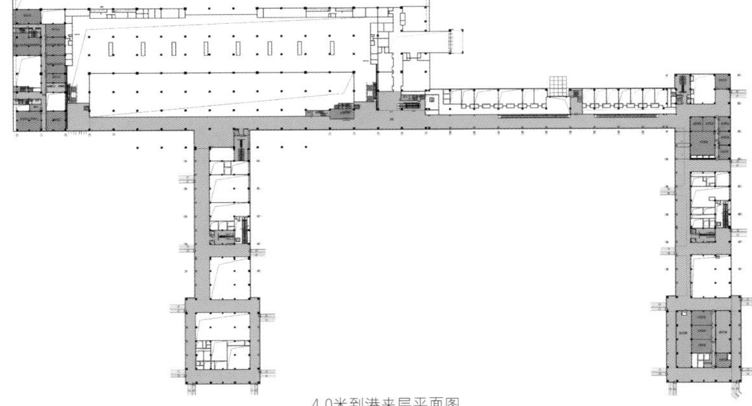
4.0米到港夹层平面图

雅品茶餐厅
D11 D12 D13 D14
D

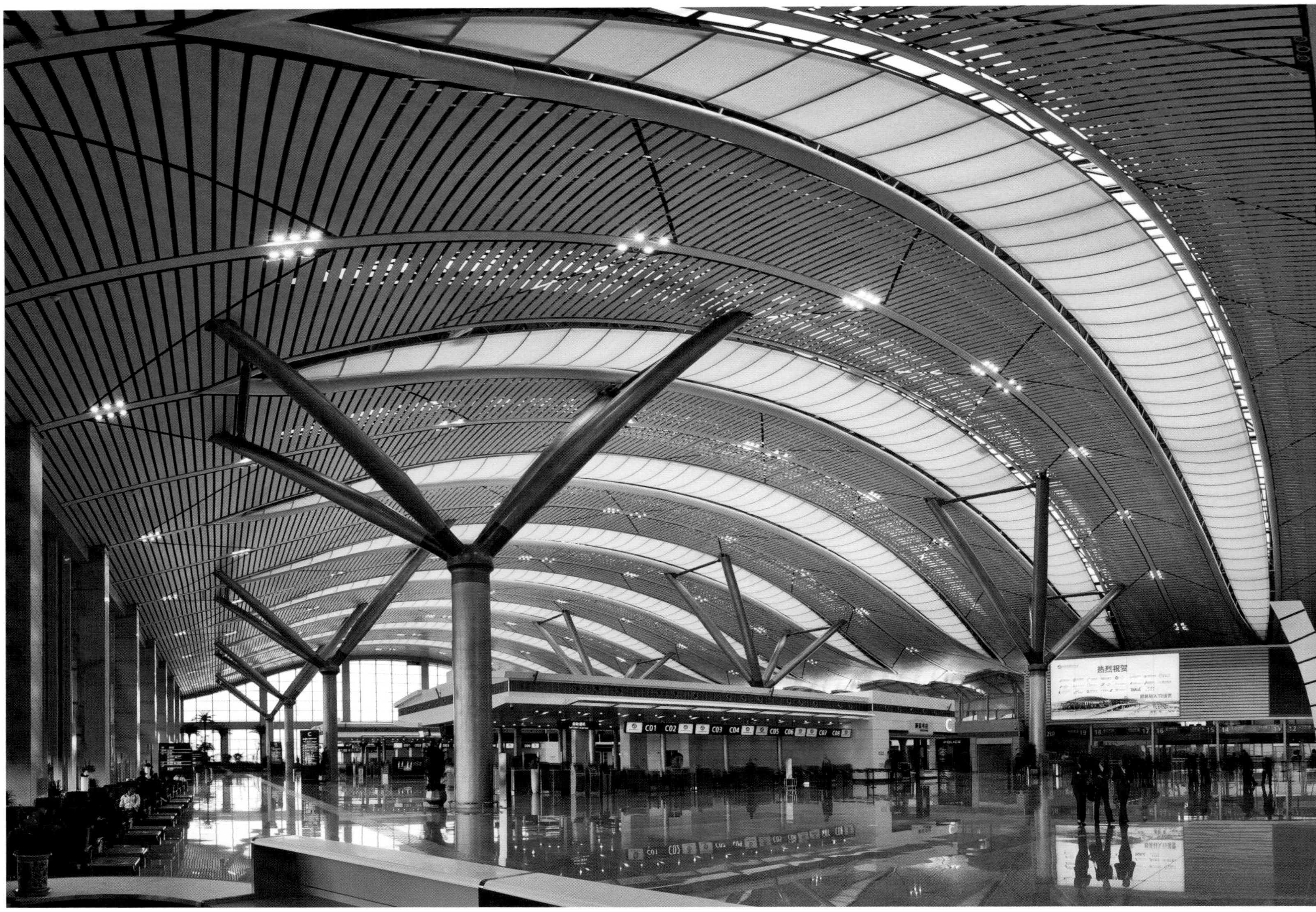
热烈祝贺
C01
C02
C03
C04
C05
C06
C07
C08
POLICE

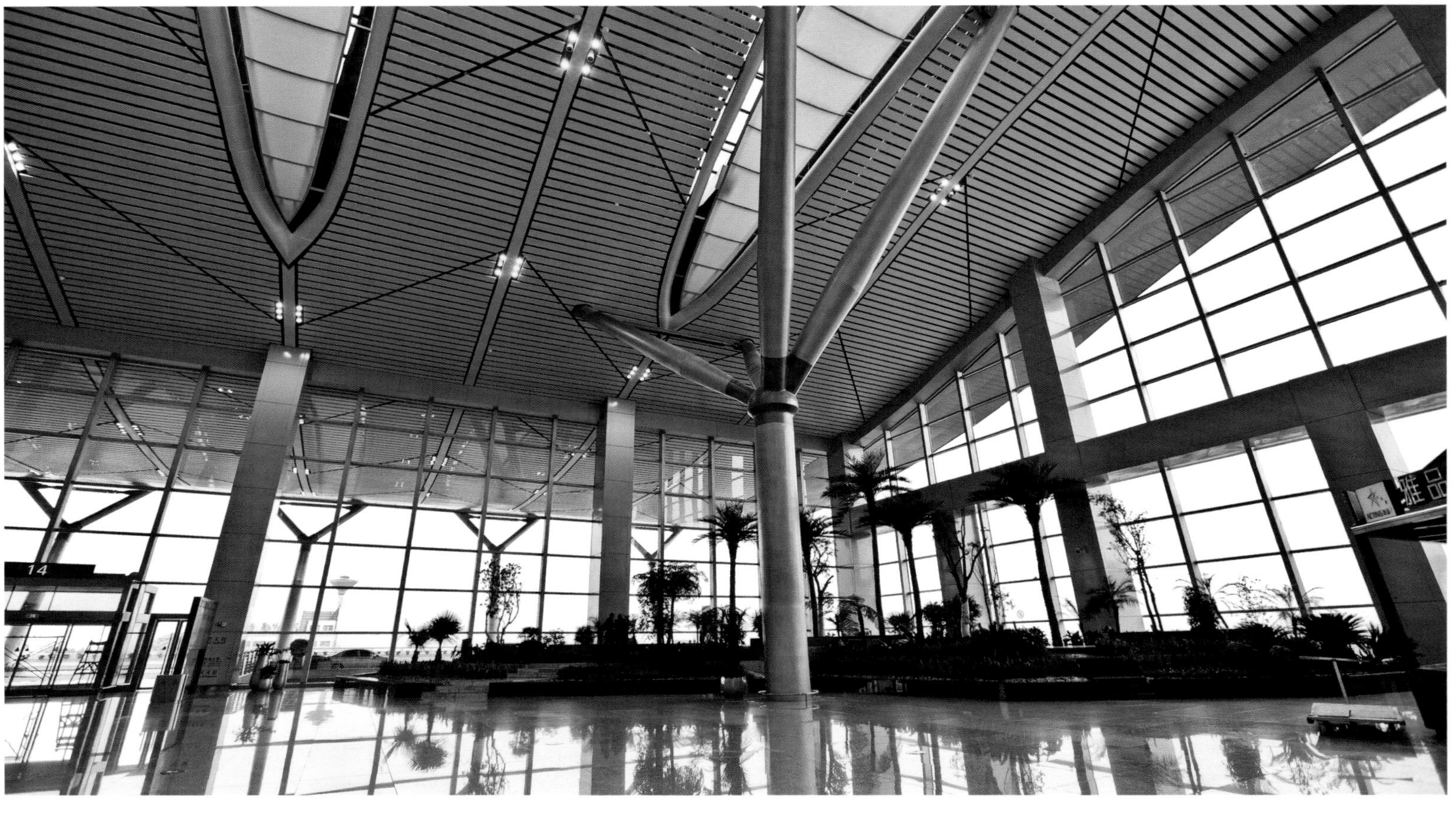
14

B
B09 B10 B11 B12 B13 B14 B15 B16

贵阳农村商业银行
GUIYANG RURAL COMMERCIAL BANK
D
k°bold酷波德
D09 D10
D11 D12 D13 D14 D15 D16

山东省金乡县汽车站

设计单位：澳大利亚澳欣亚国际设计公司
项目地点：中国山东省南缘市
用地面积：72 687平方米
建筑面积：23 590平方米

项目基地呈方形，东南西北四面分临城市道路，其中南侧为城市主要干道，故规划布局沿东西向展开，平行于城市主要干道。主入口广场向南而设，迎合大量人流从城市主干道进入。结合景观河道的改造设计，南入口设有东、中、西三座桥，中部是人行拱桥，合理的高差巧妙实现了主入口的人车分流，而东西两侧的车行平桥，则有效地将进出站的社会车辆和出租车辆进行分流。

长途客车停车场位于基地的北侧，紧邻汽车站主体建筑的北侧上下客站台。社会车辆停车场位于主入口广场的东南侧，公交车终点站与出租车停靠点则位于基地西出入口两侧，实现交通、换乘无缝对接。

形体的构思来自于对地域文化的认识以及对汽车站的主观感受。

设计中将主楼放置在基地中部，它以一种微妙的平衡关系优雅地融入到周边景观与建筑群之中，彷佛是从基地中自然生长出来的，并与周边建筑和停车场地有机地联系。既巧妙营造了站前广场，又自然地将各种停车区域进行合理分布，同时与主楼便捷地联系。

在入口广场的西侧，设置“诚信时间塔”，形成整个基地的一处标志点，它与东侧交通运政大楼一起，共同描绘出一幅均衡、和谐的建筑群体构图。

设计将汽车站主楼、内部办公与交通运政大楼，沿东西轴线交错展开、逐次升高，既营造了步步高升的吉祥寓意，又使综合体获得全方位的观赏角度。不同方向的全方位视角如同电影中的画面，使本综合体更易于被不同人流欣赏，烘托出其核心地位和地标效应。

车站主体建筑曲线屋面的轻盈灵动，列柱空间的巍峨大气，中心对称的空间序列，让人们在体验物质空间纵深感的同时，感受到金乡飞速发展的现状。通透明亮的玻璃外幕墙形式，层叠流畅的屋面关系，柱顶交织的檐下空间，都是不可或缺的精彩章节。

此外，本设计渗透着来自汽车的灵感：流动、顺畅的外形，简洁而充满动感的建筑造型给人强烈的视觉冲击。素雅的白色、鹅黄色、金属色则更加衬托出建筑充满动感的姿态，同时勾勒出人文之城金乡古朴与现代集于一身的独特气质。

与车站主体建筑相连的运政大楼，采用石材、金属和玻璃幕墙相互交织的形式，挺拔向上的主立面，简洁大方，与车站主体建筑的舒展空间交相辉映。作为基地的至高点——运政大楼，以其独特的形态，明确标识出交通建筑的性格特征，成为城市区域空间中的一抹亮点。

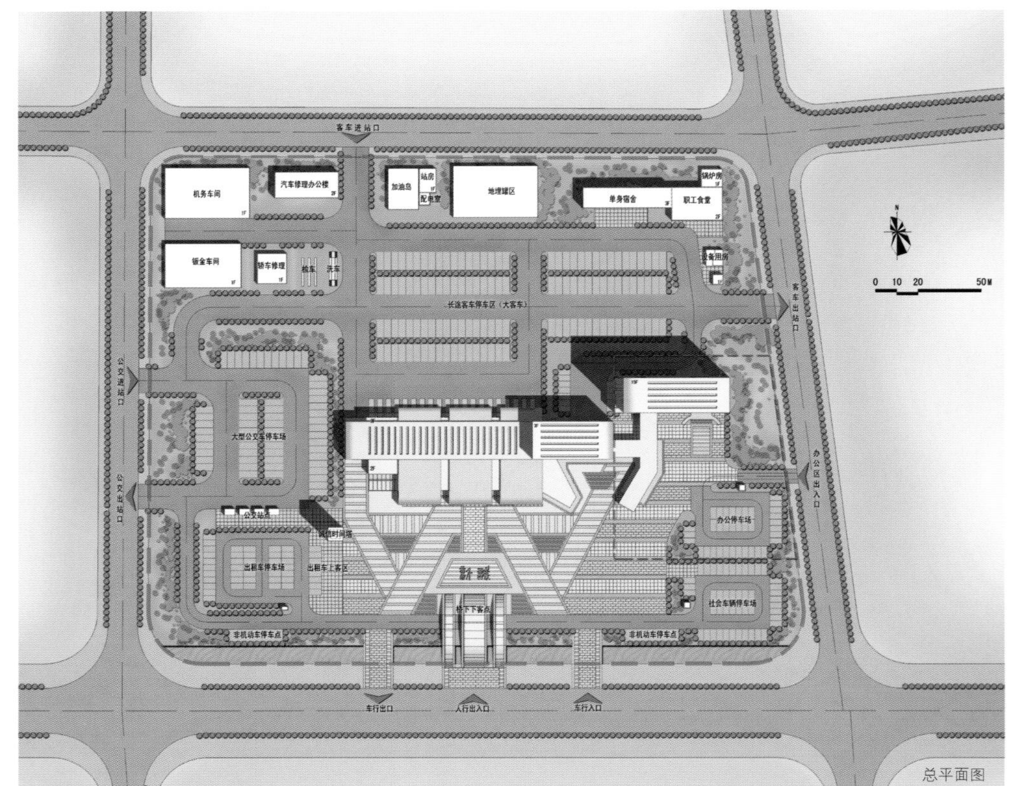

总平面图

哈尔滨哈西公路客运综合枢纽站

设计单位：ZNA|泽碧克建筑设计事务所
项目地点：中国黑龙江省哈尔滨市
用地面积：40 570平方米
建筑面积：54 316平方米

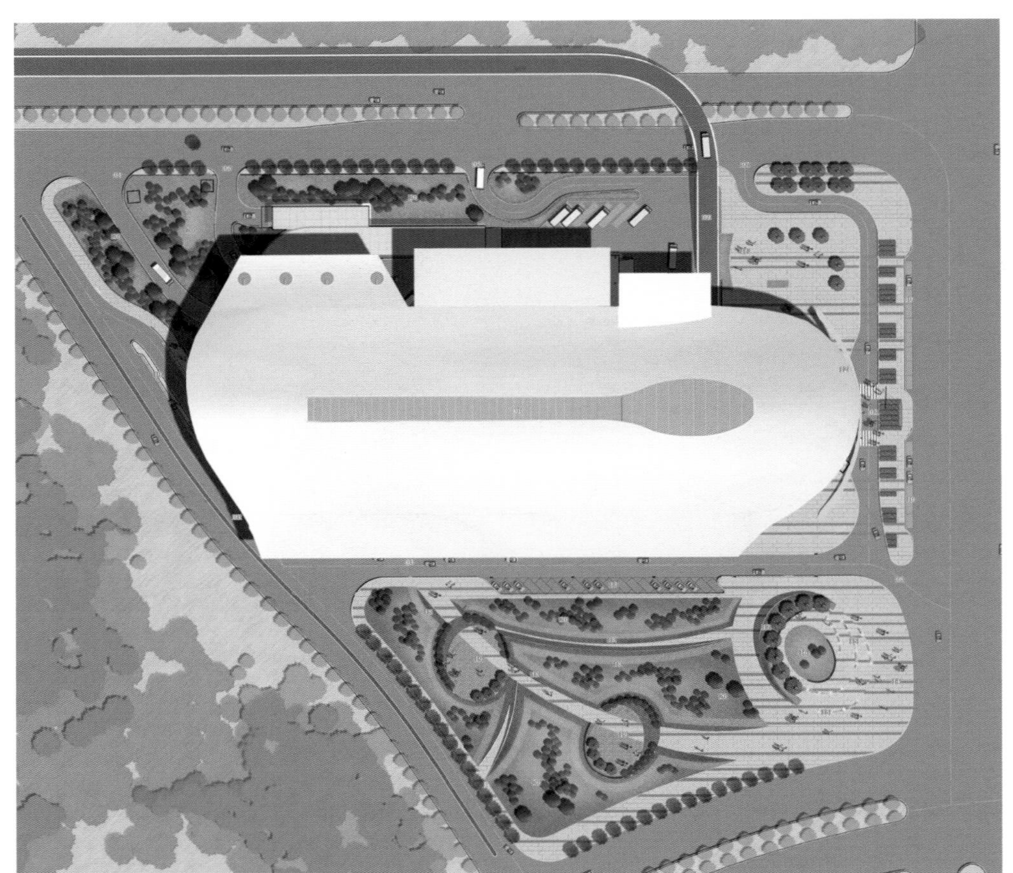

该项目作为哈尔滨市中兴战略“十大”重点项目之一，是哈西客运综合交通枢纽工程的重要组成部分，属国家一级客运站，日发送旅客2.5万人次。该长途客运站的建成实现了综合大交通理念下的公路长途客运与铁路客运、城市公交、出租汽车、轨道交通等运输方式间无缝衔接和乘客零换乘。

哈西公路长途客运站位于哈西客站东广场南侧，用地面积40 570平方米，建筑面积54 316.07平方米，地下2层，地上3层，包含主体建筑、一个相对独立的信息中心、一座跨越快速路的出站桥和客运站专用附属道路及广场。

基础类型为超流态混凝土灌注桩、墙下条形基础。客运站为框架结构、幕墙及屋盖部分为钢结构。主体结构地下室部分长243米，宽102米，地上部分长207米，宽110米；候车大厅屋面为钢网架承重体系，建筑总高度22米，上铺铝镁锰直立锁边金属屋面板。玻璃幕墙有明框幕墙、U形幕墙、点驳接幕墙和陶土板幕墙等。

哈西长途客运站站房的主站厅屋盖外形的设计，仿照机翼的曲线造型，参考德国的法兰克福机场及伦敦的希思罗机场。巨大的屋盖穹顶，把出港大厅、候车厅、商业、走廊统一成一个大的空间连续体。阳光可以透过屋顶局部射入大厅，形成明亮而又惬意的氛围。12米模数的空间既能满足各方面功能需要，又使建筑显得简单、明快、紧凑。站在的大厅玻璃窗前，乘客可以一览站厅南侧的景观广场全景，贴近自然。

屋顶的结构由球形网架支撑，通过基座传递到钢筋混凝土柱子上。建筑外形似浮云又似波浪，由立面简单、通透的玻璃幕墙结构围合，由外至内颇具流线造型。金属铝板顺屋檐转折延伸至售票大厅中庭，异型的圆锥形采光窗把自然天光引入室内，似“天规”一般，通过一年四时不同的日照光影，给人们以空间美感。

玻璃幕墙形式根据功能及美观要求，分别在建筑的头部、中部、尾部使用了通透的点式玻璃幕墙、具有水平序列感的半隐框百叶玻璃幕墙、全隐框玻璃幕墙。砖红色的陶土板幕墙，既作为建筑的色彩点缀，同时又起到对一些后勤区域的遮蔽，也降低了建筑的窗墙比，增加设计环保性。

夜景灯光设计对建筑的夜间形象塑造起到了极大的辅助作用。依据建筑功能要求的不同，分时段对照明光效定时智能控制切换，从黄昏过渡性照明、夜间客流高峰时段建筑照明到夜间轮廓性照明，使建筑在外形上产生不同的视觉效果和冲击力，成为建筑设计中不可或缺的一部分。

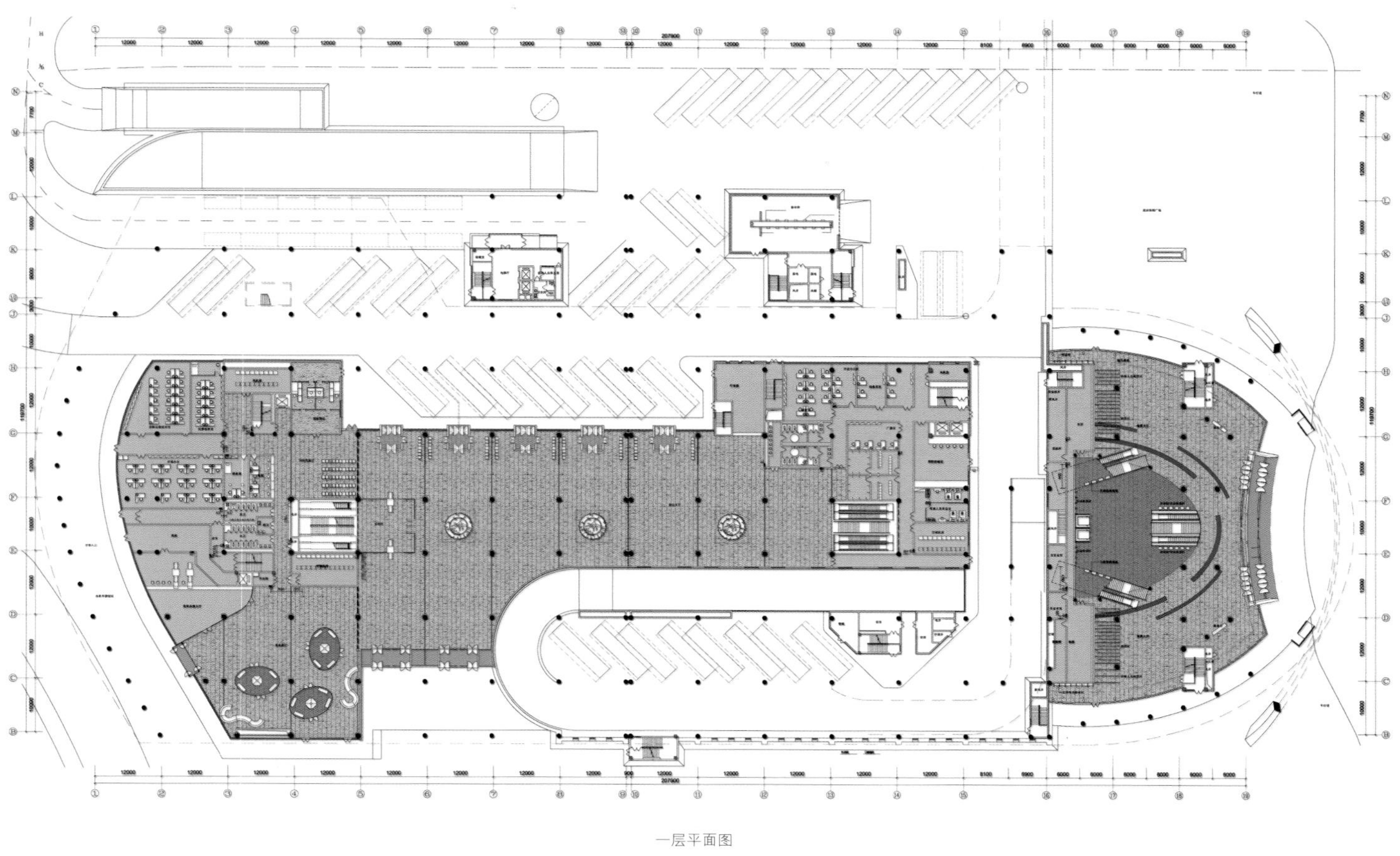

一层平面图

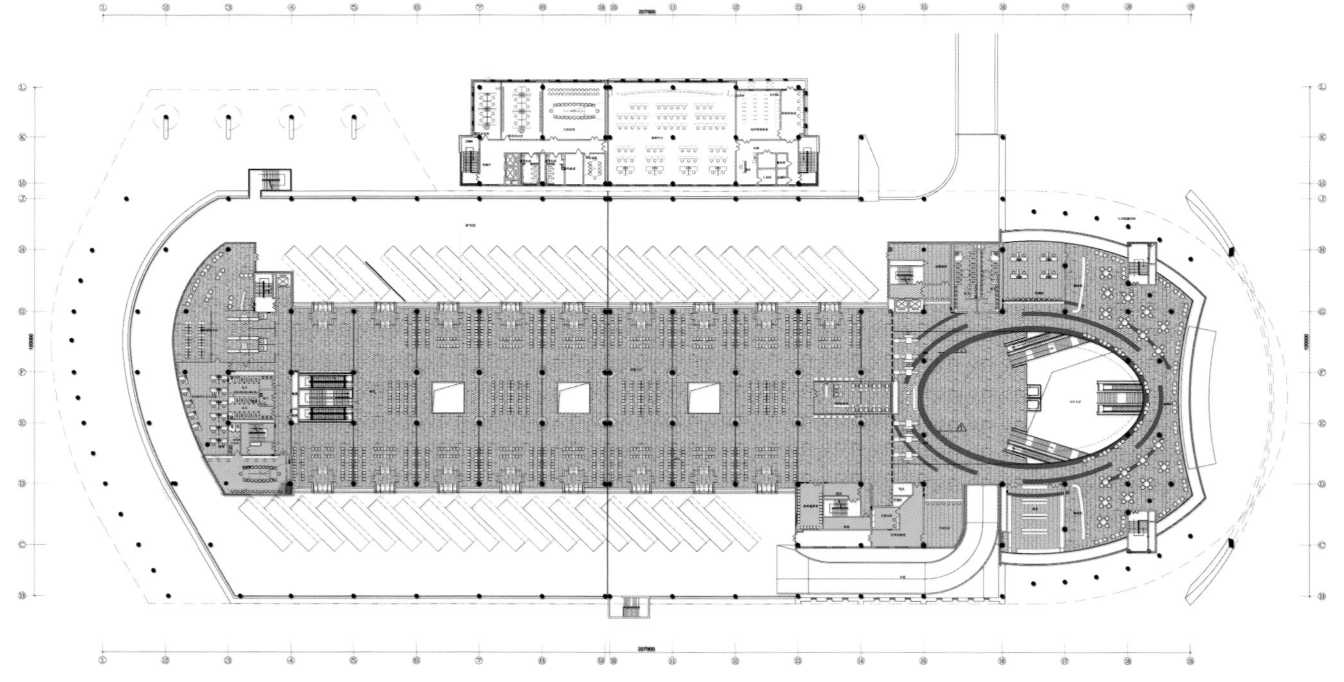

二层平面图

立面图 1

立面图 2

立面图 3

立面图 4

苏州高铁站枢纽区综合开发

设计单位：苏州设计研究院股份有限公司
设 计 师：查金荣、黄春、王海涛、吴江、朱振华
项目地点：中国江苏省苏州市
建筑面积：50 285平方米

项目以京沪高铁苏州站为核心，主要包括站场周边、站房、广场、车站管理用房、公交场站、城市轨道交通站等综合交通设施以及为车站旅客服务的各种城市功能设施。公交首末站位于东南角地面层结合上盖开发，周边布置与车站密切相关的管理、商业等服务设施。地下为社会停车场。南广场作为出租车、社会车辆上客点、交通疏散通道和商业服务等空间，将出站上客人流引入地下，为商业开发集聚了人气，也缓解了地面交通压力。同时，预留通道穿越富临路，与对面下沉广场、高铁办公大厦相连通。地块东南侧公交枢纽站地下设置社会车辆停车场，东北侧为长途车站地下车库和辅助用房。

建筑形象构思来源于高铁穿行时的动感形象，突出了高铁的速度与律动，周边建筑的形态呼应这一穿行的过程与并随之变化。设计强调了在城市尺度下，该建筑群的整体形象与高铁站房的协调。弧形屋面和墙面的交接模糊了传统的建筑关系，挑战现代工艺技术的同时也能产生特别的视觉效果，形成高铁站周边建筑的标志性。高铁站周边建筑形式充满抽象的雕塑感，长途客运站、公交站及上盖开发建筑单体在主立面的处理上均采用斜面的方式与高铁站房呼应，从高铁站可以看到屋面和墙面的模糊关系，整体的圆弧面伸向远方天际线，展现了丰富的第五立面。

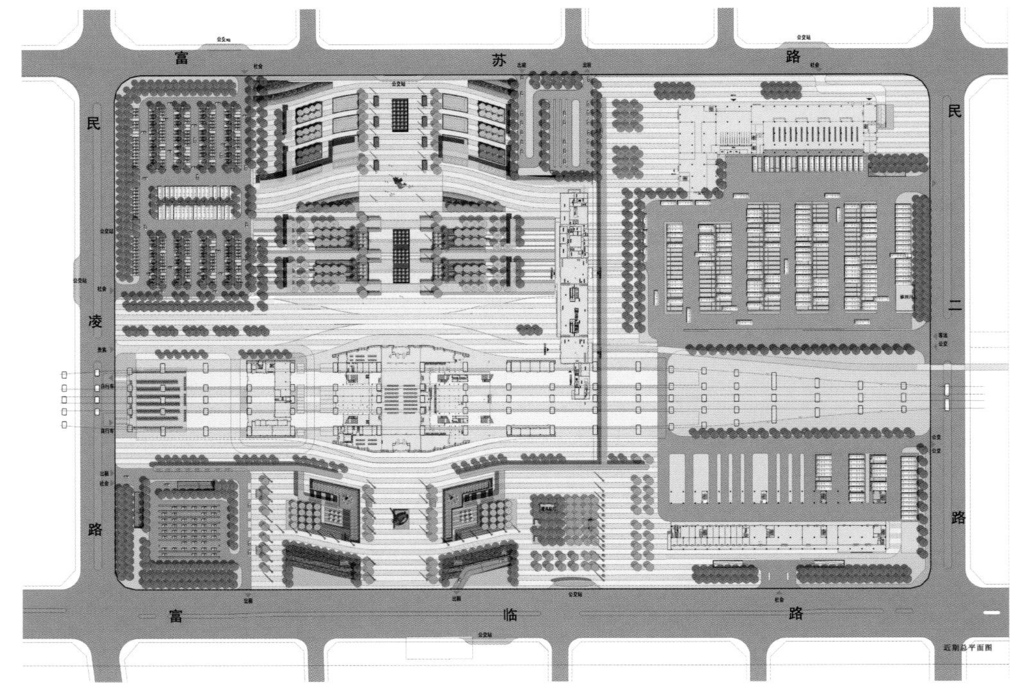

总平面图

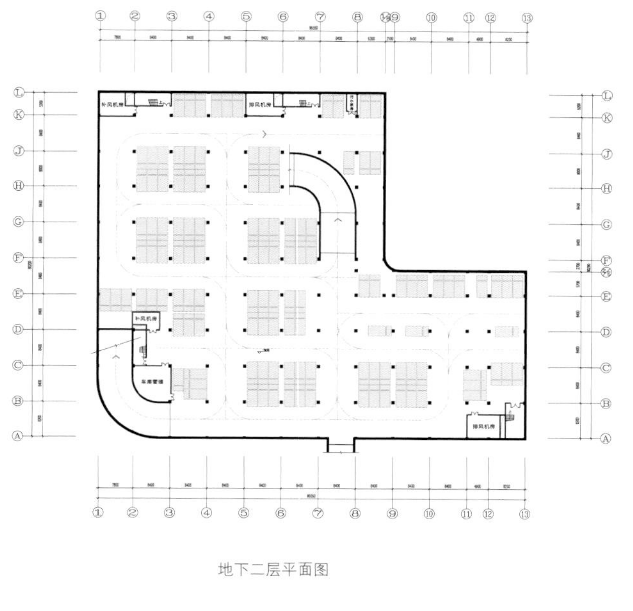

地下二层平面图

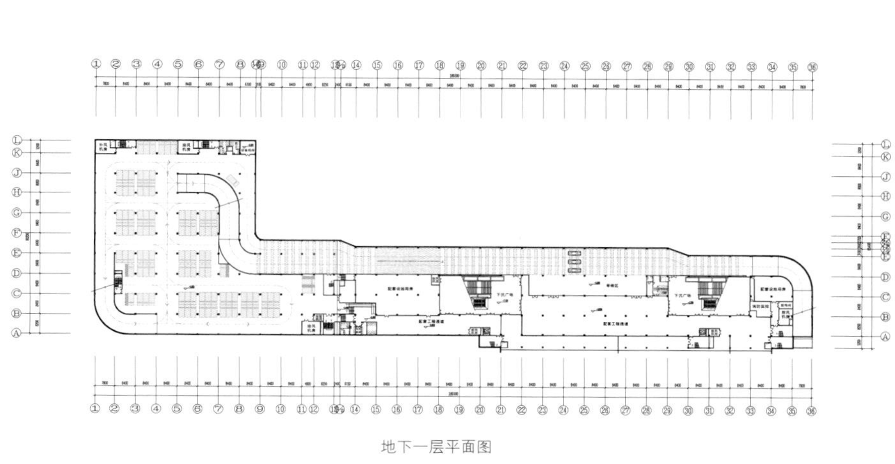

地下一层平面图

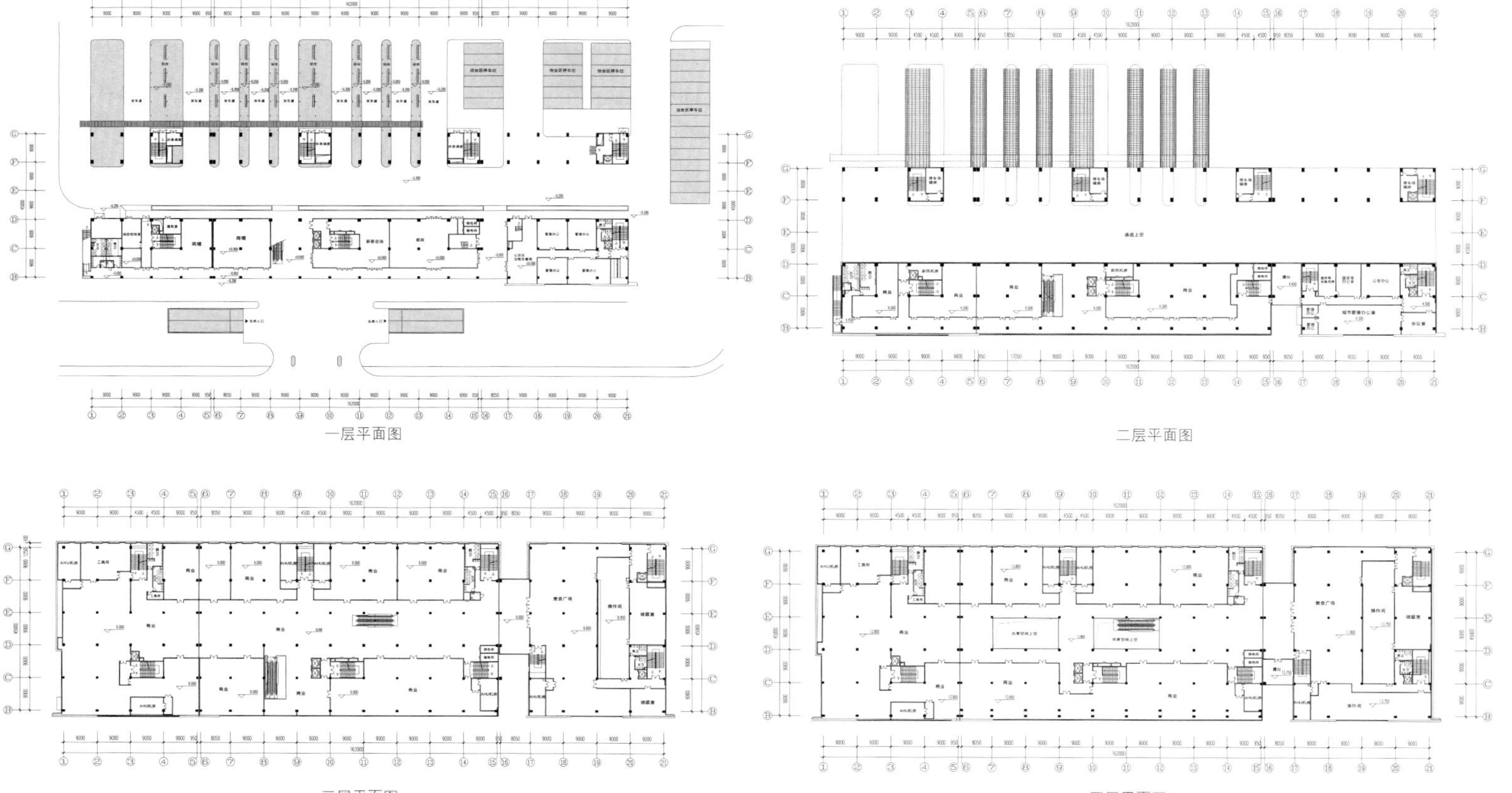

一层平面图

二层平面图

三层平面图

四层平面图

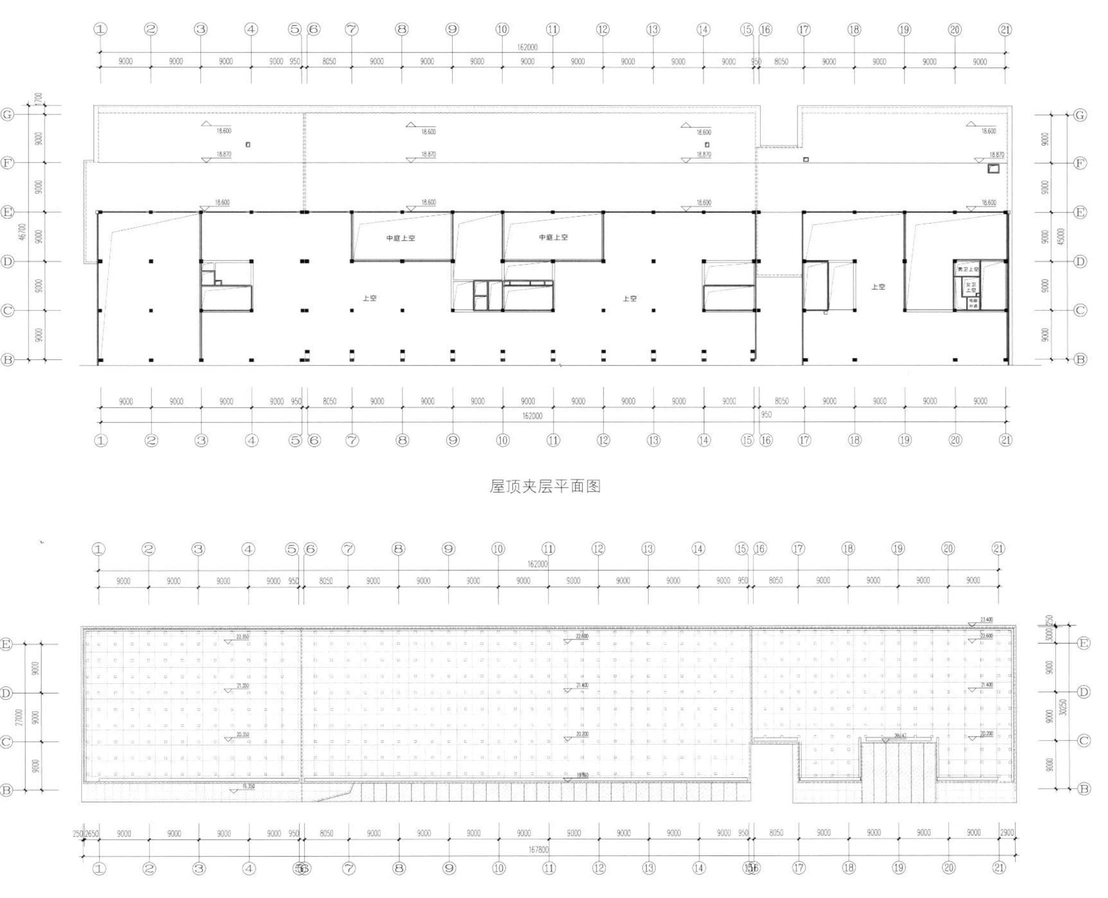

屋顶夹层平面图

屋顶层平面图

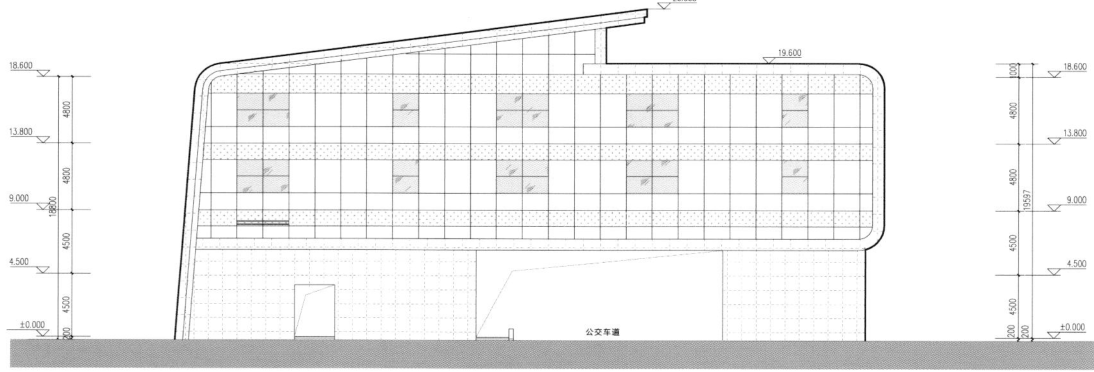
23.538
19.600
18.600
13.800
9.000
4.500
±0.000
公交车道

东立面图

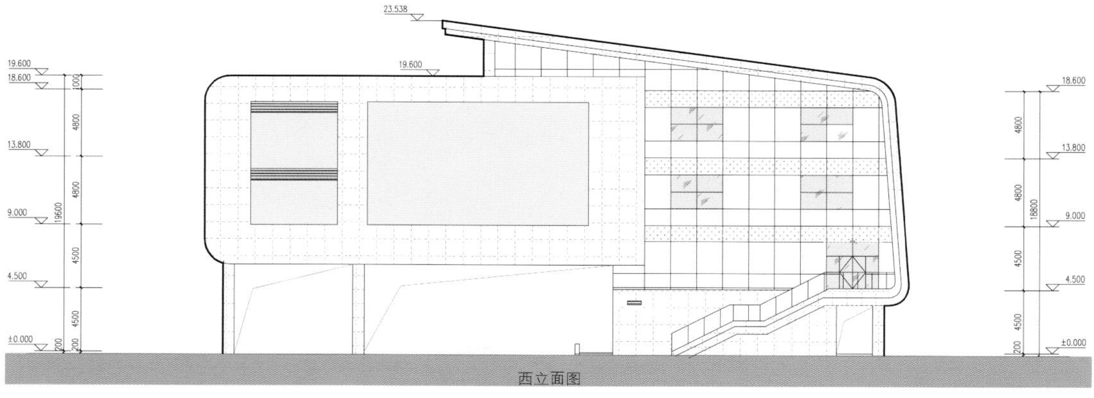
23.538
19.600
19.600
18.600
13.800
9.000
4.500
±0.000

西立面图

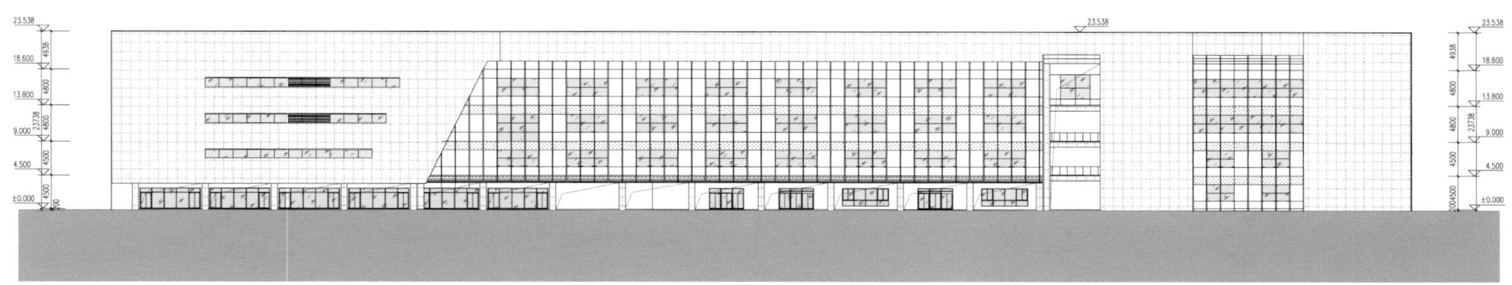
23.538
18.600
13.800
9.000
4.500
±0.000

南立面图

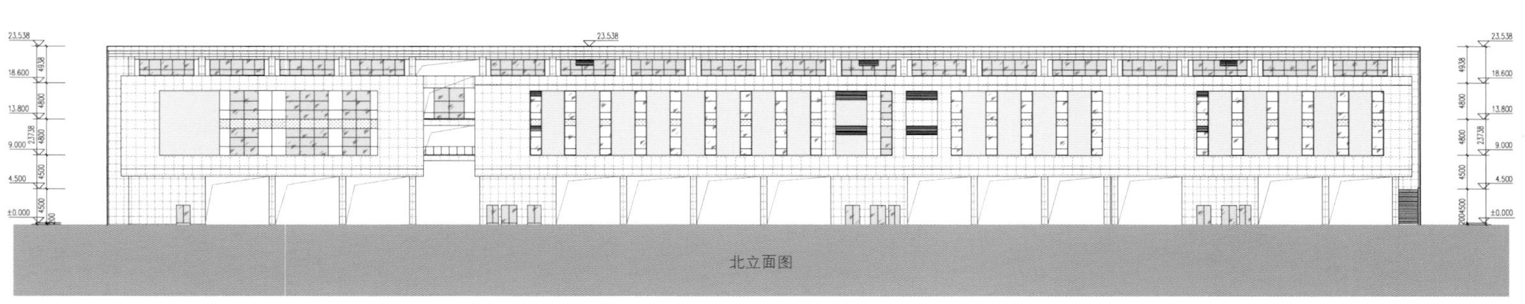
23.538
18.600
13.800
9.000
4.500
±0.000

北立面图

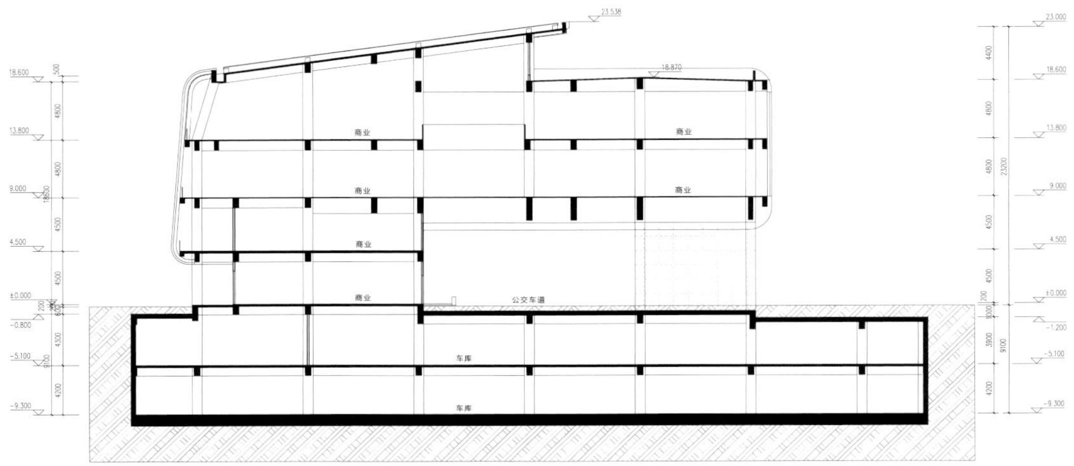
商业
商业
商业
商业
商业
商业
公交车道
车库
车库

剖面图 1

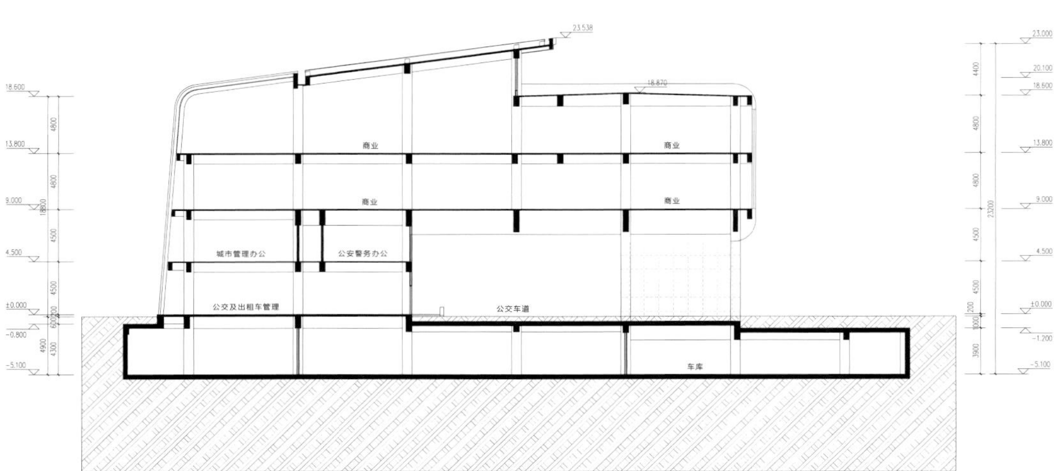
商业
商业
商业
商业
城市管理办公
公安警务办公
公交及出租车管理
公交车道
车库

剖面图 2